U0332587

凤丹研究

郑 艳 著

科 学 出 版 社
北 京

内 容 简 介

常用中药牡丹皮（moutan cortex）为毛茛科芍药属牡丹（*Paeonia suffruticosa* Andr.）的干燥根皮，主产于安徽、山东、河南等地，其中安徽铜陵地区（含南陵丫山）是公认的道地产区，所产牡丹、牡丹皮习称凤丹、凤丹皮。著者在厘清道地药材基原凤丹的内涵与外延的基础上，对近十年的科研工作进行了梳理和总结，从生物学、物候现象、组织化学、根际微生物、内生菌、生产与加工以及开发利用等多角度对凤丹进行了较为系统的研究，重点探究了凤丹根际根内微生物及其与药材品质之间的生态关系，旨在为凤丹资源的永续利用和中药材规范化生产服务。

全书理论与实践结合，既有专业知识的系统阐述，又有栽培、开发等应用实践方面较为详细的介绍，适合高等院校师生、科研机构研究人员、中药资源相关从业人员、牡丹爱好者等参考使用。

图书在版编目（CIP）数据

凤丹研究／郑艳著．—北京：科学出版社，2019.5

ISBN 978-7-03-061100-0

Ⅰ．①凤… Ⅱ．①郑… Ⅲ．①牡丹—药用植物—研究—铜陵 Ⅳ．①S567.1

中国版本图书馆CIP数据核字（2019）第079147号

责任编辑：陈　露／责任校对：谭宏宇
责任印制：黄晓鸣／封面设计：殷　靓

科学出版社 出版

北京东黄城根北街16号
邮政编码：100717
http：//www.sciencep.com

南京展望文化发展有限公司排版
江苏凤凰数码印务有限公司印刷
科学出版社发行　各地新华书店经销

*

2019年5月第　1　版　开本：B5（720×1000）
2019年5月第1次印刷　印张：13　3/4
字数：250 000

定价：96.00元

（如有印装质量问题，我社负责调换）

前 言

作为中医药的精髓和传统质优中药材的代名词，道地药材一直备受推崇。2007 年，编者提出"研究中药材地道性应重视研究根际土壤微生物"相关内容。十多年来，编者感念自己的执着与坚守，乐观地带领着几届硕士研究生张倩、管玉鑫、刘炜、张勇敢、侯宇荣、黄军祥、李媛媛、丁东玲、戴婧婧、邢晴晴、王雪、韦小艳和本科学生王雅美、尹雨婷、崔远东、姜莹莹、贾娜、张亚琪、郎君超、葛自强、董俊、方超、高骏、黄浩、李纯、郭玲娜、方旭、段腾飞、郭豪杰、孙海凤、张倩倩、钱鑫、王冉、杨慧敏、田盼盼、郭亦天、严家洁等各位同学，陆续围绕凤丹展开了生物学、微生物学、组织化学、物候现象、分子生物学等相关研究，积累了大量的第一手资料；其中侯宇荣参与完成凤丹生物学和物候现象研究、张倩参与完成凤丹组织化学研究、张勇敢参与完成凤丹根际细菌研究、刘炜参与完成凤丹根际真菌研究、管玉鑫和王雪参与完成凤丹放线菌研究、戴婧婧和邢晴晴参与完成内生菌研究、李媛媛参与完成凤丹化妆品初步研究等相关工作。安徽中医药高等专科学校李林华老师、刘晓龙老师在实验样品采集方面给予了大力支持，安徽师范大学生命科学学院/环境科学与工程学院/中药资源研究所的刘辉、杨耿、夏传俊、赵娟、杨安娜、施媚、吴婷、闫浩、林凌等老师参与了凤丹根际微生物、内生菌及丹皮酚检测研究的部分工作。

"师范大学专门培养师资型专业人才"的思想已经深入人心。在我国高等教育迅速发展的今天，高等师范教育的规模和层次都得到了前所未有的发展，以培养公民为根本目的的基础教育从观念到实际操作都发生了重大变革。作为一种示范性教育，师范大学旨在培养具有高超的教书育人水平与高尚的为人师表品行、富有创新精神并能在中高等学校进行教学和科学研究的专业复合型人才；师范大学作为教师教育的"龙头"，其"面向基础教育、适应并服务于基础教育”的特色历经百年却始终如一。因此,研究结果成书的过程虽然艰辛,但想到在师范院校进行中药资源相关研究具有积极的意义,所有的努力与辛苦付出都是值得的！在这本凝集着我和我的学生集体智慧、辛苦劳作结晶的著作正式出版发行之际,再一次对我的学生团队以及所有关心、帮助、支持我们的单位和个人致以由衷谢忱！对本书所有引用文献的作者表达我最诚挚的谢意！在此也恳请各位读者,在阅读和使用本书的过程中,对书中不尽如人意甚至是错漏、不妥之处提出宝贵的意见和建议,我们当及时修正！

最后,衷心感谢国家自然科学基金项目(中药材地道性与根际微生物的相关性——基于凤丹的研究,No.81173491)、安徽省自然科学基金(凤丹的组织化学研究,No.11040606M94、基于凤丹放线菌的中药材道地性研究,No.1708085MC80)、安徽省科技厅资助安徽省中药日化产品工程技术研究中心建设项目、安徽省芜湖市药品食品监督管理局计划项目(基于牡丹的口腔护理产品开发研究,2011)以及芜湖市科技局公共研发平台建设项目(中药日化产品关键技术研究,2014pt10)对本书的研究、出版给予的资助！

郑　艳
安徽师范大学中药资源研究所
安徽省中药日化产品工程技术研究中心
2019 年 2 月

目　录

第一章　概　　论

“国色朝酣酒，天香夜染衣”！一直以来，牡丹鲜艳地绽放在骚客、画家笔下，更因被寓意盛世之花而深受国人青睐！作为牡丹的故乡，我国在世界牡丹生产中的地位至今举足轻重。这一中国味十足的著名观赏花卉，根皮干燥后还可作为中药材牡丹皮使用且有清热凉血、活血散瘀的功效，用于镇痛、解热、消炎、抗过敏、抗心血管系统疾病等的治疗，其药用价值更甚于观赏价值！

常用、大宗、传统中药材牡丹皮（moutan cortex），始载于《神农本草经》，历版《中华人民共和国药典》均有记载，为毛茛科（Ranunculaceae）芍药属（*Paeonia*）牡丹（*Paeonia suffruticosa* Andr.）的干燥根皮，是六味地黄丸、活血止痛膏等70余种常用中成药的原料药材。安徽、山东、河南、四川、浙江等地均生产牡丹皮，但有着1 600多年栽种历史的安徽省铜陵地区凤凰山（含南陵丫山）却一直是牡丹皮公认的道地兼主产区，该地区所产牡丹皮具有根粗、肉厚、断面粉性足、木心细、亮星多、久储不变质等特色，品质上乘，是中药牡丹皮中的上品，取凤凰山之“凤”字特称“凤丹皮”而享誉海内外。安徽省铜陵也先后被授予“中国南方牡丹商品基地”“中国药用牡丹之乡”等称号。国家质检总局于2006年4月5日起对凤丹实施地理标志产品保护，保护范围覆盖三镇（铜陵市顺安镇、钟鸣镇和芜湖市南陵县何湾镇）①。“凤丹皮”现位列中国34种名贵药材名录中，是著名的“四大皖药”。

道地药材被认为是特定种质长期适应环境的结果，地域性（与特定的产地分不开）、优质性（中医临床公认的优质药材的特征）是其特征。“同种异地”是道地药材产生的重要基础，历代医家药书所谓“诸药所生，皆有其界”“凡用

---

① 凤丹地理标志产品保护范围以安徽省人民政府办公厅《关于凤丹地理标志产品保护范围的复函》提出的范围为准，即安徽省铜陵县顺安镇、钟鸣镇和芜湖市南陵县何湾镇等3个乡镇现辖行政区域。

药必须择土地所宜者，则药力具用之有据”“离其本土，则效异”等可以佐证。“道”原本是中国古代行政区划的单位，相当于现今省一级建制；“地”则泛指地理、地带、地形、地貌等。因而，道地药材可以理解为由某个或某几个行政区划所出货真质优的中药，指一定的药用品种在特定环境和气候等诸因素的综合作用下所形成的产地适宜、品种优良、产量高、炮制考究、疗效突出、带有地域性特点的药材。

早在乾隆时期，《铜陵县志・左记》就记载了晋时著名的道家葛洪在顺安长山种杏炼丹时曾种植过牡丹，后留下“白牡丹一株，高尺余，花开二三枝，素艳绝丽”，人称“仙牡丹”，成为我国人工种植牡丹最早期的历史记录。《安徽省志》明确记载“南朝・宋大明五年（461 年）今南陵、铜陵地区同属南豫州。南朝・梁普通六年（525 年）在东晋南陵戍侨置南陵郡、南陵县，这是南陵县建置之始。今铜陵境为南豫州南陵郡的定陵、南陵县分领。隋统一后，废南陵郡重建南陵县，将定陵县并入南陵县，今铜陵市、县境属南陵县。”唐代・萧炳《四声本草》记载药用牡丹时曾写到“今出合州者佳，白者补，赤者利；出和州、宣州者并良”。考证《安徽省志》可知在唐朝，如今的南陵、铜陵地处江南西道，同属宣州辖地，且该区域所产牡丹皮在同类中品质突出。

至清代，铜陵的凤凰山（中山）、三条冲（东山，今属金榔村）和南陵县丫山（西山）构成所谓“三山”地区，成为全国著名的牡丹皮主产区。清代修撰的《铜陵县志》（1757 年）和《南陵县志》（1899 年）均将牡丹皮列为本县主要物产之一。安徽省人民政府办公厅《关于凤丹地理标志产品保护范围的复函》明确凤丹地理标志产品保护范围指安徽省铜陵县顺安镇、钟鸣镇和芜湖市南陵县何湾镇等 3 个乡镇现辖行政区域。目前，该区域凤丹种植面积和产量均占国家地理标志保护区域内 60%以上，占国内牡丹皮产量的 30%以上。

国家“七五”重点科技攻关项目“常用中药材品种整理和质量研究”已对牡丹皮进行了包括本草考证等，8 项内容在内的专题总结；迄今，牡丹研究已涉及品种品质、原植物及药材质量、生理生化、组织培养、化学成分与药理药效、土壤微生物等诸多方面，人们甚至通过对牡丹皮根部形态的描述和测量，讨论了不同等级牡丹皮成分差异及其划分依据，并建议在牡丹皮质量评价标准中增加一项，同时推荐了芍药苷含量的最低限量。

丹皮酚是牡丹皮的主要药用成分，也是药典中规定评价牡丹皮质量的定性与定量指标，其含量高低直接反映药材品质的优劣。目前，丹皮酚提取与分

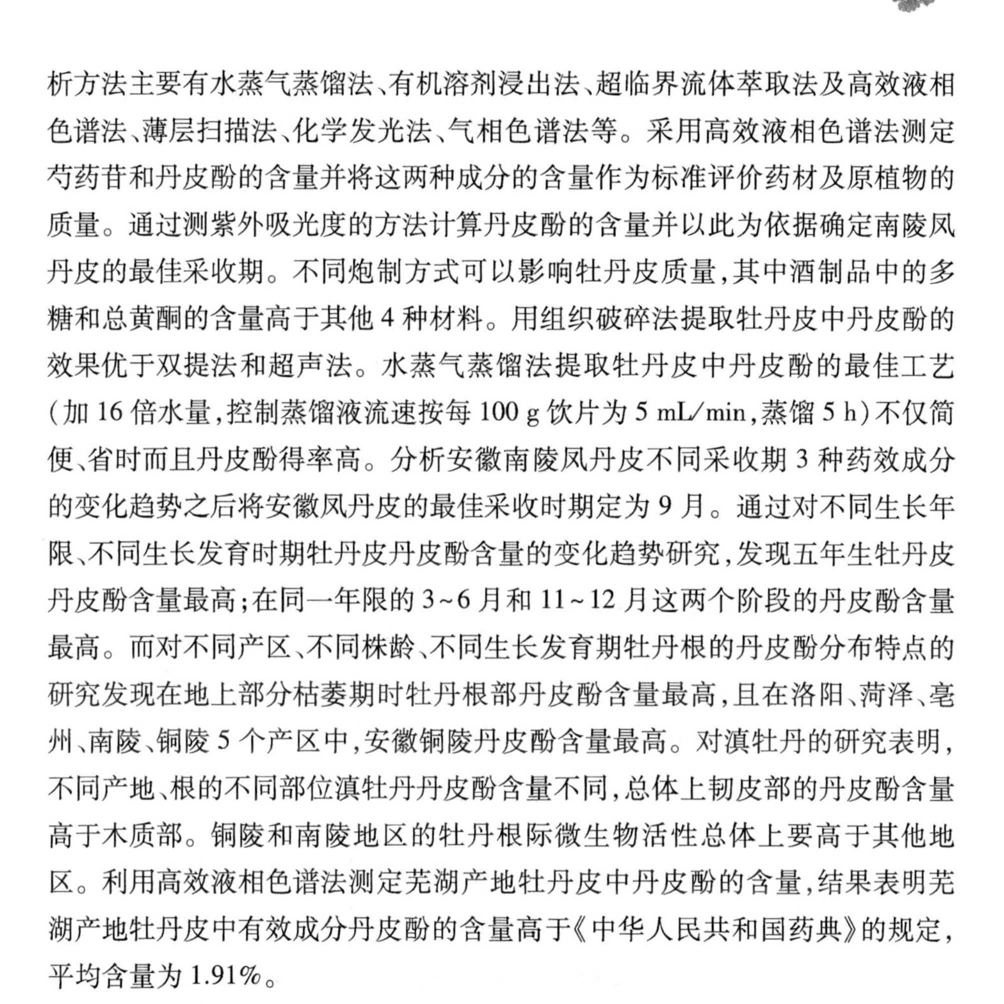

析方法主要有水蒸气蒸馏法、有机溶剂浸出法、超临界流体萃取法及高效液相色谱法、薄层扫描法、化学发光法、气相色谱法等。采用高效液相色谱法测定芍药苷和丹皮酚的含量并将这两种成分的含量作为标准评价药材及原植物的质量。通过测紫外吸光度的方法计算丹皮酚的含量并以此为依据确定南陵凤丹皮的最佳采收期。不同炮制方式可以影响牡丹皮质量，其中酒制品中的多糖和总黄酮的含量高于其他 4 种材料。用组织破碎法提取牡丹皮中丹皮酚的效果优于双提法和超声法。水蒸气蒸馏法提取牡丹皮中丹皮酚的最佳工艺（加 16 倍水量，控制蒸馏液流速按每 100 g 饮片为 5 mL/min，蒸馏 5 h）不仅简便、省时而且丹皮酚得率高。分析安徽南陵凤丹皮不同采收期 3 种药效成分的变化趋势之后将安徽凤丹皮的最佳采收时期定为 9 月。通过对不同生长年限、不同生长发育时期牡丹皮丹皮酚含量的变化趋势研究，发现五年生牡丹皮丹皮酚含量最高；在同一年限的 3~6 月和 11~12 月这两个阶段的丹皮酚含量最高。而对不同产区、不同株龄、不同生长发育期牡丹根的丹皮酚分布特点的研究发现在地上部分枯萎期时牡丹根部丹皮酚含量最高，且在洛阳、菏泽、亳州、南陵、铜陵 5 个产区中，安徽铜陵丹皮酚含量最高。对滇牡丹的研究表明，不同产地、根的不同部位滇牡丹丹皮酚含量不同，总体上韧皮部的丹皮酚含量高于木质部。铜陵和南陵地区的牡丹根际微生物活性总体上要高于其他地区。利用高效液相色谱法测定芜湖产地牡丹皮中丹皮酚的含量，结果表明芜湖产地牡丹皮中有效成分丹皮酚的含量高于《中华人民共和国药典》的规定，平均含量为 1.91%。

现代药理实验证明牡丹皮在抗菌消炎、降血糖、降血压、抗肿瘤等方面作用明显，在治疗过敏性湿疹、肥胖、减轻烫伤后肝损伤的发生、急性肺损伤、心血管疾病、骨性关节炎、抑制胃癌细胞、蔬菜保鲜等方面都能发挥很好的作用，丹皮酚可能通过细胞内钙离子调控机制得到强有力的血管扩张效果、能够提高阿尔茨海默病大鼠模型的皮质细胞色素氧化酶和血管肌动蛋白的水平进而能够改善行为。

随着研究的不断深入，牡丹已被用于日用化工、食品防腐、卫生保健等领域，市场对药用牡丹尤其优质牡丹需求愈加旺盛。依据中药材道地性理论，道地药材凤丹皮，其内涵应仅仅局限于产自安徽铜陵凤凰山地区、可供药用的牡丹的根加工而成的中药材。除了铜陵凤凰山地区（含南陵丫山），任何其他产区的牡丹皮都不能以此称谓。但目前中药材市场的实际情况是贸易流通的凤丹皮来源非常混乱，如产自安徽亳州、河南洛阳、山东菏泽等地的牡丹加工得到的牡丹皮也常常冠以“凤丹皮”出售并使用，这对中药现代化、科学用药等均十分不利。

历版《中华人民共和国药典》明确记载并沿用至今：“常用传统中药牡丹皮为毛茛科植物牡丹（*Paeonia suffruticosa* Andrews）的干燥根皮，秋季采挖根部”。依据中药材道地性理论，凤丹仅指产自道地产区铜陵凤凰山地区（含南陵丫山）的药用牡丹；但有关凤丹种属问题各方一直存在争议且争论的焦点主要集中在该植物的种水平上。《中国植物志》（1997）将牡丹分为3个种，其中记载：“牡丹 *P. suffruticosa* 为我国主要药材之一，全国不少地区都有栽培，尤以四川、河南、山东、安徽（铜陵、亳州）、浙江最为著名。”《中国高等植物志》《安徽植物志》均将药用牡丹定名 *Paeonia suffruticosa* Andrews。*Paeonia suffruticosa* Andrews 传统上被认为是一栽培复合种。洪涛等（1992）在研究野生牡丹时，发表新种杨山牡丹 *Paeonia ostii* T. Hong et J. X. Zhang，引证的野生居群产于河南嵩县杨山；洪德元等认为该种是一个广泛栽培的好种，人们栽培它的目的主要是为了它的根皮（即牡丹皮），主产地是安徽铜陵，称为凤丹，其发育最好的叶（最下部的1~3枚）二回羽状，小叶多数全缘，花单瓣，而明显区别于观赏牡丹。洪德元认为凤丹是中药界很成熟悉的名字，如果将同属植物 *P. ostii* 称为杨山牡丹，那“凤丹”就要成为异名，这不符合中文命名习惯，故而建议 *P. ostii* 的中文名用凤丹，与栽培作观赏用的牡丹相对应。沈保安在安徽巢湖发现一野生类型银屏牡丹名 *Paeonia suffruticosa* subsp. *yinpingmudan* D. Y. Hong，K. Y. Pan et Z. W. Xie.，其根皮供药用；洪德元把 *P. suffruticosa* ssp. *yinpingmudan* 处理为 *P. ostii* 的异名。沈保安依据安徽铜陵栽培凤丹发表的新变种药用牡丹 *P. ostii* var. *lishichenii* B. A. Shen，考虑其仅营养器官和花较野生原变种大一些而已，应当属于栽培产生的差异，作为一个变种的依据尚不充分，洪德元等（1999）将其并入凤丹。《中国植物志》英文修改版 *Flora of China*（2001）将牡丹分成8个种，其中在凤丹中记载该种作为传统中药材广泛种植。郭宝林等研究表明，牡丹和凤丹（杨山牡丹）的根皮作为中药牡丹皮药用时质量无明显差异，但考虑到二者形态上明显差异，应分属于两个不同植物种，建议药典将牡丹皮的来源确定为凤丹 *Paeonia ostii* T. Hong et J. X. Zhang 和牡丹 *P. suffruticosa* Andrews。洪德元等在详细论述 *P. suffruticosa* 复合体分类历史的基础上，根据对野生类型和栽培类型的考察研究，认为观赏栽培牡丹的形成是多元的，并且包含几个物种；*P. suffruticosa* 有明确的概念，它是观赏栽培牡丹的组成部分，而不代表栽培牡丹的全部，更不是数种植物的复合体，并进一步申述牡丹 *Paeonia suffruticosa* Andr.是一个独立的种而不是人工杂种。也有不少学者支持药典收载的药用牡丹 *Paeonia suffruticosa* Andr.是一个栽培复合种。2010 年，洪德元在 *Peonies of the World* 一书对牡丹进行了系统分析，明确凤丹用作传统中药牡丹皮，主要种植在安徽铜陵地区，安徽其他地方如亳州及河南、湖北、山东等地也有种植；而 *Paeonia suffruticosa* Andr.是由几种野生品种杂交得到的杂合种，《中国植物志》述说的花单生、用于药用目的的牡丹属于 *Paeonia ostii*。*Peonies of the World* 一书对凤丹的性状做了有异于《中国植物志》(英文修订版)的描述：凤丹，灌木，茎高 1.5 m，下端的叶子三出羽叶状，小叶 11~15 枚；叶子披针形或者卵状披针形，大都全缘，顶端叶片常 2~3 浅裂，偶见 1~2 侧生小叶 2 浅裂，基部圆形，尖端锐尖，叶片 5~13 cm 长，2.5~6 cm 宽，两面无毛但有时在叶基部沿叶脉疏生短柔毛，花单生枝端，单个，苞片 3~6，绿色，叶状；萼片 4~6；绿黄色，宽椭圆状或卵圆形，长 1.5~3.1 cm，宽 1.5~2.5 cm，顶端尖锐或短尾状。花瓣 11~14，白色偶见粉红色，倒卵形，长 5.5~8 cm，宽 4~6 cm，顶端锯齿状；花丝紫红色，花药黄色，花盘在开花期完全包被心皮，花盘革质，紫红色，顶端有数个锐齿或裂片，心皮 5，密生柔毛。柱头无柄，红色。花期 4~5 月，2 倍体，10 条染色体；蓇葖果长圆形，密生黄褐色硬毛种子棕黑色，长椭圆球状，长 8~9 mm，直径 7~8 mm。

以上众说纷纭、百家争鸣，那凤丹究竟是何物？这还得从 20 世纪说起。

进入 20 世纪 50 年代，随着中药材需求量大幅度增加，供求矛盾日益突出。为解决这一问题，1958 年国务院下发了《关于发展中药材生产问题的指示》，实行就地生产、就地供应方针，打破道地药材不能异地引种，非道地药材不处方、不经营的迷信思想，鼓励开展野生变家种、引种外区品种。在此背景下，1966~1971 年的 6 年时间，从凤丹皮道地产区安徽铜陵合计调出凤丹苗 317.18 万株、种子 6 万多千克，先后引种到山西、湖北、内蒙古、甘肃等 20 个省区，571 个市、县。然而凤丹的引种仅在安徽亳州和山东菏泽获得成功，绝大部分地区的引种，因自然环境不适等因素相继失败。例如，重庆垫江及其周边的邻水、灌县、长寿等地区，因气候因素致使种子的发育多不成熟。而对于 20 世纪 50 年代全国中药材大运动背景下，从安徽省铜陵凤凰山地区(含南陵丫山)引种出来的药用牡丹及由此收获的牡丹皮，人们习惯上仍旧称之为凤丹、凤丹皮,但从严格意义上讲("道地药材"的"道",注重的是中药材产地的地理位置,离开道地产地,就有悖道地药材的内涵),这已经不是中药材基原凤丹以及道地药材凤丹皮了。

"品系"(strain)一词在育种学领域的使用由来已久,而且使用广泛,孟德尔的豌豆试验材料就称"strain"。《辞海》中指出,品系指起源于共同祖先的一群个体,在作物育种学上指遗传性状比较稳定一致而起源于共同祖先的一群个体。参考品系的定义,产于安徽亳州、山东菏泽、河南洛阳的药用牡丹均是从安徽铜陵地区引种因而应同属凤丹品系。

山东省菏泽市(古称曹州)有600多年栽培牡丹的历史,同样也是牡丹皮的重要产区,清代甚至有"菏泽(曹州)牡丹甲天下"的说法。1949~1959年,菏泽牡丹的发展受种种原因的制约,与生产计划相差甚远;于是有关部门决定加速引种以加工、生产中药材为主的凤凰山牡丹,先后派人去安徽、湖南、湖北等地引进了一批红、紫、黄、白四种颜色的凤凰山牡丹(时称凤丹牡丹)。安徽省亳州市因20世纪70年代末期的中草药运动使传统的栽培药材菊花、白芍、紫菀等大规模发展达到过于饱和的状态,凤丹作为引入品种到了亳州,与引种地铜陵可谓同根同源。河南省洛阳市牡丹栽培的历史悠久,隋唐时期就已将野生牡丹运用于园艺栽培中;到了宋代,洛阳已成为全国的牡丹栽培中心。近年,洛阳在保持原有品种的基础上不断引进和培育新的品种,洛龙区从安徽亳州引种药用牡丹进行规模化种植,旨在调整洛龙区农业产业结构。经过长期发展,凤丹已形成以安徽铜陵(南陵)与亳州、山东菏泽、河南洛阳三省四(五)大产区的生产格局,但各大产区对牡丹的利用情况不尽相同:安徽铜陵(南陵)与亳州以药用为主;山东菏泽和河南洛阳则走了一条产业多样化的道路。

为加快凤丹产业的发展,安徽省政府出台了相关政策支持、培育和扶持凤丹产业化龙头企业,成立协会等组织来服务、引导、组织生产。安徽省"十五"重大科技专项"安徽地道药材牡丹皮GAP种植示范基地研究"于2004年9月28日通过安徽省科技厅验收和鉴定,其研究成果在国内处于领先水平。近年来,安徽省政府又加强牡丹GAP中药材标准化生产认证工作,实现种苗、种植、加工的一体化经营,制订了《安徽药用牡丹规范化种植生产标准操作规程(SOP)》以适用于凤丹分布的主要生产区安徽铜陵、南陵、亳州。

安徽亳州的药用牡丹栽培在国内享有盛名。据报道亳州的药用牡丹在2005年已达到0.6万公顷,是全国最大的药用、砧木用牡丹栽培地区。凤丹在其道地产区——安徽铜陵、南陵的种植面积不大，但所产凤丹皮因根粗，肉厚、木芯细、粉性足且上面亮星点多，一直作为凤丹皮中的上品的代表。铜陵和南陵地区分别于2004年和2009年先后通过凤丹GAP认证。目前铜陵及南陵所产"凤丹"已成为国家地理标志保护品种。

近年来，菏泽牡丹资源开发的主体和重点在牡丹种植，观赏牡丹和药用牡丹并举，对牡丹开发应用研究涉及日用化工、餐饮服务、食品保健等多个领域。牡丹资源在洛阳的利用途径主要为牡丹观赏、苗木、盆花、盆景及牡丹皮的生产，牡丹观赏居主导地位，牡丹皮生产居其次。不少地方把牡丹作为特色资源，以花为媒、招商引资。

上述凤丹品系各主产区的经济发展方向决定了凤丹皮的质量、产量及发展方向。为了保证凤丹皮药材来源的稳定性，需要各部门协同配合以利道地药材凤丹皮的产业化、可持续化发展。

第二章　凤丹生物学初步研究

研究凤丹的生长发育习性、形态特征及显微结构特征，不仅可以完善凤丹的基础研究，还可为凤丹的引种栽培及资源的保护利用提供科学支持。

第一节　凤丹形态解剖学研究

采用石蜡切片技术进行植物解剖学研究可以界定植物种属类别、生长发育机制及其与环境因素的关系。即便在科技十分发达的今天，经典的石蜡切片技术仍不失为研究植物组织与器官显微结构的一种好方法。本节采用石蜡切片技术，对凤丹的营养器官和生殖器官的解剖学特征进行较为系统的观察，探讨凤丹形态结构特点与其所处生态环境之间的关系，为研究凤丹植物学特性及其与环境间的适应性服务。

采集凤丹成熟期的根、茎、叶，花被片、花药、子房等部位，切成约 1 cm 小段，剪取成熟叶片主脉的中央部分（0.5 cm×0.5 cm），FAA 固定 48 h 以上备用。参照李正理的石蜡切片技术制片（1979），根据实验材料不同，切片厚度保持在 10~14 μm。利用 MOTIC BA400 显微摄影仪观察拍照。

1. 根的解剖学特征

凤丹根由表皮、维管束和维管形成层组成（图版Ⅰ-1），多年生凤丹根中初生保护组织被破坏、次生维管组织不断扩展并形成周皮。周皮由木栓层、木栓形成层和栓内层组成：位于最外侧的木栓层，由数层方形细胞排列紧密组成；木栓形成层由双层扁平细胞构成；栓内层由呈方形或圆形的薄壁细胞组成。石蜡切片显示凤丹根初生维管束结构不明显，次生韧皮部由多列排列疏松的薄壁细胞组成，在这些薄壁细胞中储藏着大量的草酸钙晶体，靠近周皮的一侧细胞较大且形状不一，而靠近木质部的细胞较小，多呈椭圆形；次生木质部主要由导管、管胞构成，此外还含有较多的木纤维和木射线，导管和管胞均为死细胞，数量多，均被染成红色，辐射状排列。最中央部分是初生木质部，所占空间较小。维管形成层细胞排列紧密，比较明显。在凤丹根的横切片中，次生韧皮部为主要部分，占到横切面的70.4%且随着生长年限的增加而增加。

2. 茎的解剖特征

凤丹茎横切面近圆形，由表皮、皮层、维管束和髓组成（图版Ⅰ-2）。茎表皮为一层砖形细胞且排列整齐，细胞外壁角质化并具有角质层；表皮无气孔及表皮毛结构。茎的皮层细胞排列疏松。茎中央是髓腔，由方形至圆形的薄壁细胞组成，且这些细胞排列疏松。凤丹茎的髓腔部分面积占到横切面积的53.57%，髓细胞中含有晶体，且髓腔会随着茎的增粗而扩大。髓射线分布于皮层和髓间，呈放射状排列。

在凤丹茎的基本组织中，7～15个外韧维管束从中穿过，沿皮层排列成环状，韧皮部和木质部之间具有维管形成层。次生韧皮部在形成过程中将初生韧皮部薄壁细胞推向外方，但会残留韧皮纤维。凤丹木质部结构属散孔材型。

3. 叶的解剖特征

凤丹叶属异面叶，横切面由表及里依次包括表皮、叶肉和叶脉（图版Ⅰ-3）。

叶的表皮：凤丹叶表皮包括上表皮和下表皮，其中上表皮细胞排列紧密，由大小不一的方形细胞组成；下表皮细胞较小，形状不规则。气孔分布于下表皮。叶表皮细胞外被角质，未见表皮毛、腺毛等附属结构。

叶肉：植物进行光合作用的场所，组织细胞中含有大量的叶绿体。凤丹叶肉由栅栏组织和海绵组织组成。其中栅栏组织细胞为柱状的薄壁细胞，排列整齐并与叶片表面垂直；海绵组织靠近下表皮，细胞形状不规则，细胞间隙与下表皮的空下室连接形成通气系统。

叶脉：凤丹叶脉分多级，各级叶脉大小、结构存在差异。其中主脉维管束数目1至多个不等，处于近轴面的是木质部、远轴面的是韧皮部，维管形成层活动微弱，因此叶片的次生结构不明显。维管束上方的基本组织靠近上表皮的2～3层细胞分化为厚角组织，维管束下方的5～6层细胞机械化程度明显。随着叶脉级数降低，维管束越来越细，机械组织逐渐减少，韧皮部和木质部简化，甚至只有木质部。

4. 花被解剖学特征

凤丹花被由表皮、薄壁组织、稍分支的维管系统组成(图版Ⅰ-4),上、下表皮细胞形态相似,表皮内部的薄壁细胞大小存在差异,细胞排列紧密,细胞核清晰可见,5~6条粗细不等的维管束贯穿其中。外表皮细胞排列紧密而且整齐,内表皮边缘凹凸不平,细胞排列不规则,较大的通气组织从薄壁组织中穿过。

5. 雄蕊的解剖特征

凤丹的雄蕊由花丝和花药组成。

花丝:最外层为一层表皮细胞,往内由薄壁细胞组成,细胞核较大。靠近表皮的薄壁细胞较大,排列松散;靠近维管束的薄壁细胞较小,排列紧密。维管束位于花丝中央(图版Ⅰ-5),木质部和韧皮部明显。连接花被基部和花药基部的花丝,主要作用是支持花药、托展花药以便于传粉,其次为花药输送养料。

花药:凤丹花药基着药,成熟的花药包括4个花粉囊和1个药隔。花粉成熟后花粉囊纵裂。花药最外层是单层的表皮细胞层,表皮之下为药室内壁细胞,成熟雄蕊的中层细胞纤维状加厚。在花药成熟的过程中,花药药室间的薄壁组织断开,花粉囊连通,连通的花粉囊中散落多数成熟的花粉粒。药隔由药隔维管束和薄壁细胞组成,药隔维管束位于中间,药隔薄壁细胞壁无明显增厚(图版Ⅰ-6)。

6. 雌蕊的解剖特征

凤丹雌蕊包括柱头、花柱和子房三部分。花柱与柱头相连,柱头顶端5叉状。横切面显示凤丹花柱短,花柱道位于花柱的中央、中空(图版Ⅰ-7)。子房横切面(图版Ⅰ-8)显示凤丹5心皮,离生;中轴胎座;心皮的腹缝线和背缝线处分布着大量维管束,大小不一。凤丹子房壁包括表皮、薄壁细胞和维管束,其中上、下表皮细胞小且排列紧密,薄壁细胞排列疏松且多间隙,内含多条维管束。从凤丹单个心皮的纵切(图版Ⅰ-9)可以看出,相对于柱头,凤丹的花柱部分较细,花柱分化较明显,每个心皮里有5~7颗胚珠,胚珠单列倒生,胚珠有内珠被和外珠被包被,胚囊位于中间。

在长期的进化过程中,植物以自身的结构组成应对环境的变化并形成植物的结构特征。凤丹的根、茎、叶的表皮均具有角质层,角质层在防止水分的过度蒸腾、降低强光伤害及减轻植物在胁迫条件下的凋萎方面具有重要的作用。叶是植物进行光合作用和蒸腾作用的主要器官,气孔控制着植株与外界环境的气体交换,植物单位面积内气孔的数目越多,表示其抗旱性越差。凤丹叶片的下表皮上面分布着大小不一的气孔,凤丹叶片表皮的下方是多层厚角组织,厚角组织也是植物抗旱性的显著标志,凤丹叶片包含的角质层、气孔及厚角组织这些特征都有利于凤丹适应干旱的土壤环境,这些也符合凤丹栽培时宜干不宜湿的特性。凤丹的叶片栅栏组织和叶脉里维管束较多,这表明凤丹光合能力及对光合产物运输能力较强。

凤丹的根最外层的是栓质化的周皮,木栓细胞成熟时细胞死亡,细胞排列紧密而整齐,细胞壁栓质化,不透水、不透气因而可以保持根内水分。在凤丹多年生根的解剖结构中,次生韧皮部的薄壁细胞中含有大量的草酸钙簇晶体,晶体在细胞的渗透、吸水保水及避免细胞毒害方面起着重要作用。这可以认为是凤丹的一种典型的适应环境胁迫的进化特征。

在凤丹茎中,皮层、髓腔所占比例较大,这些皮层和髓都是由多层薄壁细胞组成,薄壁细胞的通透性较强,使得茎对低温抗性较弱,这也从另一个角度帮助理解凤丹地上部分为何无法过冬。

凤丹的花药发育比较原始。在成熟的雄蕊中,中层部分呈纤维状加厚,比较类似药室内壁,这点在被子植物中都是比较罕见的。魏乐等(2007)通过比较三种牡丹雌蕊的发育节律发现,杨山牡丹花药壁及内部小孢子的发育起步最晚发育最慢,品系较纯,与紫斑牡丹和中原牡丹亲缘关系相对较远,在起源和进化上较其他两种牡丹更为原始。凤丹的心皮密被绒毛,离生;柱头呈圆环状弯曲;授粉面是由心皮腹缝线在柱头上部特化形成的生物狭长带,凤丹的授粉面宽约 1 mm,这些都是被子植物相对原始的特征。一般牡丹组植物的花柱与柱头分化不明显,授粉面及花柱均是比较原始,凤丹花柱部位变细,花柱分化明显,表面有明显的乳突且这些乳突分布均匀,授粉面在花柱以上,更加有利于昆虫传粉,这些都说明凤丹雌蕊的进化地位高于其他几个分类群。

第二节　凤丹的繁殖生物学研究

繁殖生物学通常指传粉生物学和繁育系统的综合。繁育系统包括花的形态特征、传粉、开花、受精过程、花各部分器官的寿命等方面。系统地了解植物花的结构是研究植物繁殖生物学的前提。花的生物学特征与其传粉机制相适应，对传粉机制的研究有利于解释繁育系统发生过程，它在植物的表征变异和进化方面起着至关重要的作用。本节将立足于道地药材凤丹皮的基原植物，采用 TTC 染色法、苯胺蓝染色法并结合石蜡切片技术、扫描电子显微技术研究凤丹花部繁育、不同花期花粉活力测定、花粉管萌发的动态过程及时间以及柱头、种皮、花粉的形状和大小等，以期揭示凤丹的繁殖生物学特征。

1. 开花特征和花器性状观察

对开花期的凤丹进行观察，记录整株及单花花期等；对花冠特征及雄蕊发育方式进行观察描述和分析，将凤丹盛开期的花和成熟期的果实采摘下来带回实验室，置于体视镜下观察结构。

我们以花瓣变化为指标，将凤丹单花开花过程（开花期）细分为透色期、绽口期、初花期、盛花期、末花期。凤丹初花期雄蕊成熟，开始散粉。花瓣初开时柱头顶端及内轮花药先露出，外轮花药后逐步显露，在花瓣尚未完全开放时内轮花药即开始散粉；凤丹盛花期时，雌蕊成熟，柱头开始分泌黏液，而此时的雄蕊花粉干枯，盛花期会持续 3~5 天不等，一般来说凤丹雄蕊散粉的时间持续的比较久，有时花瓣干枯后花粉仍有残留；末花期阶段的凤丹，柱头分泌的黏液会越来越少且柱头会变得越来越硬，雄蕊会完全脱落，一般是从开花的第 5 天到第 9 天进入末花期。总体上凤丹单花花期 5~15 天，整株植株开花时间为 23~25 天。

凤丹花单生枝顶。体视镜观察结果表明：苞片绿色，叶状，3~6 片；萼片卵圆形，黄绿色，数目 4~6；花瓣 10~15 片，纯白色倒卵形，单瓣直径约 12~14 cm，长 5~8 cm，宽 3~5 cm；花盘革质，完全包被心皮；心皮常见 5 少见 6、7，离生，密被绒毛，每枚心皮内含 7~10 颗胚珠；柱头紫红色，呈五叉状；蓇葖果，顶端具有喙，成熟时果实沿腹缝线裂开；种子黑褐色，长椭圆球状，长 8~9 mm，直径 7~8 mm，部分种子由于蓇葖果相互挤压而呈多面体。

2. 花粉活力测定

采取生长健壮的透色期、绽口期、初花期、盛花期、末花期的凤丹花粉，取少量花粉置载玻片上，采用 TTC 染色法测定花粉活力，每个装片观察 5 个视野，其中染成红色、深红色的花粉是有活力的花粉，无活力的花粉则被染成浅红色或者黄色。计算出有活力的花粉所占的百分率，重复 3 次，取平均值。

采取 TTC 染色处理透色期、绽口期、初花期、盛花期和末花期凤丹的花粉，花粉染色率代表花粉活力，各时期凤丹花粉活力如图 2－1。

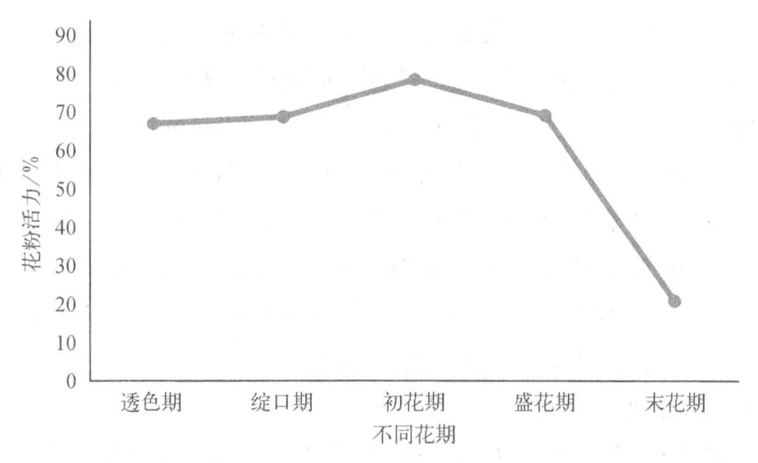

图 2－1 花粉活力随开花时间的变化

凤丹雄蕊数多、花粉量大，不同花期花粉活力也不同：透色期花粉活力达到 67%，绽口期为 68.8%，初花期为 78.6%，盛花期为 69.2%，末花期为 20.8%；透色期花粉活力较低，然后逐步提高，在初花期达到最大值，再后花粉活力又逐渐降低。凤丹雄蕊散粉的时间持续的比较长，很多情况下即使花瓣干枯了花粉仍然保有一定的活力。

3. 花粉在柱头萌发的荧光观察

开花前 3~5 天将凤丹雄蕊完全摘除后套袋，待柱头大量分泌黏液时授以新鲜花粉（异株异花），挂牌并套袋，分别于授粉后 0.5、1、2、4、6、8、10、12、16、20、24、30、36、48 h 取下凤丹柱头 FAA 固定液固定 48 h 以上，4℃冰箱中保存备用。取固定好的柱头，参照苯胺蓝染色法制片，置于荧光显微镜观察花粉管萌发及生长情况并拍照，每个柱头取三个视野，每个时间段选取三个柱头。

凤丹柱头为湿柱头型。当柱头分泌大量黏液时，标志凤丹柱头成熟，适合授粉。凤丹的花柱部分较细、短，花柱道位于中央，中空，由近乎相同的两部分合生而成，花粉管在柱头上的通道即中间的缝隙处。一般来说凤丹柱头可接受花粉的数量与柱头授粉面积和柱头分泌黏液量成正比。柱头上可接受花粉的数量与乳突细胞的多少存在一定的相关性，乳突上的角质层薄厚不均，经荧光染色后会在荧光显微镜下显现荧光强度也不同。由于柱头黏液和乳突细胞的黏附作用，凤丹花粉落在柱头后水合并萌发出花粉管，在紫外光的激发下产生黄绿色的荧光反应。萌发出花粉管的花粉粒会锚定在柱头上，而没有萌发的花粉在实验处理的过程中会被漂洗掉，脱离柱头，因而经苯胺蓝染色后在荧光显微镜下仍能观察到的花粉即可视为萌发的花粉。在授粉后的一段时间内，荧光下观察到萌发花粉及花粉管会随着时间的增多而增多。

一般凤丹花粉落到柱头上就开始萌发。0.5 h 后，大量的花粉管进入柱头（图版Ⅱ－1）；1 h 后花粉管生沿着花柱的天然脉络，即平行于柱头上的维管束方向向花柱方向生长（图版Ⅱ－2）；3～12 h 后离散生长的花粉管逐渐汇聚到一起，并行穿过花柱（图版Ⅱ－3～5）；授粉 8～48 h 花粉管进入凤丹子房，花粉管进入子房壁的近基部之后（图版Ⅱ－6），沿着腹缝线方向随机进入各个胚珠（图版Ⅱ－7，8），凤丹的受精方式是珠孔受精。

4. 扫描电镜观察研究

对凤丹柱头、花粉、种子采用不同的扫描电子显微镜制样方法，其中：

柱头采用梯度乙醇脱水后粘在样品台上；

花粉采用自然干燥的花粉，直接粘在样品台上；

种皮采用乙醇清洗后粘在样品台上。

将上述制成样品分别置于 IB－5 型粒子溅射仪中喷金镀膜后在 Hitachi S－4800 扫描电子显微镜下观察并拍照。结果表明：

凤丹花粉粒，长球形，赤道面观呈椭圆形（图版Ⅲ－1，5），极面观呈三裂圆形（图版Ⅲ－2），三拟孔沟，具有沟膜（图版Ⅲ－3）；花粉外壁穴网状纹饰（图版Ⅲ－4），网眼大小不等，常呈多边形少圆形，在近赤道面的网孔直径最大，越向两极网孔直径越小，网眼出现频率较高，在萌发沟附近的网眼减少，网脊较长，条纹状，萌发沟长达两极，一般网脊宽度小于网眼直径，极轴长度为 42.47～45.88 μm，赤道轴长度为 20.69～23.58 μm，极轴与赤道轴长度之比为（1.89～2.04）：1；萌发沟长达两极，裂隙状，沟宽在中间大两端小，沟内密布小颗粒，赤道处有较大颗粒堆积。

凤丹柱头向外呈 90°～360°耳状转曲，受粉面积狭长形，宽约 1 mm，柱头表面含有大量乳突细胞，分布较均匀，成熟时柱头表面会分泌黏液，将花粉黏附于柱头上，以利于进一步授粉（图版Ⅲ－6～8）。

凤丹种皮呈不规则五边形网格纹饰（图版Ⅲ－9），网格由网壁和网眼组成。网壁是网状角质层，光滑圆润，宽 3.03～3.78 μm，网眼大小、深浅各不相同，部分网眼中部有隆起。

植物繁殖生物学主要研究植物繁殖过程的自然规律，其核心是繁育系统。研究人员对繁育的关注不外乎：一是繁育系统，主要研究近交衰退以及近交衰退的遗传学问题，即谁和谁交配的问题；二是传粉生物，关注的是有花植物花的特性如何影响传粉者的行为及花粉的传递效率。对于有性生殖的植物，花的生物学特征与传粉机制在长期的进化过程中相互适应、共同进化，完整系统地了解植物花的开放、形态特征、花各部分的寿命等是认识植物繁殖生物学的前提。花粉、柱头和传粉媒介组成维系传粉系统的三部分，对传粉机制的研究有助于解释繁育系统的发生过程。花粉管萌发是植物生殖过程中的重要事件，它包括从花粉落到柱头上到萌发出花粉管，再到花粉管穿过柱头、花柱道、子房壁、胚珠到达胚囊，最终完成受精的整个过程。新荧光标记技术的应用给研究人员研究植物花粉管生长的特性提供了极大的便利，常用的是苯胺蓝染色法。苯胺蓝可以染色花粉管壁的胼胝质，染色后的胼胝质在荧光显微镜紫外光下呈黄绿色，将花粉管清晰地表现出来。花粉与柱头在识别过程中，胼胝质反应高度专一，可以在一定范围内检测植物传粉是否亲和。传粉不亲和的植物其花粉与柱头接触会在花粉萌发孔处和花粉管先端产生胼胝质反应，形成强荧光，而在传粉亲和的植物中胼胝质反应不明显。

不同发育阶段的凤丹花粉活力不同：一般花粉活力在透色期较低，然后慢慢提高，在初花期达到最大值，随后活力逐渐降低，但末花期仍保留 20.8% 的花粉活力。本节凤丹花粉活力的测定值略低，可能是因为 TTC 染色法依据脱氢辅酶染色而呈红色，对花粉活力要求较高，故而测得的花粉活力会普遍偏低。

凤丹花期较短且整体花期较为集中，雄蕊一般是花朵尚未完全开放即成熟，花药由内向外开始散粉，在初花期花粉活力最大；而柱头是在盛花期时成熟，此时柱头会分泌大量黏液黏附花粉。花粉雌雄异熟可有效避免自花授粉。在自然状态下凤丹以异花传粉为主。凤丹品种内授粉的实验表明，凤丹依然具有一定的自交亲和性但结实率较低，雌雄异熟也是在自然状态下凤丹异花传粉的一个重要原因。

花粉落到凤丹柱头上经过一系列反应，最后花粉管进入胚珠完成双受精作用。目前花粉管通道法是常用的一种将外源 DNA 导入受体细胞中的一种方法。该转基因方法可应用于凤丹转基因技术中。通过对凤丹的花粉管柱头的荧光观察发现凤丹在授粉 1 h 左右，花粉管向子房延伸，因此凤丹在利用花粉管通道法导入外源 DNA 时应该在授粉后 1 h 左右进行。花粉粒中含有淀粉可为花粉管的生长提供能量。荧光下可观察到花粉管生长过程中有汇合现象，这样可能更利于能量聚集，花粉管可以最大限度地伸长。在荧光显微镜下观察到凤丹柱头的脉纹较清晰，这种结构有利于水分和养料的运输，这也从一个方面说明凤丹可以尝试向较冷、干旱气候地区引种。

花粉的形状、大小和表面纹饰等受环境因素影响较小，具有稳定性、保守性的特点，因而研究人员常根据花粉的特征探究植物亲缘关系、鉴别品种及预测结实率等。牡丹组花粉的纹饰在种间差异明显，而在种内差异不大。这说明花粉形态不适宜用来界定牡丹的种下类群，但可以用来研究牡丹类群的起源演化过程，判定各种群的亲缘关系。根据扫描电镜的观察结果，南陵凤丹的花粉纹饰是穴网状纹饰，何丽霞（2005）研究保康居群的凤丹花粉表面纹饰为皱波-网状纹饰，这表明同一品种的牡丹品种不同居群，其花粉表面纹饰也会随之变化。袁涛等（1991）量化了牡丹品种花粉形态指标，确定花粉外壁纹饰演化途径是从小穴状纹饰→穴状纹饰→网状纹饰→粗网状纹饰，凤丹花粉表面纹饰属于穴网状说明凤丹的进化位置在牡丹组处于中等水平。

第三章　凤丹物候研究

物候学是一门主要研究自然界的动植物(含农作物)和环境条件(气候、水文、土壤条件)的周期变化之间相互关系的科学,通过探究自然界生物非生物现象与环境季节性变化的规律将其应用到农业生产和科学研究中。在我国,物候学研究最初通过将经过长期的生产、生活实践观察总结的结果,以口头或文字的方式在民间流传和普及而进行。有关物候现象的最早文字记载见于《诗经》《吕氏春秋》,《礼记·月令》对物候历的记录已经比较完整,到了西汉时期,对物候的记录已经非常完备和系统了:如《淮南子·天文篇》中对二十四节气的描述就已经非常具体。我国现代物候学研究开启于竺可桢先生1912年在南京开始的物候观测;1963年,《物候学》的出版则标志着我国现代物候学正式诞生。

植物物候学研究一年中植物受环境因子的影响而出现周期性变化的规律。研究的目标是植物的周期性生长,一般是指从植物萌动开始到开花、结果、衰老、死亡的整个生命过程。生物长期适应温度条件的周期性变化并会形成与之相适应的生长发育节律。就植物而言,物候或物候现象是指在一年的生长过程中随着气候的季节性变化,植物所呈现萌芽、抽枝、展叶、开花、结果及落叶、休眠等规律性的变化。研究人员在研究植物的物候学时常常以植物的外部形态变化作为指标,一般每2天或每3天观测1次;但如果一个物候期持续时间较长的话,也可以每5天或者每10天进行观测1次。物候观测通常以实地观测作为基础。研究人员会记录各物候期开始、结束的时间及持续的时间,通过比较分析不同地方、不同年限物候期及其环境因子的差异来探究植物生长发育与周围环境之间的关系。气候因子作为影响物候最重要的一个因子,研究其与植物物候现象相互作用的规律在鉴定气候变化趋势、指导农事活动、栽培引种等方面都具有重要的意义。我国物候期对温度变化反应较大,温度升高，木本植物物候期提前且纬度变化幅度减少、物候期变化随之减少。有研究表明：泽泻中有效成分会随着平均相对湿度的增加而增加，随着平均温度的增加而减少；文冠果的物候变化与有效积温之间存在显著的线性函数关系。气温影响着春季树木的展叶开花，制约着果实的成熟，即使是秋季树木落叶也是由于外界环境温度降到一定界限才会发生。

目前国内外对凤丹的生长发育习性及物候特征研究较少。本章将采用野外观测法，研究凤丹在为期一年的生长周期中各物候期开始的时间、结束的时间以及该物候期所持续的时间。与传统单纯地将牡丹花蕾的不同时期作为划分植物不同发育阶段有别，本书将结合其他学者的研究尝试划分凤丹物候期。

第一节 研究区概况及实验方法

丫山隶属安徽省芜湖市南陵县，地处皖南山区腹地，西接池州市青阳县，北靠铜陵市，属于九华山支系。辖区为亚热带湿润季风气候，年平均气温15~17℃，无霜期约为230天，年日照时数约2 000 h，降雨量约1 200 mm。丫山具有独特的喀斯特地貌，土壤主要为黄红壤和石灰土为主，富含有机质，质地松软且通透性能良好。

我们以生长在丫山、移栽满五年的凤丹为研究对象（经著者鉴定为*Paeonia suffruticosa*），凭证标本存于安徽师范大学生命科学学院。所采用的野外观测法是对凤丹的物候期进行观察并进行相关生长量的观测，获得凤丹物候特征以及不同物候期的生长发育规律。

物候观测：采取气象观测和物候观测联合的平行观察法。观测时间从2015年1月开始到2016年1月结束，持续1年。对所选取的10株凤丹，从萌动期开始物候期观测记录，以每株植物大部分芽外在形态变化为标准判定物候期的变化：物候期变化较慢时，每5天观测1次；植物生长迅速时，每隔1天观测1次。

生长量测量：选择生长健壮的凤丹5株，在每株凤丹上选2颗饱满芽。分别测量当年生枝长、复叶长、复叶宽，初期时每3天测量1次，谢花后每6天测量1次。

当年生枝长：测量从花枝基部到花蕾底部的距离。

叶片的测量：选择花枝基部往上的第 3 片叶子，测量其复叶长和复叶宽。

观测点南陵丫山 2015 年 1～4 月的最高气温、最低气温、平均气温变化参见图 3－1（气象资料来源于中央气象台网站）。

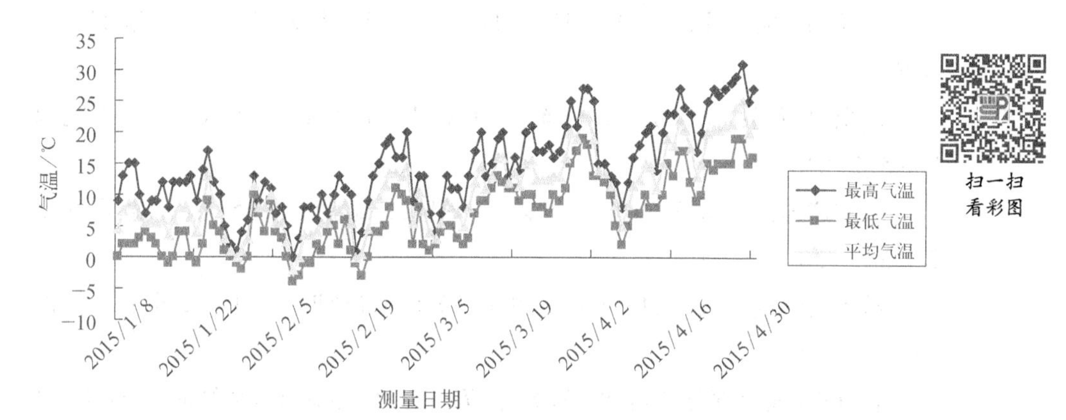

图 3－1　2015 年 1～4 月南陵气温变化

第二节　凤丹的物候特征

从 2015 年 1 月至 2016 年 1 月，通过一年连续的观测，记录凤丹物候期如下：

萌动期：从 2015 年 1 月 19 日至 2 月 20 日，持续 33 天，日平均气温 5.19±3.66℃。

萌发期：从 2 月 3 日至 3 月 3 日，持续时间 28 天，日平均气温 6.65±4.32℃。

显叶期：从 2 月 17 日至 3 月 16 日，持续时间 26 天，日平均气温 8.66±4.29℃。

张叶期：从 2 月 28 日至 3 月 20 日，持续时间 20 天，日平均气温 9.86±3.99℃。

展叶期：从 3 月 8 日至 3 月 26 日，持续时间 18 天，日平均气温 12.02±3.08℃。

风铃期：从 3 月 16 日至 4 月 9 日，持续时间 23 天，日平均气温 14.2±

4.22℃。

透色期：从3月23日至4月13日，持续时间21天，日平均气温14.31±4.43℃。

开花期：从3月29日至4月23日，持续时间25天，日平均气温15.75±4.76℃。

幼果出现期：从4月15日至5月2日，持续时间17天，日平均气温20.05±2.97℃。

果实成熟期：从5月3日至8月16日，持续时间105天，日平均气温25.53±3.33℃。

秋叶变色期：从7月14日和8月25日，持续时间41天，日平均气温28.27±2.31℃。

枯叶期/地上部分枯萎期：从8月27日至10月20日，持续时间54天，日平均气温22.77±3.01℃。

相对休眠期：从2015年10月22日至2016年1月20日，持续78天，日平均气温9.32±5.17℃。

凤丹物候期主要特征参见表3－1。物候期最长的是凤丹果实成熟期，持续时间105天；其次是相对休眠期，持续时间78天；幼果出现期最短，持续时间17天。本节凤丹的生物学的最低温度以赵孝知研究牡丹生物学的起点温度4℃为标准。参考物候观测结果，凤丹从萌动到开花所需的时间，通过有效积温公式加以计算可以得出：凤丹萌动期物候有效积温约490.19℃，开花期物候的有效积温约737.96℃。

表3－1　2015~2016年凤丹物候期

物候期		主要特征	最早/(d/m)	最晚/(d/m)	持续时间/d
萌芽物候	萌动期	芽开始萌动、膨大，芽鳞颜色变成绿色	19/1	20/2	33
	萌发期	叶顶端从芽鳞中露出，一般所有叶片同时显露并伸长，但有时最基部的叶生长明显占优势，其叶端在其他叶之前先显露出来	3/2	3/3	28
展叶物候	显叶期	叶完全显露出来，但小叶仍然拳卷、叶柄簇抱着茎；能看到叶柄是判断此阶段的一个重要形态特征	17/2	16/3	26
	张叶期	叶柄向外开张，小叶仍然处于拳卷状态	28/2	20/3	20
	展叶期	从茎基部叶开始向上，小叶逐渐开展	8/3	26/3	18

续　表

物候期		主　要　特　征	最早/(d/m)	最晚/(d/m)	持续时间/d
开花物候	风铃期	该期随着最上部叶的展开而开始，包括叶、茎和花蕾的主要生长。正在增大的花蕾直立于花梗顶端或像风铃一样下垂	16/3	9/4	23
	透色期	随着花蕾顶端变松、变软，可以看到花瓣颜色	23/3	13/4	21
	开花期	从花瓣开张到凋谢的时期	29/3	23/4	25
结果物候	幼果出现期	子房开始膨大	15/4	2/5	17
	果实成熟期	果实或种子继续膨大，种子逐渐变为黑色	3/5	16/8	105
	秋叶变色期	正常季节变化，叶子出现变色（黄色），并且新变色之叶在不断增多至全部变色的时期	14/7	25/8	41
	枯叶期	叶子从边缘向中心逐渐干枯，小部分叶子干枯挂在植株上，大部分脱落在地	27/8	20/10	54
	相对休眠期	叶子干枯掉落，植株地上和地下部分都停止生长，新陈代谢缓慢，进入相对休眠期	22/10	20/1	78

凤丹萌动期、萌发期、显叶期、张叶期、展叶期、风铃期、透色期、开花期、幼果出现期、果实成熟期等各物候期植物器官主要特征参见图版Ⅳ-1~10。

第三节　凤丹的生长发育规律

通过对不同生长发育期的南陵凤丹当年生枝长、复叶长和复叶宽进行测量并绘制生长曲线可以看出：

凤丹当年生枝在3月5日~3月16日生长比较缓慢；在3月19日~3月30日，当年生枝生长迅速；4月1日~4月5日，当年生枝生长会减缓，至4月10日之后当年生枝生长基本停止（图3-2）。

复叶长在3月19日~3月30日生长迅速，之后逐渐减缓趋于停止（图3-3）。

凤丹的复叶宽在3月21日~4月5日生长迅速，之后逐渐减缓趋于停止（图3-4）。

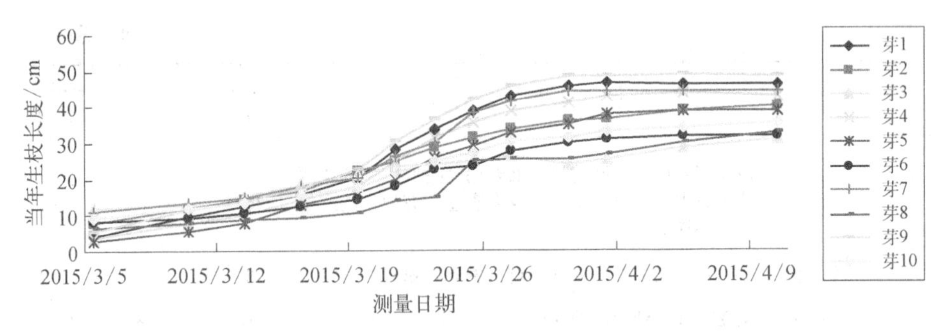

图 3－2 当年生枝长生长曲线

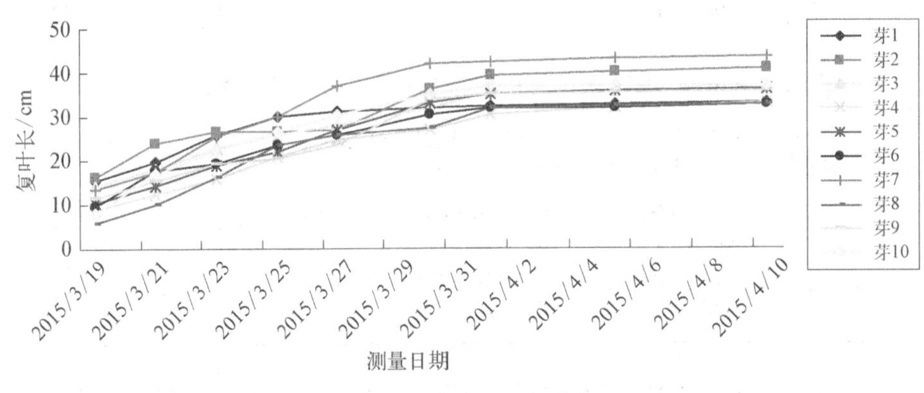

图 3－3 复叶长生长曲线

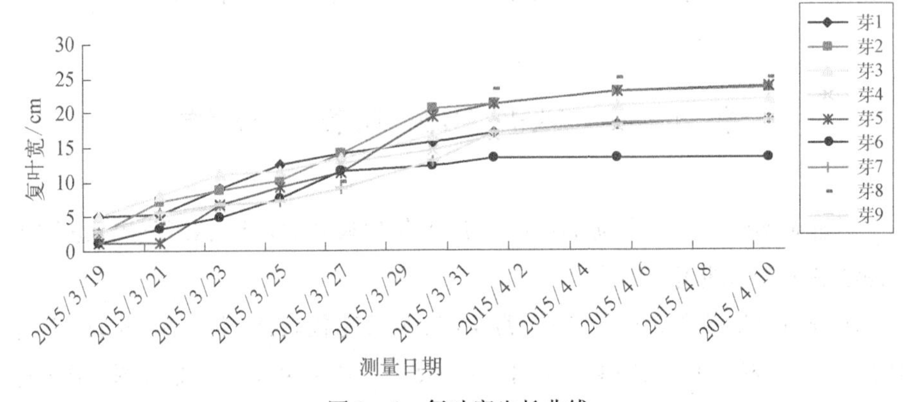

图 3－4 复叶宽生长曲线

牡丹的每一个生长发育阶段都与环境中的温度息息相关。一般情况，外界环境中气温普遍达到 3.6℃，牡丹营养器官开始生长，芽膨大，顶端开裂；气温 6.0℃以上时，牡丹的叶开始展开。研究西藏地区气候因子与当地大花黄牡丹生长发育之间的关联时发现，当平均气温高于 15℃时，大花黄牡丹幼果出

现;当平均气温高于17℃,果实开始成熟。这与我们所研究的凤丹植株对应物候期的平均温度的研究结果相似,凤丹的物候变化也必须达到一定的温度才能发生。

成仿云等(2008)对中原牡丹品种群的物候观测表明,中原牡丹芽萌动期在2月中旬到3月上旬,展叶期集中在3月下旬到4月上旬,开花期在4月中旬到5月上旬,枯叶期在10月下旬到11月中旬。洛阳牡丹物候期的周年观测发现,移栽在洛阳的凤丹最早4月10日开花,4月中旬进入开花期,最迟5月10日落花,开花期持续约1个月的时间。而南陵的凤丹无论是芽萌发还是开花结果时间均较早,这与南陵气温明显高于同时期的洛阳气温而更加有利于有效积温的累积有关。南陵2015年3月中下旬常见阴天、小雨天气,初花前后如遇阴天、小雨,有助于牡丹开花且花色鲜艳;而凤丹开花期正逢清明节前后,南陵一连几天一直是中到大雨,牡丹开花期前后的降雨过程及降雨强度、大气湿度对开花有一定的影响,开花期如遇较大降雨,花朵受到侵袭,会提前败落;因此,2015年南陵凤丹开花期提前而整体花期较往年减少了2~3天。整体花期较短,花期较为集中,比较不利于观赏。对凤丹的周年物候观测发现,凤丹和中原牡丹品种一样有秋发的现象。秋发与气候条件有很大的相关性,尤其是温度因子与秋发关系密切。10月中旬以前如与春季温度相近,能满足牡丹开花的需要,牡丹开花;而后随着温度快速下降,开花受阻。一般秋发会影响来年的成花量;因此在大田栽培时,应尽量避免凤丹的秋发现象。凤丹幼果出现期物候持续时间17天,最短。根据观测记录并结合当地的气候及种皮开裂及果实的颜色,建议将南陵凤丹的种子采收期定在7月20日到8月10日。

凤丹枝叶的生长发育与气温密切相关,张叶期开始气温逐渐升高且波动较小,有效积温积累加快,生长发育速度也会加快。凤丹枝叶的生长规律呈现先缓慢生长,然后生长速度加快,最后生长速度逐渐减缓并趋于停止。一般来说,凤丹枝叶在张叶期至风铃期生长快速。在整个生长发育过程中,凤丹呈现出春发枝、夏打盹、秋长根、冬休眠的生长规律。凤丹以根入药,从夏末起,凤丹植株地上部分枯萎,更加有利于地下根的积累。

第四章　凤丹组织化学研究

建立在形态学基础之上、属边缘科学范畴的组织化学，是研究细胞和组织中的化学组成、定位与定量以及代谢状态的科学，根本的目的是联系形态、化学成分、功能来了解细胞或组织的代谢变化。激光共聚焦显微技术（laser scanning confocal microscopy, LSCM）是一种新型的组织化学方法，其灵活性、实用性、精确性均远远超过了光学显微镜和电子显微镜，已用于药用成分的定位与相对定量以及菌根相关研究。

本章从组织化学角度，选择具有更好的组织穿透能力、更有效的光探测能力、更小的光毒性的双光子激光扫描共聚焦显微镜，同时结合高效液相色谱法分析化学技术，研究不同产区的牡丹以及不同株龄、不同生长发育时期凤丹植株根结构中丹皮酚含量变化与差异、分布特点与规律，探讨凤丹品质与凤丹道地性之间的相关性。

第一节　丹皮酚的荧光参数测定

丹皮酚是《中华人民共和国药典》规定的评价牡丹皮质量的定性与定量指标。

准确称取丹皮酚（化合物编号：08－2004；单体成分由上海中药标准化研究中心提供）4.39 mg，用甲醇溶解在100 mL容量瓶中，得到浓度为43.9 μg/mL供试液。取供试液于比色皿中，置RF－5301型荧光分光光度计（日本岛津）中检测丹皮酚的激发光谱与发射光谱。

丹皮酚的激发光谱如图4－1所示：

丹皮酚的发射光谱如图4－2所示：

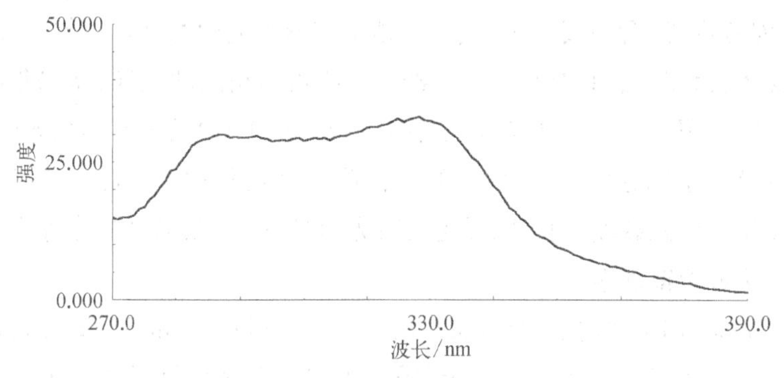

图 4－1　丹皮酚的激发光谱

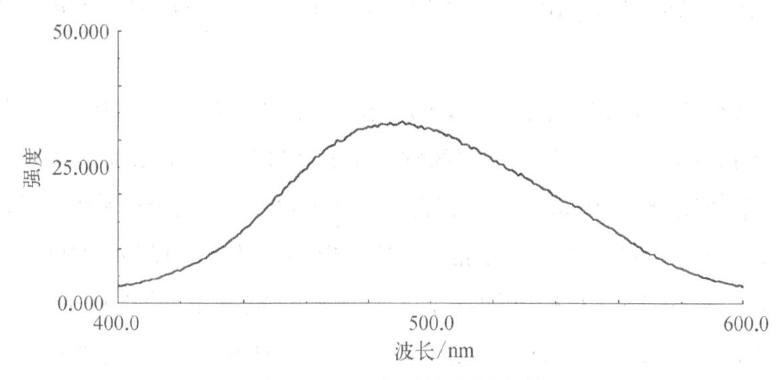

图 4－2　丹皮酚的发射光谱

由图 4－1、图 4－2 可知，丹皮酚的激发光波段为 270～380 nm，最大激发波长为 335 nm，丹皮酚的最大发射波长为 490 nm。根据丹皮酚的激发光谱及发射光谱确定丹皮酚的激发波长、发射波长，选择合适的仪器参数设置，结合荧光分光光度计的检测结果，丹皮酚的激发波长小于 400 nm，处在紫外激发波段，需使用能够激发紫外荧光探针的荧光显微镜或激光共聚焦显微镜进行观察，结合实验条件及预实验的效果选择使用配有紫外光源的荧光显微镜观察切片中荧光的有无，应用无须采用紫外光源即可观察紫外荧光探针的双光子激光扫描共聚焦显微镜进行丹皮酚定位和相对定量。

第二节　凤丹品系牡丹丹皮酚组织化学研究

用于研究的牡丹根样品于 2012 年 10 月分别取自山东菏泽、河南洛阳、安徽亳州、安徽铜陵（含南陵丫山）的处于地上部分枯萎期的牡丹植株，各地随机选取三株生长状况相同的植株，每植株取三段粗细相同的根样，将采集的样品带回实验室后用冷水快速清洗表面，横切并修块，OTC 冷冻包埋剂（SAKURA）包埋，CM1900 型冰冻切片机（Leica）切片，冷冻室温度-20℃，切片厚度25 μm；切片后使用无荧光载玻片粘片，盖上无荧光盖玻片，置保温盒中冷冻保藏以便随时取出供显微镜观察。

使用 LSM710 双光子激光扫描共聚焦显微镜（Zeiss）和 BX61 荧光显微镜（Olympus），依据第一节中所测荧光参数选择合适的激发波长和发射波长观察所制备的切片，随机选取 10~30 个视野，采像并记录荧光强度对丹皮酚进行相对定量。

高效液相色谱法测丹皮酚含量的色谱条件为甲醇：水（50：50）为流动相；检测波长为 274 nm。对照品溶液的制备：准确称取丹皮酚（同本章第一节中所使用单体成分）4.39 mg 用甲醇溶解在 100 mL 容量瓶中得到供试液，浓度为 43.9 μg/mL。供试品溶液的制备：取牡丹根部各结构干燥粗粉约 0.1 g，精密称定，置 25 mL 容量瓶中，精密加入甲醇 25 mL，称定重量，超声提取 30 min，放冷，加甲醇补足减失的重量，摇匀，静置。分别精密吸取供试品溶液和对照品溶液各 20 μL，注入 LC 20AT 高效液相色谱仪（日本岛津），测定丹皮酚含量。

使用 SPSS13.0 软件进行统计学分析，观察所记录数据经正态性、方差齐性检验后进行方差分析等统计学处理。绘制柱形图。

1. 各产区牡丹丹皮酚的组织化学定位

牡丹的根由周皮、皮层、韧皮部和木质部组成（图 4－3）。

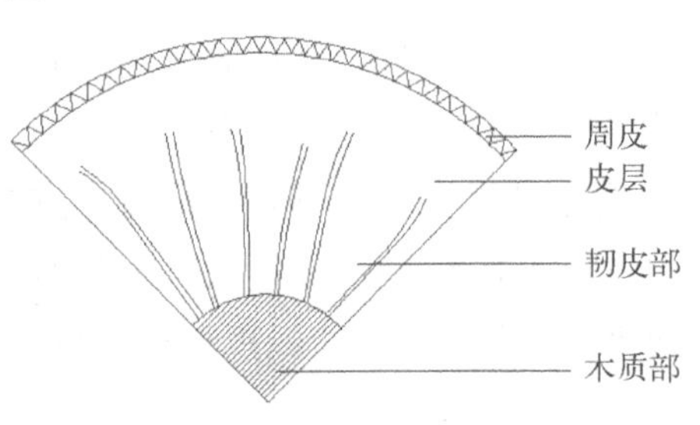

图 4－3　牡丹根部横切面的结构示意图

双光子激光扫描共聚焦显微镜下，所拍摄的凤丹品系各产区植物根部样品横切面显微照片参见图版 V，荧光的分布显示的是丹皮酚的分布。观察表明，各牡丹植株根部样品中丹皮酚分布于周皮木栓层细胞的细胞壁，皮层、韧皮部细胞的细胞质，木质部细胞的细胞壁。

2. 各产区牡丹丹皮酚的组织化学相对定量

山东菏泽产牡丹根中丹皮酚的相对定量（像素荧光强度，pixel intensity）为周皮：33.74±4.58；皮层：5.79±1.50；韧皮部：6.99±1.90；木质部：56.30±6.66（图4－4）。

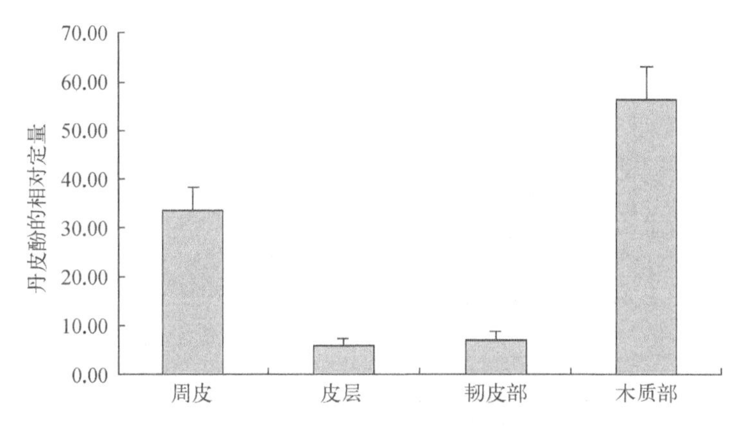

图4－4　山东菏泽产牡丹根中丹皮酚的相对定量

河南洛阳产牡丹根中丹皮酚的相对定量（像素荧光强度）为周皮：31.87±3.03；皮层：8.20±1.11；韧皮部：6.93±1.42；木质部：43.60±6.53（图4－5）。

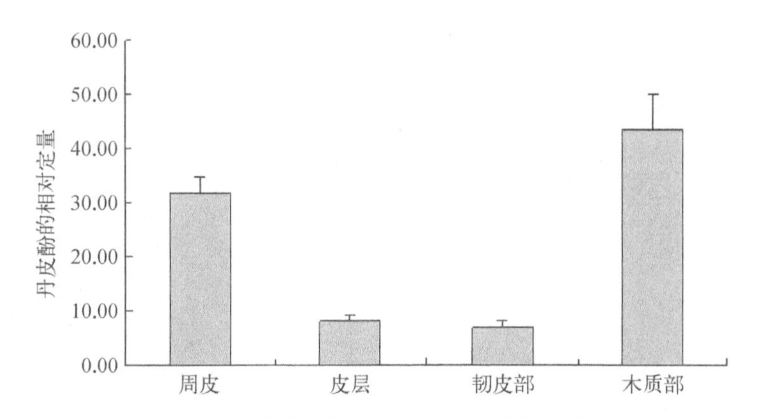

图4－5　河南洛阳产牡丹根中丹皮酚的相对定量

安徽亳州产牡丹根中丹皮酚的相对定量（像素荧光强度）为周皮：37.67±5.80；皮层：10.97±2.02；韧皮部：9.59±2.15；木质部：48.62±4.15（图4－6）.

安徽铜陵产牡丹根中丹皮酚的相对定量（像素荧光强度）为周皮：44.90±2.66；皮层：11.55±1.23；韧皮部：13.37±1.91；木质部：61.74±4.49（图4－7）。

安徽南陵产牡丹根中丹皮酚的相对定量（像素荧光强度）为周皮：47.89±6.48；皮层：9.42±1.58；韧皮部：8.90±1.30；木质部：43.09±4.01（图4－8）。

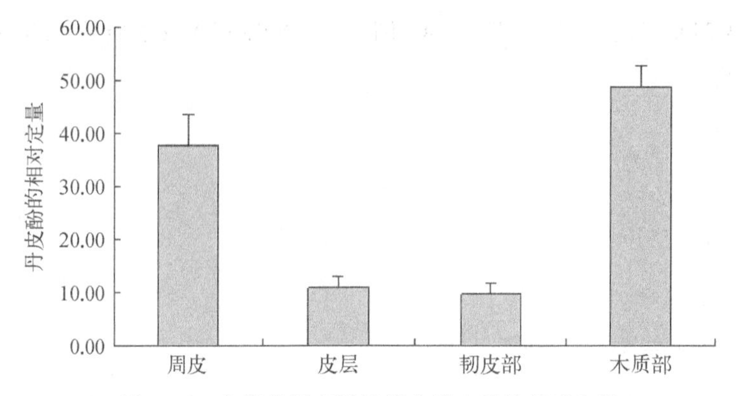

图 4－6　安徽亳州产牡丹根中丹皮酚的相对定量

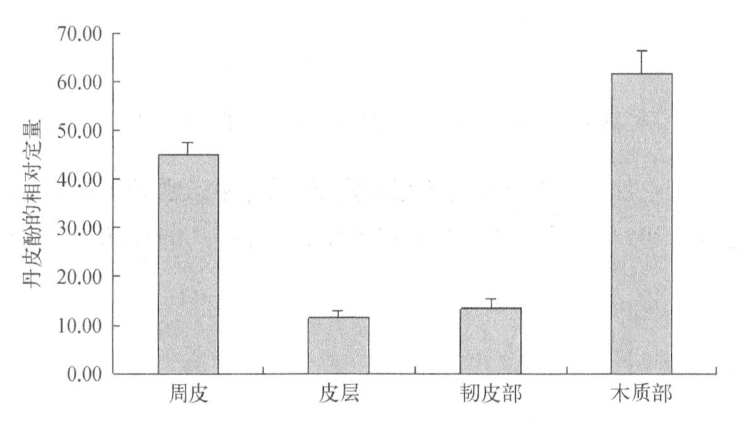

图 4－7　安徽铜陵产牡丹根中丹皮酚的相对定量

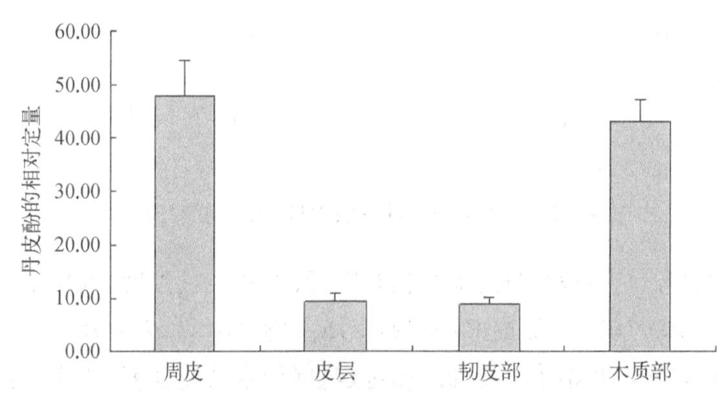

图 4－8　安徽南陵产牡丹根中丹皮酚的相对定量

由丹皮酚的相对定量可以看出，不同产区的牡丹根部样品中周皮、木质部的丹皮酚含量较高，皮层、韧皮部丹皮酚含量较低。

3. 高效液相色谱法测丹皮酚含量及与组织化学相对定量的比较

使用高效液相色谱法(high performance liquid chromatography, HPLC)检测不同产区牡丹根样不同部位丹皮酚含量的结果如表4－1所示。

表4－1　高效液相色谱法测不同产区牡丹根中丹皮酚含量

(每100 g样品中含丹皮酚的质量,单位: g)

	周　皮	皮　层	韧皮部	木质部
山东菏泽	0.66	1.00	0.41	0.15
河南洛阳	0.57	0.42	0.48	0.26
安徽亳州	0.51	0.46	2.38	0.51
安徽铜陵	1.98	2.02	2.85	1.12
安徽南陵	0.89	1.46	0.21	0.68

高效液相色谱法是《中华人民共和国药典》(2010版和2015版)中对牡丹皮中丹皮酚含量进行定量的方法;本章使用组织化学相对定量方法及高效液相色谱法对不同产区的牡丹根样品中丹皮酚含量进行了检测并将此两种方法进行了比较。结果表明,各产区牡丹根部样品不同部位丹皮酚组织化学相对定量与同样来源的样品进行的高效液相色谱法所测得的丹皮酚含量总体呈现正相关,高效液相色谱法测定周皮等根各部结构中丹皮酚含量与组织化学相对定量之间的相关性参见图4－9至图4－12。

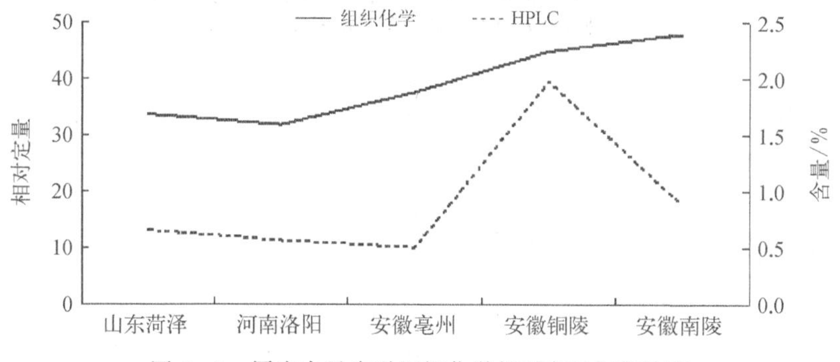

图4－9　周皮中丹皮酚组织化学相对定量与高效液相色谱法测丹皮酚含量的相关性

对不同产区牡丹根样中不同结构丹皮酚的相对定量进行的统计学分析结果参见表4－2;图4－13则更加直观地显示出各产区牡丹根周皮、皮层、韧皮部、木质部中的丹皮酚相对定量。

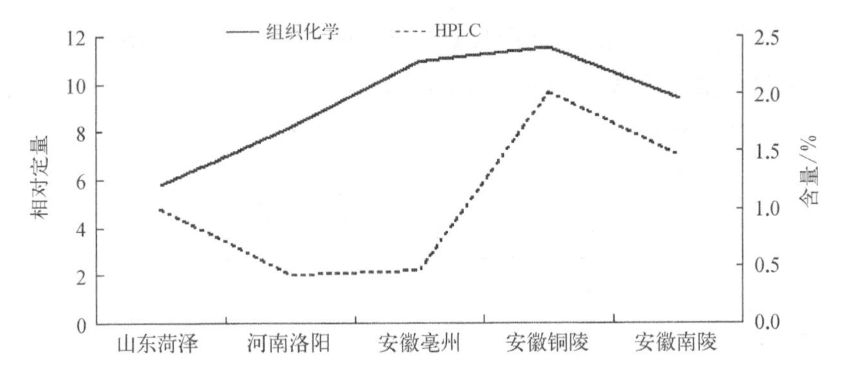

图 4－10　皮层中丹皮酚组织化学相对定量与高效液相色谱法测丹皮酚含量的相关性

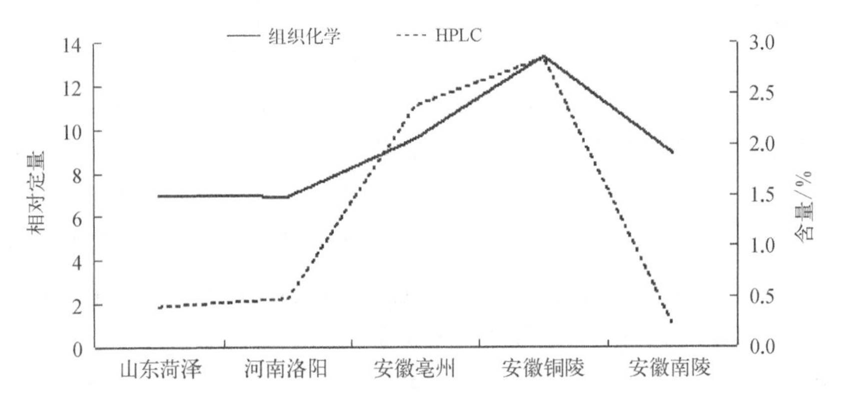

图 4－11　韧皮部中丹皮酚组织化学相对定量与高效液相色谱法测丹皮酚含量的相关性

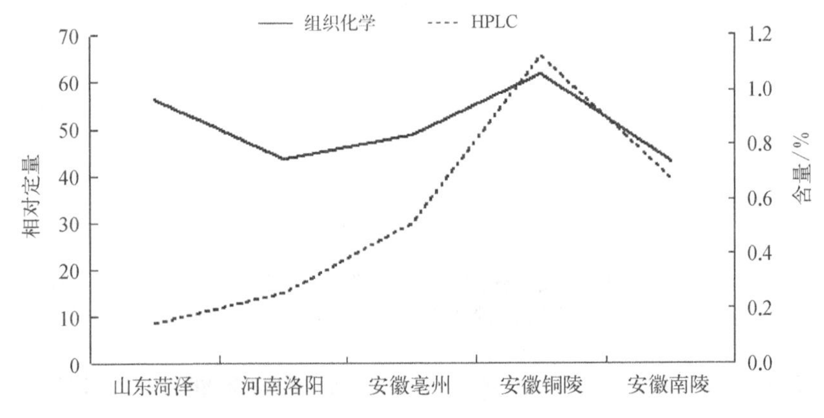

图 4－12　木质部中丹皮酚组织化学相对定量与高效液相色谱法测丹皮酚含量的相关性

表 4－2 不同产区牡丹根不同结构丹皮酚的相对定量统计学分析

	周 皮	皮 层	韧皮部	木质部
山东菏泽	33.74±4.58[c]	5.79±1.50[d]	6.99±1.90[c]	56.30±6.66[b]
河南洛阳	31.87±3.03[c]	8.20±1.11[c]	6.93±1.42[c]	43.60±6.53[d]
安徽亳州	37.67±5.80[b]	10.97±2.02[a]	9.59±2.15[b]	48.62±4.15[c]
安徽铜陵	44.90±2.66[a]	11.55±1.23[a]	13.37±1.91[a]	61.74±4.49[a]
安徽南陵	47.89±6.48[a]	9.42±1.58[b]	8.90±1.30[b]	43.09±4.01[d]
P 值	<0.01	<0.01	<0.01	<0.01

显著差异性检验：a>b>c>d

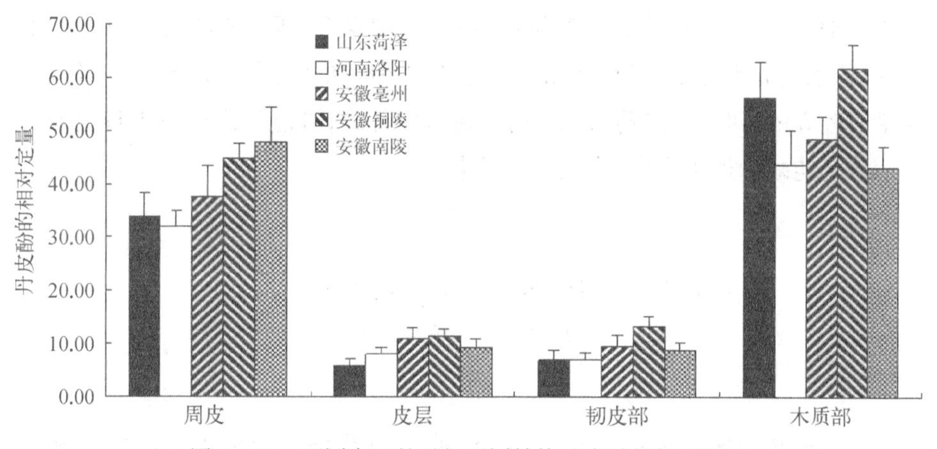

图 4－13 不同产区牡丹根不同结构丹皮酚的相对定量

所有采样区的牡丹根部样品中，其周皮、皮层、韧皮部、木质部均含有丹皮酚，周皮、木质部丹皮酚的相对定量较高，而皮层、韧皮部丹皮酚的相对定量较低。

从图 4－9 至图 4－12 可知，不同产区牡丹根部样品不同部位丹皮酚组织化学相对定量与同样来源样品进行高效液相色谱法所测丹皮酚含量呈正相关，说明组织化学相对定量的方法检测丹皮酚含量与分析化学方法检测丹皮酚的含量保持一致，而组织化学相对定量的方法更直观，在牡丹体内丹皮酚成分的定位、产生、积累、运输的研究方面有着不可替代的地位，具有广阔的应用前景。

不同产区的牡丹根部的周皮、皮层、韧皮部、木质部丹皮酚的相对定量均有差异（表 4－2、图 4－13）。周皮的丹皮酚相对定量安徽铜陵、安徽南陵的大于安徽亳州、山东菏泽、河南洛阳的，且差异显著（$P<0.01$）；皮层的丹皮酚相对定量安徽铜陵、安徽亳州的大于安徽南陵的，山东菏泽、河南洛阳的最小，且差

异显著（$P<0.01$）；韧皮部的丹皮酚相对定量安徽铜陵的高于安徽亳州、安徽南陵的，山东菏泽、河南洛阳的最小，且差异显著（$P<0.01$）；木质部的丹皮酚相对定量安徽铜陵的高于山东菏泽、河南洛阳、安徽亳州、安徽南陵的，且差异显著（$P<0.01$）。

从丹皮酚相对定量的角度可知，产自安徽铜陵地区即安徽铜陵、安徽南陵以及安徽亳州的牡丹根部样品中丹皮酚的含量较高，高于山东菏泽、河南洛阳的牡丹根部样品，质量较优，为产自铜陵地区的凤丹皮的道地性提供了科学依据。在实际生产中铜陵地区在加工丹皮时仅去木心而不刮皮，称为“连丹皮”，包括周皮、皮层和韧皮部，而安徽亳州等地区在加工丹皮时去木心而且刮皮，称为“刮丹皮”，主要包含解剖结构中的皮层、韧皮部，所去木心为牡丹根的木质部，而刮去的粗皮主要为周皮部分。根据本研究的结果，这两部分的丹皮酚含量是较高的，建议在鲜药材加工时保留这两部分，既能提高药材中丹皮酚的利用率又能减少加工程序、降低加工成本。

第三节　不同株龄凤丹丹皮酚组织化学研究

不同株龄的凤丹根部样品于 2012 年 10 月分别取自安徽省南陵县牡丹 GAP 种植基地处于地上部分枯萎期的植株，每生长年限随机选取三株生长状况相同的植株，每植株取三段粗细相同的根样，丹皮酚的荧光参数测定、组织切片制备、切片的观察与记录、统计学分析方法等均同本章第二节。

1. 不同株龄凤丹丹皮酚的组织化学定位

双光子激光扫描共聚焦显微镜下荧光的分布显示丹皮酚的分布。通过观察可知不同生长年限凤丹植株根部样品中丹皮酚分布于周皮木栓层细胞的细胞壁，皮层、韧皮部细胞的细胞质，木质部细胞的细胞壁（图版Ⅵ）。

2. 不同株龄凤丹丹皮酚的组织化学相对定量

一年生凤丹根中丹皮酚的相对定量（像素荧光强度）为周皮：33.69±4.36；皮层：7.68±1.35；韧皮部：7.81±1.09；木质部：23.73±3.30（图 4 - 14）。

二年生凤丹根中丹皮酚的相对定量（像素荧光强度）为周皮：28.01±5.19；皮层：8.87±1.58；韧皮部：6.13±1.31；木质部：50.06±7.23（图 4 - 15）。

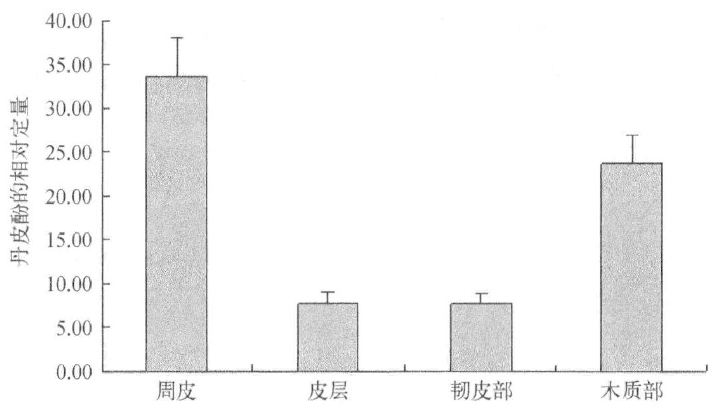

图 4－14　一年生凤丹根中丹皮酚的相对定量

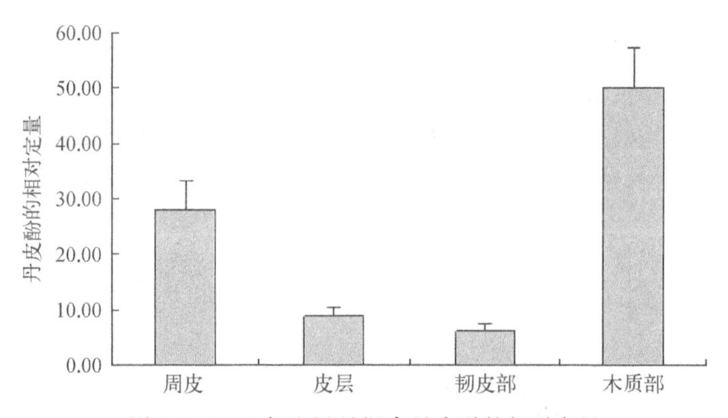

图 4－15　二年生凤丹根中丹皮酚的相对定量

三年生凤丹根中丹皮酚的相对定量(像素荧光强度)为周皮：47.89±6.48；皮层：9.42±1.58；韧皮部：8.90±1.30；木质部：43.09±4.01(图 4－16)。

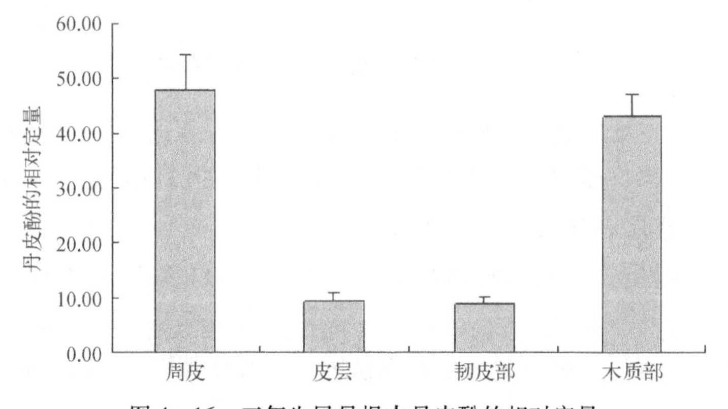

图 4－16　三年生凤丹根中丹皮酚的相对定量

四年生凤丹根中丹皮酚的相对定量(像素荧光强度)为周皮：48.93±6.83；皮层：7.30±1.53；韧皮部：6.63±1.47；木质部：38.86±6.52(图4-17)。

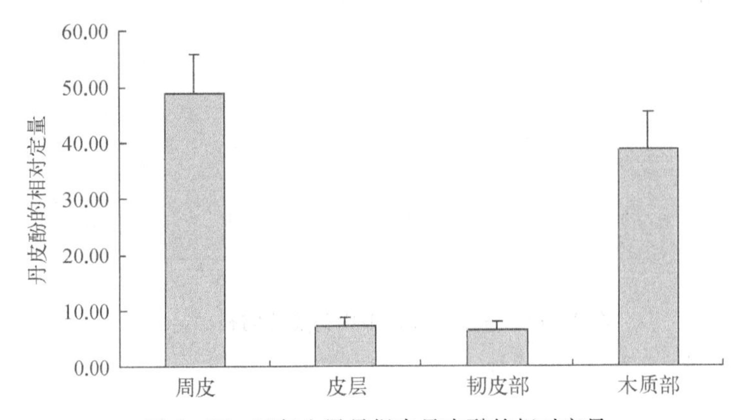

图4-17　四年生凤丹根中丹皮酚的相对定量

五年生凤丹根中丹皮酚的相对定量(像素荧光强度)为周皮：47.35±7.72；皮层：9.15±1.77；韧皮部：7.88±1.39；木质部：40.96±6.30(图4-18)。

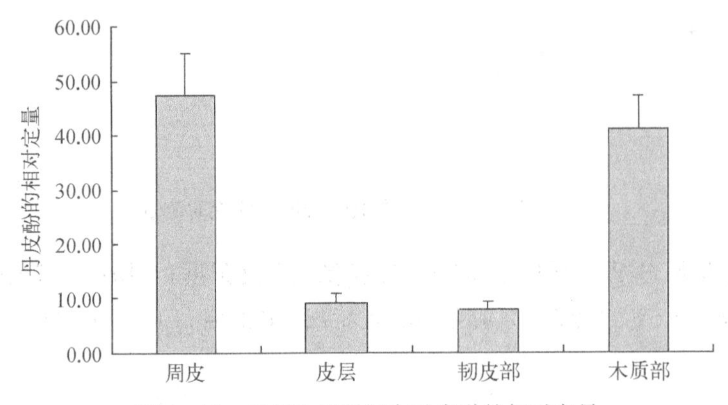

图4-18　五年生凤丹根中丹皮酚的相对定量

从以上丹皮酚的定位与相对定量可以看出，所采集的不同株龄凤丹根样，其周皮、皮层、韧皮部、木质部各结构中均含有丹皮酚，其中周皮、木质部丹皮酚含量较高，皮层、韧皮部丹皮酚含量较低。

表4-3给出了不同株龄凤丹根样中丹皮酚的相对定量的统计学分析结果。

图4-19更加直观地显示出不同株龄凤丹根样中周皮、皮层、韧皮部、木质部中的丹皮酚相对定量。

表 4－3　不同株龄凤丹根结构中丹皮酚的相对定量统计学分析

	周　皮	皮　层	韧皮部	木质部
一年生	33.69 ± 4.36^{b}	7.68 ± 1.35^{b}	7.81 ± 1.09^{b}	23.73 ± 3.30^{b}
二年生	28.01 ± 5.19^{c}	8.87 ± 1.58^{a}	6.13 ± 1.31^{c}	50.06 ± 7.23^{a}
三年生	47.89 ± 6.48^{a}	9.42 ± 1.58^{a}	8.90 ± 1.30^{a}	43.09 ± 4.01^{b}
四年生	48.93 ± 6.83^{a}	7.30 ± 1.53^{b}	6.63 ± 1.47^{b}	38.86 ± 6.52^{b}
五年生	47.35 ± 7.72^{a}	9.15 ± 1.77^{a}	7.88 ± 1.39^{a}	40.96 ± 6.30^{b}
P 值	<0.01	<0.01	<0.01	<0.01

显著差异性检验：a>b>c

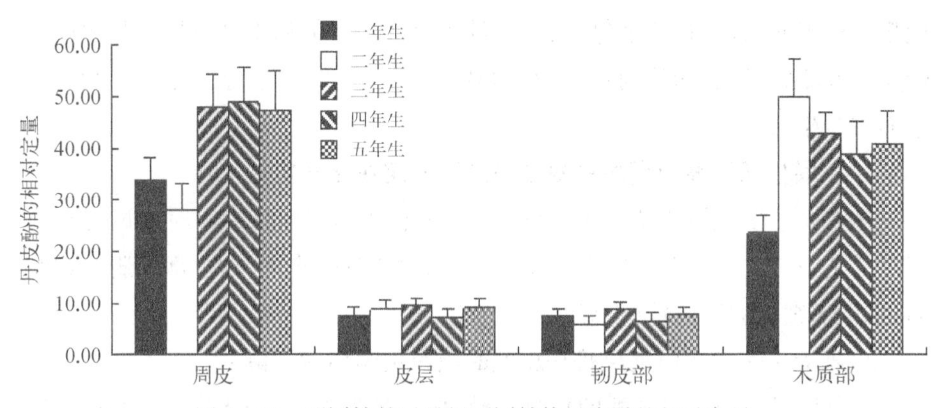

图 4－19　不同株龄凤丹根不同结构丹皮酚的相对定量

由表 4－3、图 4－19 可知，不同生长年限的凤丹根周皮、皮层、韧皮部、木质部丹皮酚的相对定量均存在差异。三、四、五年生的凤丹根周皮中丹皮酚相对定量高于一、二年生的，且差异显著（$P<0.01$）；皮层中丹皮酚相对定量二年生、三年生、五年生的高于一年生、四年生的，且差异显著（$P<0.01$）；韧皮部中丹皮酚相对定量三年生、五年生的高于一年生、二年生、四年生的，且差异显著（$P<0.01$）；木质部中丹皮酚相对定量二年生的高于一年生、三年生、四年生、五年生的，且差异显著（$P<0.01$）。

从丹皮酚相对定量的角度可知，在一至五年生的凤丹植株中，三年生根丹皮酚相对定量最高，这与生产实际中应种植三到五年后采收的经验是一致的。从所采集样品中丹皮酚相对定量的变化趋势来看，并不是生长年限越长、丹皮酚含量越高，所以从获得丹皮酚的角度，凤丹植株并非生长年限越长、收益越大。

第四节　不同生长发育时期凤丹丹皮酚组织化学研究

各生长发育时期凤丹植株根样分别于2012年1月、3月、4月、7月、10月取自安徽省南陵县牡丹GAP种植基地处于叶芽期、展叶期、花期、果期、地上部分枯萎时期的植株（对应物候期：萌动期、展叶期、开花期、果实成熟期、枝叶期/地上部分枯萎期），各时期随机选取三株生长状况相同的植株，每株取三段粗细相同的根样，锡箔纸包裹装入密封袋封口后，低温冷藏备用。丹皮酚的荧光参数测定、组织切片制备、切片的观察与记录、统计学分析方法等均与本章第二节相同。

1. 不同生长发育时期凤丹根中丹皮酚的组织化学定位

在双光子激光扫描共聚焦显微镜下，观察到不同生长发育时期凤丹植株根部样品中丹皮酚分布于周皮木栓层细胞的细胞壁，皮层、韧皮部细胞的细胞质，木质部细胞的细胞壁（图版Ⅶ）。

2. 不同生长发育时期凤丹丹皮酚的组织化学相对定量

叶芽期凤丹根中丹皮酚的相对定量（像素荧光强度）为周皮：28.19±4.17；皮层：8.31±1.74；韧皮部：8.71±1.69；木质部：31.99±5.49（图4－20）。

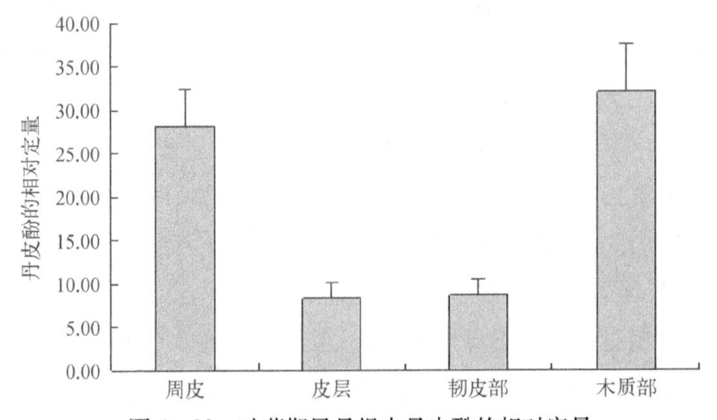

图4－20　叶芽期凤丹根中丹皮酚的相对定量

展叶期凤丹根中丹皮酚的相对定量（像素荧光强度）为周皮：30.73±6.43；皮层：6.42±1.75；韧皮部：7.71±1.48；木质部：26.18±3.85（图4－21）。

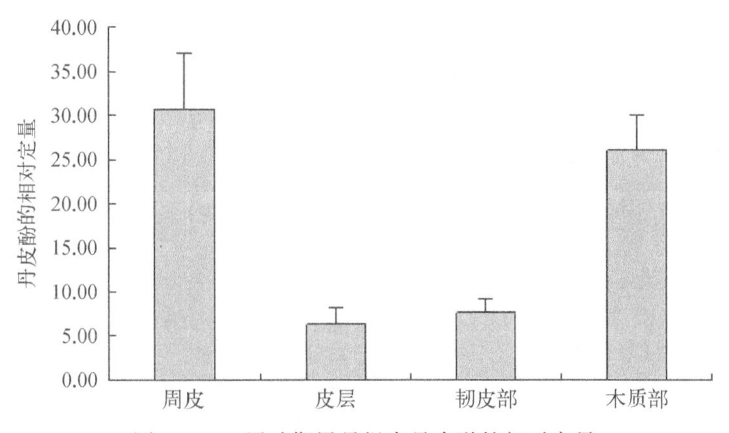

图 4－21　展叶期凤丹根中丹皮酚的相对定量

花期凤丹根中丹皮酚的相对定量(像素荧光强度)为周皮：30.28±6.24；皮层：8.67±1.67；韧皮部：7.40±1.22；木质部：36.93±5.80(图 4－22)。

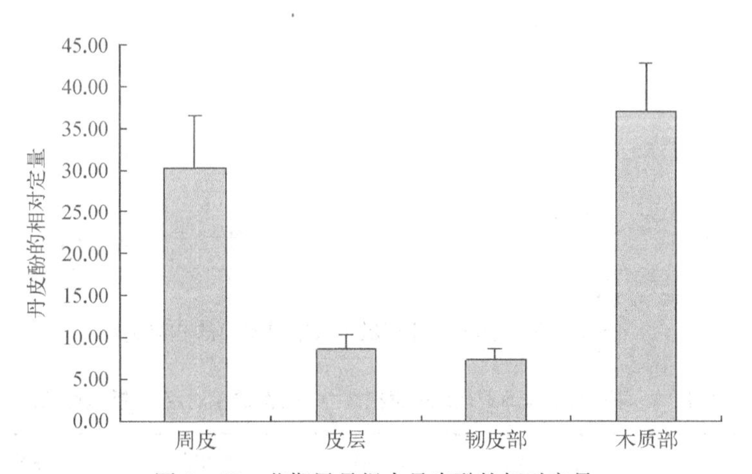

图 4－22　花期凤丹根中丹皮酚的相对定量

果期凤丹根中丹皮酚的相对定量(像素荧光强度)为周皮：32.75±4.90；皮层：7.93±2.07；韧皮部：7.40±1.55；木质部：36.30±3.83(图 4－23)。

地上部分枯萎期凤丹根中丹皮酚的相对定量(像素荧光强度)为周皮：47.89±6.48；皮层：9.42±1.58；韧皮部：8.90±1.30；木质部：43.09±4.01(图 4－24)。

由丹皮酚的相对定量可以看出各生长发育时期的凤丹根部样品中周皮、木质部丹皮酚含量较高，皮层、韧皮部丹皮酚含量较低。

表 4－4 给出了不同生长发育时期凤丹根样中丹皮酚的相对定量统计学分析结果。

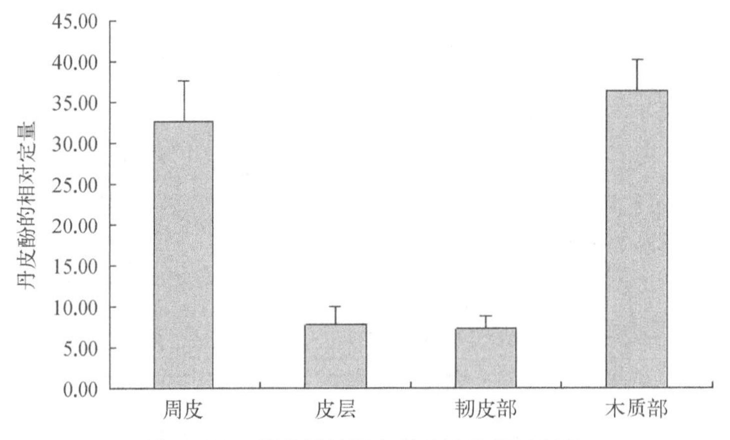

图 4－23　果期凤丹根中丹皮酚的相对定量

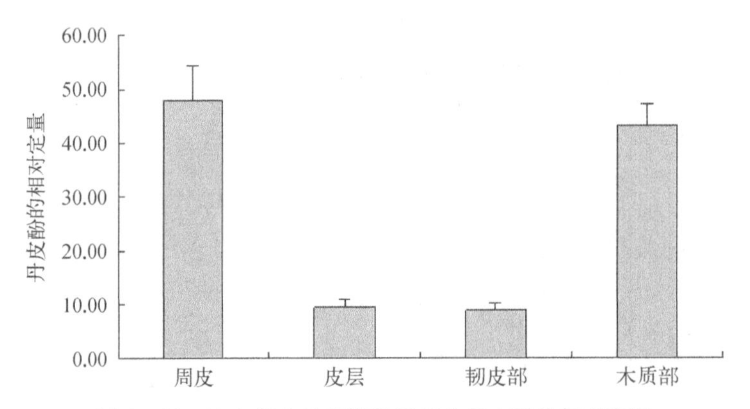

图 4－24　地上部分枯萎期凤丹根中丹皮酚的相对定量

表 4－4　不同生长发育时期凤丹根结构中丹皮酚的相对定量统计学分析

	周　皮	皮　层	韧皮部	木质部
叶芽期	28.19±4.17^{b}	8.31±1.74	8.71±1.69^{a}	31.99±5.49^{c}
展叶期	30.73±6.43^{b}	6.42±1.75	7.71±1.48^{b}	26.18±3.85^{d}
花　期	30.28±6.24^{b}	8.67±1.67	7.40±1.22^{b}	36.93±5.80^{b}
果　期	32.75±4.90^{b}	7.93±2.07	7.40±1.55^{b}	36.30±3.83^{b}
枯萎期	47.89±6.48^{a}	9.42±1.58	8.90±1.30^{a}	43.09±4.01^{a}
P 值	<0.01	0.019	<0.01	<0.01

显著差异性检验：a>b>c>d

图 4－25 更加直观地显示了不同生长发育时期凤丹根样中周皮、皮层、韧皮部、木质部中丹皮酚相对定量。

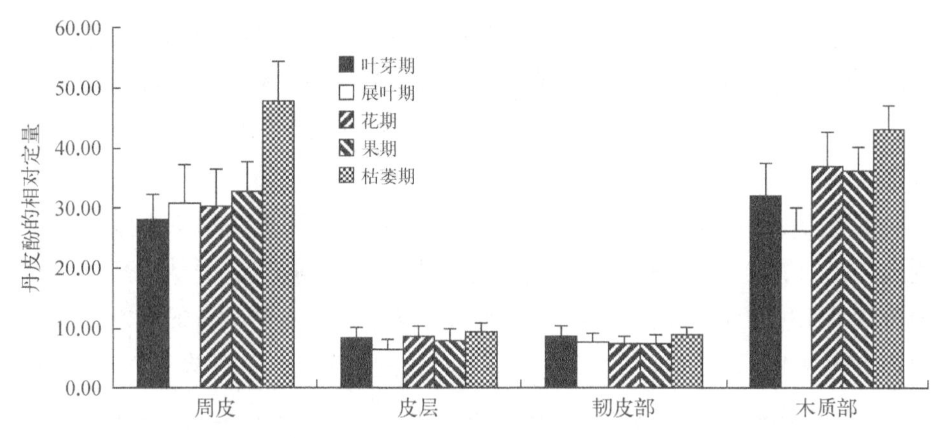

图 4－25　不同生长发育时期凤丹根不同部位丹皮酚的相对定量

因此，无论哪个生长发育时期的凤丹根样，其周皮、皮层、韧皮部、木质部均含有丹皮酚，周皮、木质部丹皮酚的含量较高，而皮层、韧皮部丹皮酚的含量较低。

由表 4－4、图 4－25 可知，不同生长发育时期周皮、韧皮部、木质部的丹皮酚的相对定量存在显著差异，地上部分枯萎期的周皮、韧皮部、木质部的丹皮酚的相对定量均高于叶芽期、展叶期、花期、果期的周皮、韧皮部、木质部的丹皮酚的相对定量且差异显著（$P<0.01$）。

从丹皮酚相对定量的角度考察，凤丹的最佳采收期为地上部分枯萎期，即是秋季，这与历版《中华人民共和国药典》中规定的秋季采挖根部一致。

综上所述，通过对不同来源牡丹根样进行的丹皮酚组织化学研究可知，不同产区、不同株龄、不同生长发育时期牡丹根部样品的丹皮酚均存在于其解剖结构的周皮、皮层、韧皮部、木质部，周皮、木质部丹皮酚的相对定量较高，而皮层、韧皮部丹皮酚的相对定量较低。以丹皮酚为指标，通过对丹皮酚的相对定量进行统计学分析，安徽铜陵、安徽南陵和安徽亳州的牡丹根部样品中丹皮酚相对定量高于山东菏泽、河南洛阳的丹皮酚相对定量，从丹皮酚相对定量的角度，产自于前三个地区的牡丹皮质量优于后两个地区的牡丹皮质量，凤丹的最佳采收期为植株地上部分枯萎期即秋季，在一到五年生长年限的凤丹植株中，最佳采收年限为三年生的，为产于铜陵地区的凤丹皮的道地性提供了科学依据。组织化学研究表明牡丹根中周皮、皮层、韧皮部、木质部均含有丹皮酚，且周皮、木质部的丹皮酚相对定量较高，而历版《中华人民共和国药典》规定的加工方法为刮去或不刮去粗皮，除去木心，即除去或不除去周皮但除去木质部，而除去的周皮和木质部中也是含有丹皮酚成分的。为了充分利用牡丹药用资源，建议将牡丹全根入药或将现行加工方法中废弃部分用于丹皮酚成分的提取。

道地药材的概念自古就有。迄今为止，对中药材道地性的研究多集中在道地产区的气候、土壤理化性质、栽培技术、炮制加工等方面，而从中药材有效成分在基原植物体内分布积累方面的研究报道较少。中药材中的有效成分主要为植物次生代谢产物，其多少和性质与植物的生理特性和外界条件有关，因此植物次生代谢产物在植物体的积累机制正是探究道地性的关键，而确定植物次生代谢产物在器官、组织和细胞中的细微含量、存在部位及分布状态恰恰是组织化学的优势。

第五章　风丹与微生物

属天然药物范畴的中药材，其质量与环境关系密切；即使那些广布种，药材质量也因自然生长环境不同而存在差异。我国中药资源丰富，12 800 余种中药材仅 1 000 余种为常用品种并进入了商品流通领域，这其中货真价实的道地药材仅约 200 种，但产量与产值却占到了全部中药材的 80%以上。国家中医药管理局于 1986 年首次确立了“中药道地药材研究”课题并得到各地的响应。迄今为止，对道地药材的研究多集中在道地产区的气候、土壤理化条件等方面，而对道地性与土壤微生物的相关性研究相对较少。

第一节　中药材道地性与根际土壤微生物

在物种相同的前提下研究道地药材，“道地性”则可指由于所处的生态环境差异，或因物种的性别、年龄、栽培方式、生长阶段、加工技术等所导致该物种形成的药材质量发生了优劣的变化；除此之外，“道地性”还应包括物种不同、临床经验不同等产生的含义。历代本草对道地药材的研究主要体现在中医理论的指导、工艺技术、同种异地、异种异质方面；仅后两者涉及生物学范畴，而且“异种异质”指的是物种不同，“同种异地”则是道地药材的形成基础。从生物学角度出发，“同种异地”指同一物种因具一定的空间结构而能在不同的地点上形成大大小小的群体单元（居群），如果其中的某一群体产生的药材质优效佳，即为道地药材，该地点因该物种的居群在此生境中表现出的最大适应性而被称为药材的“道地产区”。所以，道地药材就是生活在特定时空的自然或人为的同种个体群，是由一定生境决定的比较稳定的、生物学上的“特定

(地方)居群”,并非根据研究者的研究目的方便而划定。

道地药材的研究属于复杂的系统工程,涉及中药学、生物学、地球与环境科学、农学、医学、地质学等诸多学科。近年有从分子生物学角度阐述道地性本质,认为道地药材形态组织的多样性由基因遗传和变异引起,道地性本质是该物种在特定条件下形成的基因型(genotype),其次生代谢产物(药效成分)为药材品质的外在表型(phenotype)。基因只是决定一系列的可能性,“表型可塑性”(phenotyic plasticity)的存在使药材的同一基因在不同的生境条件下出现不同表型;这中间生境可能起重要作用。淮河之隔造成了橘枳之异;宁夏盛产枸杞,但仅贺兰山麓所产富含微量元素硒。所有这些都表明同种药材不同产地质量存在差异。药材的这种空间差异符合地质学原理。当代地球化学研究成果表明人体内的微量元素种类及含量与植物及所在区域地壳中的微量元素具有一致性。造成这些现象的本质是起作用的物质基础——化学成分的种类或含量的差异,而这种差异可能是由遗传因子产生(种质),也可能缘于地理、生态因子(生境),或由其他因素如传媒等产生。

一直以来道地药材的研究都亟待解决以下问题:通过比较同一物种的中药材在不同地区、不同生态条件下质与量的变化及规律,揭示道地药材质优的物质基础并建立质量评价指标体系;通过研究地理、气候、土壤、人类活动等对道地药材形成的影响,阐明道地性规律并寻找影响药材质量的主导因子以指导道地药材生产,确保质量的稳定性与可控性。对药用植物次生代谢成分与生态环境因素的关系进行研究,则有利于揭示药用植物有效成分地域性的差异。

药用植物的环境生态指与植物活动直接相关的空气、水、土壤、光照等生态因子的总称。道地药材的形成模式分生境主导型、种质主导型、技术主导型、传媒主导型以及多因子关联决定型。生态环境通过种内变异、影响药用植物体内的生理生化反应等途径影响药用植物化学成分的种类和含量。次生代谢物是植物在长期进化过程中与环境(生物的和非生物的)相互作用的结果,在提高植物自身保护和生存竞争能力,协调与环境关系方面扮演重要角色,比初生代谢产物与环境之间有着更强的相关性与对应性。“一地生产供应全国,一季生产供应全年”的供需关系体现了生态环境因子在道地药材生产过程中的重要性。土壤为生态环境中的重要因子之一,从中探究道地药材的成因具有较高的理论与实践意义。

土壤可供应植物所需无机养分，其有机质矿化可使无机养分得到适时补充。将土壤视为陆地生态系统中的一个亚系统，它可影响着气圈、水圈、岩石圈和生物圈之间物质与能量的转移，土壤生物多样性及生物区系、全球变化等成为研究前沿。土壤微生物在土壤形成和肥力发展过程中十分重要；该群落能分解有机质，行使矿化、固定养分等功能，并通过形成能黏合团聚体的有机化合物以及利用菌丝将颗粒缠结在团聚体上来改变土壤结构。人们对土壤生态系统的研究正向综合性方向过渡，如开始深入研究土壤库中营养物质转化与植物营养的关系、土壤生态系统的变化导致全球变化等课题。如国家自然科学基金资助的“经济作物名特优产地的土壤特性与品质的关系”课题，旨在揭示湖南香稻等产品与土壤特性和水质的关系。虽然塑料大棚的出现改变了时空，产出了某地本来不会生长的药材，但却无法保证其原产地的品性。如今，环境生物地球化学特征与道地药材形成之间的关系日益受到重视。以苍术研究为例，通过对比分析不同产地、相同立地环境下栽培与野生及不同生长年限栽培苍术根际区土壤全氮、碱解氮、有效磷、有效钾、有机质及 pH 的差异，进而分析药材根际区土壤养分的变化规律，得出：栽培药材根际区土壤全氮、有机质、碱解氮显著低于野生药材根际区土壤（$P<0.01$），有效磷、pH 高于野生药材根际区土壤（$P<0.05$），有效钾没有差异（$P>0.05$）；二年生药材根际区土壤有效磷含量显著高于 1 年生药材根际区土壤（$P<0.01$），全氮、有机质、碱解氮、有效钾及 pH 差异不显著（$P>0.05$）。通过比较同一种质金银花的 5 个不同产区的地质背景系统和分析土壤理化状况可知：道地药材金银花产区土壤为金银花道地性的特征之一，不仅受其成土母质影响，而且对土壤的交换性能要求较高。大量的研究结果均表明土壤水分、质地、理化性质及 pH、矿质元素、土壤肥力、土壤盐分等可影响药材的品质。人们通过总结环境对植物（尤其是植物次生代谢产物积累）影响的研究成果及分析环境对道地药材形成的影响，探讨了环境胁迫下次生代谢产物的积累及道地药材的形成，提出了逆境可能更利于中药道地性形成的逆境效应理论。因此，引起道地药材形态和品质变异的因素不仅仅是气候，地质环境、土壤背景和土壤中各种元素的组成、含量及其存在形态等也起作用。天麻的野生品与栽培品产地环境极其相似，但收获的天麻在外观与化学成分上差别较大且野生品质量优于栽培品；这是气候或生态因素所难以解释的。那么，除上述影响因子外，土壤因子中具生命力的微生物将起什么样的作用？

毋庸置疑，土壤微生物在改善植物的营养与生长方面起着重要的作用。

通过在无菌和有菌连作、轮作土壤上的栽培效果及连作、轮作花生对土壤及根际微生物区系的影响两组盆栽试验可知：土壤微生物是引起花生连作障碍的主要因子，对花生生育至关重要。研究不同生长阶段麦冬根部的内生真菌表明其根内的真菌为丛枝菌根真菌，内生菌可能与麦冬生长、活性成分的合成有关。马永甫(2005)等对 21 科 37 属 38 种药用植物的根系进行的研究也表明药用植物的丛枝菌根结构具有鲜明的多样性。

通过研究普通药用植物之后得出的这些结论尚未涉及土壤微生物在道地药材道地性形成中所起的作用。就道地药材而言，此方面的研究较少，张强等对北岳恒山道地药材黄芪产地土壤特性进行的分析指出细菌、放线菌和真菌的数量与土壤深度负相关，与土壤有机质和养分含量的层次性有明显的一致性。

Park 用一个相互作用的三角双向关系来说明土壤生态系统中寄主(H)、土壤微生物种群(S)和病原菌(P)之间相互作用的生态关系，根分泌物、在根分泌作用下形成的微生物、动物区系以及根土界面的物理化学性质都可成为相互作用的因素。作为土壤中植物的重要营养库(尤其在氮和磷含量方面)，土壤微生物(主要包括细菌、放线菌、真菌、藻类)比其他土壤有机质的组分更加容易发生变化，具有更加庞大的生物量。1 g 肥沃的土壤至少含细菌 10^6 ~ 10^9 个、放线菌 10^5 ~ 10^6 个、原生动物 10^4 ~ 10^5 个、藻类 10^1 ~ 10^3 个、真菌 10^4 ~ 10^5 个。如此众多的土壤微生物大致可以分成土壤习居微生物和土壤寄居微生物两类，生长迅速、孢子萌发快并能产生抗生素，既保护自身又能毒害其他微生物的类群最具竞争力。有研究表明土壤真菌在 20 cm 以上的表层分布最多，20 cm 以下则较少；这一分布规律为正确取样提供了科学依据。此外，土壤稀释和平板计数方法、直接显微镜方法、直接荧光显微镜方法等技术日趋完善，为土壤根际微生物的研究提供了技术支持。因此，土壤微生物的来源虽然复杂、分散，但只要试验方法正确、合理、操作严谨、采样点的选择具有代表性，从根际生态学角度研究土壤微生物与道地药材的“道地性”就完全可行。

事实上，早在德国科学家 Lorenz Hiltner 于 1904 年率先提出“根际(rhizosphere)”这一术语之前，人们就已经开始了对根际进行的探索性研究。生长在土壤中的植物根绝不是无菌的，而是被大量具潜在活性的微生物包围或侵占。根际和根面微生物种群的定量和定性的特性与根分泌物有直接或间接的相关性。国际上集中对此主题的研究，大约是从 1929 年新泽西农业实验站的一系列观察之后开始的。对微生物习性同根发育和植物健康的相关性研究多集中在此后。John N. Klironomos 的研究揭示植物甚至可能通过改变土壤群落的结构而影响植物自身在群落中的多度分布，而这种改变和土壤微生物与植物之间的相互作用密切相关；此结论对我们利用生态学研究方法探讨道地药材的道地性与土壤中生物环境之间的关系十分有利。

我们采用传统的纯培养方法研究牡丹皮五大主产区（安徽铜陵、安徽南陵、安徽亳州、山东菏泽、河南洛阳）植物根际细菌、真菌和放线菌的数量分布，就是从中药材道地性角度解析凤丹品系植物根际三大微生物数量分布情况，其中统计公式为：菌数=（菌落平均数×稀释倍数×20×鲜土重）/干土重；采用 Microsoft Excel 2003 和 SPSS 17.0 软件对数据进行处理分析。

通过统计分析，牡丹皮五大主产区根际三大微生物中的根际细菌数量占绝对优势，根际放线菌次之，根际真菌最少；根际细菌数量由高到低呈现：LY（洛阳）>TL（铜陵）>BZ（亳州）>NL（南陵）>HZ（菏泽），根际放线菌数量呈现 TL>BZ>HZ>LY>NL，根际真菌数量为 LY>HZ>BZ>TL>NL（图 5－1）。

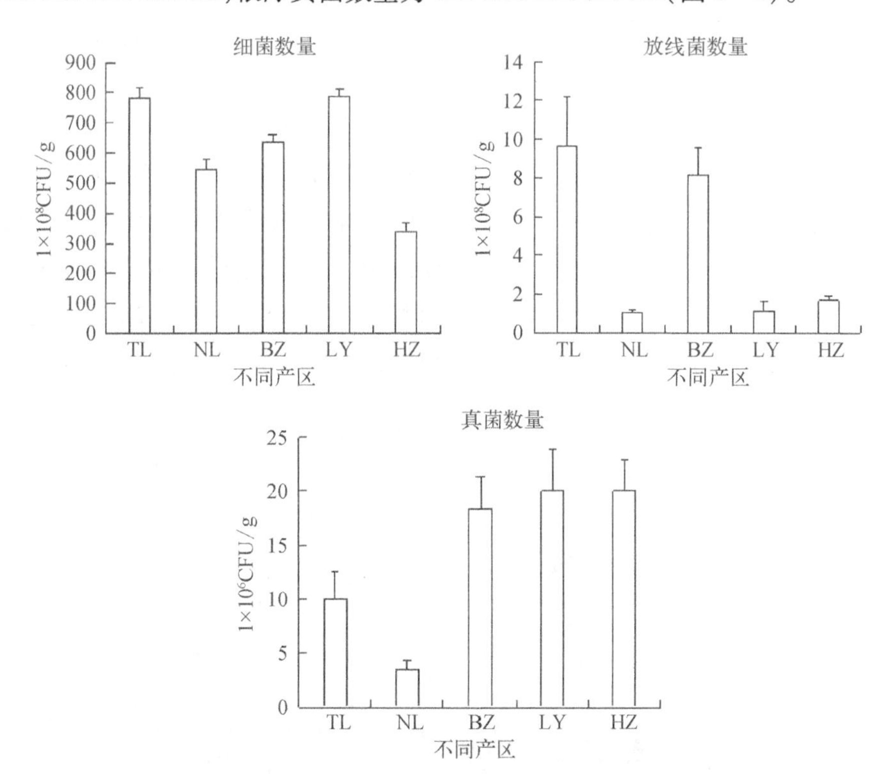

图 5－1　五主产区牡丹根际微生物数量分布

LY：洛阳；TL：铜陵；BZ：亳州；NL：南陵；HZ：菏泽

通过差异性检验不难发现，药用牡丹根际细菌和根际放线菌在道地与非道地产区之间没有普适性变化规律，且五产区之间差异均不显著（$P>0.05$），而根际真菌数量在道地产区低于非道地产区，且道地产区铜陵、南陵分别与非道地产区亳州、洛阳在根际真菌数量上差异极显著（$P<0.01$），与菏泽无显著性差异，两道地产区之间无显著性差异（表5－1）。

表5－1 不同产区牡丹根际微生物数量的显著性差异

微生物	产区	TL	NL	BZ	LY	HZ
细　菌	TL	1.000	0.712	0.777	0.120	0.704
	NL	0.712	1.000	0.931	0.064	0.991
放线菌	TL	1.000	0.059	0.657	0.072	0.479
	NL	0.059	1.000	0.125	0.909	0.193
真　菌	TL	1.000	0.947	0.008**	0.009**	0.741
	NL	0.947	1.000	0.007**	0.008**	0.692

注：表格中数字是横坐标与纵坐标两两之间的 P 值；*：$P<0.05$ 显著性差异；**：$P<0.01$ 极显著性差异；$P>0.05$ 无显著性差异

统计表明：一至五年生南陵牡丹根际三大微生物数量中根际细菌占绝对优势，根际放线菌次之，根际真菌最少；其中根际细菌数量由高到低依次为NL1>NL3>NL2>NL4>NL5，放线菌为NL1>NL4>NL2>NL3>NL5，真菌为NL1>NL5>NL4>NL3>NL2（图5－2）。

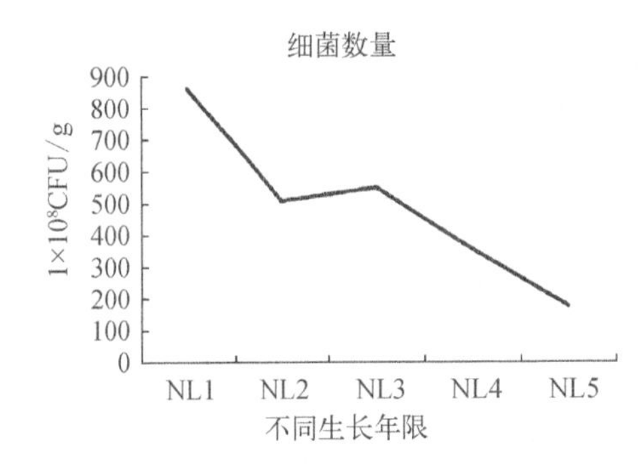

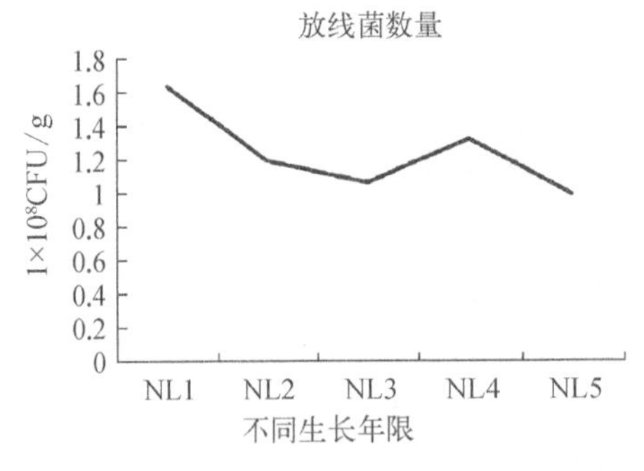

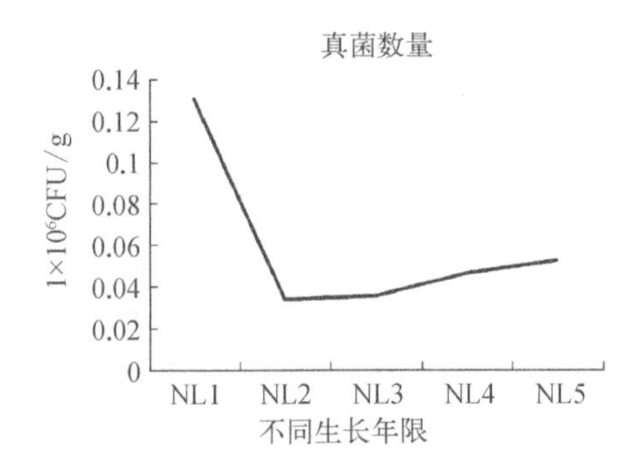

图5－2 不同年限牡丹微生物数量分布

NL1、NL2、NL3、NL4、NL5 分别指南陵一、二、三、四、五年生的牡丹

牡丹根际细菌和放线菌在 1～5 龄总体均呈下降趋势，差异均不显著（$P>0.05$）；而真菌数量在 1～2 龄中呈现下降、2～5 龄中呈现上升的变化趋势，且 1 龄与 2 龄有极显著性差异（$P<0.01$）、1 龄与 4 龄有显著性差异（$P<0.05$），2 龄与 5 龄显著性差异（$P<0.05$）（表 5－2）。

表 5－2　不同年限凤丹根际微生物数量显著差异

微生物	年　限	NL1	NL2	NL3	NL4	NL5
细　菌	NL1	1.000	0.828	0.345	0.269	0.191
	NL2	0.828	1.000	0.460	0.365	0.265
	NL3	0.345	0.460	1.000	0.861	0.689
	NL4	0.269	0.365	0.861	1.000	0.821
	NL5	0.191	0.265	0.689	0.821	1.000
放线菌	NL1	1.000	0.464	0.348	0.891	0.295
	NL2	0.464	1.000	0.828	0.548	0.738
	NL3	0.348	0.828	1.000	0.418	0.907
	NL4	0.891	0.548	0.418	1.000	0.357
	NL5	0.295	0.738	0.907	0.357	1.000
真　菌	NL1	1.000	0.009**	0.072	0.032*	0.705
	NL2	0.009**	1.000	0.239	0.453	0.017*
	NL3	0.072	0.239	1.000	0.647	0.136
	NL4	0.032*	0.453	0.647	1.000	0.063
	NL5	0.705	0.017*	0.136	0.063	1.000

注：表格数字是横坐标与纵坐标两两之间的 P 值；＊＊：$P<0.01$ 极显著性差异；＊：$P<0.05$ 显著性差异；$P>0.05$ 无显著性差异；NL1、NL2、NL3、NL4、NL5 分别指南陵一、二、三、四、五年生的牡丹

研究选择成本低、易操作的传统纯培养法并仅在可培养微生物数量上进行了统计，虽然存在局限性，但所得结果仍具有参考价值。植物根际细菌、放线菌、真菌三大微生物之间的数量在不同产区的趋势一致，表明药用牡丹自然生长状态下的根际土壤中细菌比放线菌和真菌活跃，与大多药用植物根际微生物分布一致，这与细菌代谢旺盛、繁殖速度快有关。而牡丹根际细菌和放线菌数量在道地与非道地产区之间并未呈现出普适性规律且五大主产区之间的数量差异均不显著，而根际真菌数量上在道地产区总体显著低于非道地产区，表明根际真菌数量相比根际细菌和放线菌数量可能与牡丹皮产区关系更为密切。这些结果可以为快速、系统地了解道地与非道地产区药用牡丹根际三大

微生物数量分布趋势并可以为后续相关目标菌株筛选和应用工作服务。总之,现代化的科学技术为揭示中药材道地性的本质规律和科学含义提供了必要的手段;学科交叉、技术综合已成为研究中药材道地性的主要手段。如何运用现代科学理论阐明中药材道地性的科学含义、合理开发和保护道地药材资源并使之在中药材的开发和可持续利用方面发挥更大的作用,应该是中医药工作者密切关注和深入研究的课题。微生态学是一门研究在特定微环境中机体与微生物相互关系的科学。从微生态学角度研究道地药材与非道地药材之间根际土壤的微生物种类及种群结构差异、根际土壤微生物产生重要生物活性物质的筛选、根际土壤微生物与道地药材品质间的关系等问题,不仅可以建全道地药材道地性评价的多元化指标体系,还可为道地药材栽培管理提供科学依据,丰富研究内涵。

第二节 凤丹品系根际土壤微生物功能多样性研究

土壤微生物功能多样性包括土壤微生物的活性、底物的代谢能力及营养元素在土壤中转化,通过检测土壤中的一些转化过程可了解土壤微生物功能。土壤的功能与土壤微生物功能多样性关系紧密,后者是前者的基础与保障。微生物的功能多样性研究必定是微生物多样性研究的趋势,而在物种尺度之上则更强调功能群的划分。国内外有关微生物功能群的研究报道涉及农田、草地、河流及石油降解等方方面面。研究微生物功能群的方法有通过选择性培养基对微生物进行分离培养,也有在新鲜土壤中接种特定的底物且连续记录底物被利用的情况进而评价土壤原位具有特殊代谢功能的微生物生物量或者利用分子生物学技术进行研究。微生物功能群的研究在工业、农业、医学、基因工程及环境治理方面均有重要的现实意义。

以碳源为利用基础的 Biolog 技术能够简捷的用来描述微生物群落结构以及生理代谢的轮廓,已广泛应用于土壤测试与环境微生物群落功能。

Biolog 微量板分析系统是由 Biolog 公司研发的,通过测定微生物对碳源的利用情况,对化能异养细菌进行鉴定。Biolog 技术最初应用于临床进行病原微生物的鉴定。Garland 和 Mills 首次将此技术应用于描述微生物群体特征

(Garland & Mills, 1991)。该方法原理为在分析平板上有96个孔,除了一个孔是不含任何碳源的对照,其余每孔都含有一种碳源和四氮唑蓝。底物经氧化还原反应后致使四氮唑蓝的颜色发生变化,变化的速率和程度与底物被利用的速率和程度呈正相关,这样可以知道不同样点微生物区系的差异。由于无须分离培养纯种微生物、分辨力强,灵敏度高、简便快速等优点,该系统又逐渐被应用于研究微生物群落潜在功能上的差异性和多样性,主要应用于土壤微生物生态的研究。Garland 用 Biolog 平板技术研究了不同农作物根际微生物群落的动态变化,发现单一平板碳源利用图谱不够全面,重复 Biolog 平板试验可以更全面地了解样品中微生物群落变化。Kelly 和 Tate 通过 Biolog 微量分析法对锌污染下的土壤微生物群落进行了研究,发现锌污染影响了土壤微生物群落结构。蔡燕飞等通过使用 Biolog 微量分析法对生态有机肥与土壤微生物多样性间关系进行了研究,结果表明施用生态有机肥可使土壤微生物多样性显著提高。

Biolog 微量分析法是利用选择性碳源对群落能力进行整体评价的,不能检测到那些不能利用 Biolog 底物的微生物群体和休眠群体。因此,Biolog 微量分析法只能粗略地代表实际环境微生物群体底物利用的特征,若要充分了解土壤微生物特征和不同土壤微生物群落之间的差异,就需要与其他的方法相配合。

本节采用该方法分析了凤丹品系来自洛阳、菏泽、亳州、铜陵和南陵五个主产区的三年生牡丹以及产自凤凰山地区一至五年生的牡丹在不同季节的微生物功能多样性,旨在明确道地与非道地产区、道地产区不同株龄牡丹根际土壤微生物活性,探究中药材道地性与微生物之间的相关性。

2012 年 4、7、10 月以及 2013 年 1 月,我们共分 4 次在河南洛阳、山东菏泽、安徽亳州、安徽南陵、安徽铜陵五个牡丹主产区采集植物根际土壤,过筛后一部分风干并参照《土壤农化分析》(鲍士旦,2000)进行土壤理化的检测、一部分于 4℃冰箱保存备用。其中:

土壤有机质的测定:称取适量土样,加硫酸重铬酸钾在 175~180℃油浴中准确煮沸 5 min,硫酸亚铁滴定。

土壤全氮测定:样品在加速剂的参与下,用浓硫酸消煮时,各种含氮有机化合物,经过复杂的高温分解反应,转化为铵态氮。碱化后蒸馏出来的氨用硼酸吸收,以酸标准溶液滴定。

土壤全磷测定：称取一定量土样，经硫酸、高氯酸消煮后定容，取一定量体积待测液加硫酸-钼锑抗显色，分光光度计比色测定。

土壤全钾的测定：火焰光度法或四苯硼钠重量法。

土壤 pH 的测定：处理土样后用 pH 计进行测定。

以上检测结果参见表 5－3。

表 5－3 不同地区各采样点土壤基本理化参数

采样地点	全钾/(g/kg)	全磷/(g/kg)	全氮/(g/kg)	有机质/(g/kg)	pH
洛阳	14.67	0.57	0.73	15.16	6.81
菏泽	15.50	0.81	0.51	9.78	6.81
亳州	15.33	1.10	0.62	12.98	6.63
铜陵	15.01	0.51	0.96	22.48	6.64
南陵	14.18	0.63	1.19	31.85	6.41

继续称取 10 g 新鲜土样溶于 90 mL 0.85% NaCl 无菌溶液三角瓶中，70 r/min 左右振荡 30 min，按 10 倍稀释法制成 10^{-3} 土壤稀释液，倒入已灭菌的 V 型槽中；使用 8 通道移液器上从 V 型槽移取接种液，向 Biolog 微孔板的每个微孔注入 150 μL 稀释液，25℃条件下培养 7 天，每隔 12 h 用 Biolog 读板仪测定吸光值(590 nm)。微生物整体活性指标采用微平板每孔颜色平均变化率(average well color development, AWCD)来描述，可以评判微生物群落对碳源利用的总能力；Shannon(丰富度)、Simpson(优势度)和 McIntosh(均匀度)等三种多样性指数被用于计算土壤微生物碳源利用多样性，分别评估群落中物种的丰富度、最常见的物种的优势度以及物种的均一性。平均吸光度 AWCD 可以评判微生物群落对碳源利用的总的能力：

$$\mathrm{AWCD} = \frac{\sum (A_i - A_{A1})}{95}$$

其中 A_i 为第 i 孔的相对吸光度，A_{A1} 为 A1 孔的相对吸光度

Shannon 指数： $H' = -\sum P_i \cdot \ln(P_i)$

Simpson 指数： $D = 1 - \sum (P_i)^2$

McIntosh 指数： $U = \sqrt{\left(\sum n_i^2\right)}$

上式中 P_i 为第 i 孔的相对吸光值与整个平板相对吸光值总和的比率，其中 n_i 是第 i 孔的相对吸光值。并可以通过主成分分析(principle component analysis, PCA)将不同样品的多元向量变换为互不相关的主分向量，在空间中可用点的位置直观地反映出不同微生物群落的代谢特征。PCA 是采取降维的方法，使用少数的综合指标反映原统计数据中所包含的绝大多数信息。

一、凤丹品系各产区牡丹根际土壤微生物功能多样性研究

1. 各产区牡丹在不同时期根际土壤微生物 AWCD 值分析

单碳源利用图谱技术的研究结果表明，AWCD 值随着时间的延长而升高；2012 年 4 月，对不同产区相同株龄的牡丹根际土壤进行 AWCD 值分析可以得出：洛阳、铜陵地区无显著性差异($P>0.05$)，但与亳州、菏泽地区有显著性差异(两两间无显著性差异)，南陵与其他地区均无差异，铜陵、南陵、洛阳都高于菏泽和亳州，以铜陵为最高(图 5－3)。

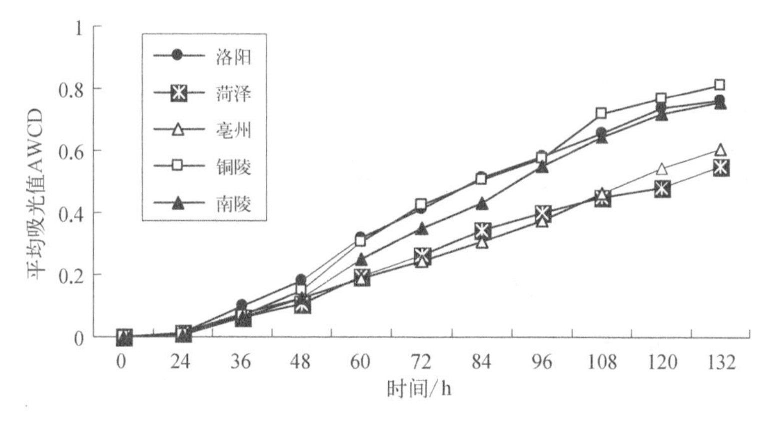

图 5－3 凤丹品系各产区根际土壤 AWCD 值变化情况(2012.4)

根据不同土壤平均颜色变化率，南陵根际土壤的 AWCD 值从一开始就最高并一直持续，洛阳根际土壤的 AWCD 值最低。在 2012 年 7 月南陵根际土壤中微生物的个体数量丰富且种群数量丰富。南陵、洛阳和亳州三地两两之间差异显著($P<0.05$)，南陵与其他四地均有差异。在五个地区中南陵土壤中的有机质、全氮的含量最高，但南陵、铜陵、洛阳土壤中磷和钾的含量均小于亳州和菏泽，其中的关系有待进一步探究(图 5－4)。

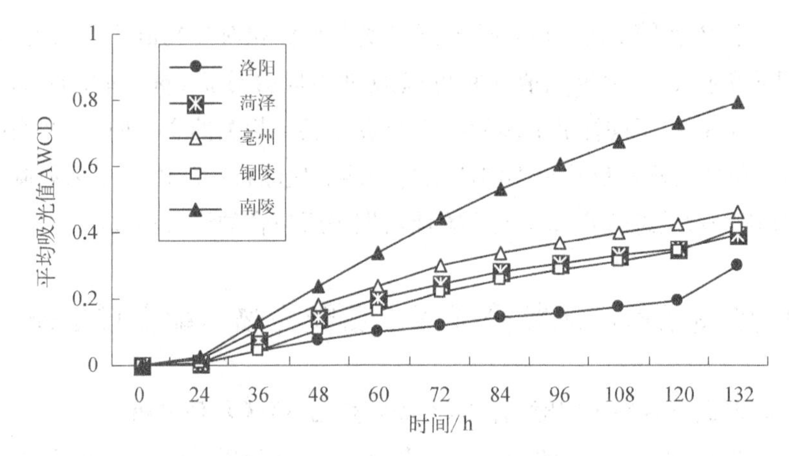

图 5-4　凤丹品系各产区根际土壤 AWCD 值变化情况(2012.7)

虽然南陵、铜陵、菏泽、洛阳四地的 AWCD 值持续高于洛阳但无显著性差异($P>0.05$)。相同株龄牡丹根际土壤微生物的活性在采收期基本相同(图 5-5)。

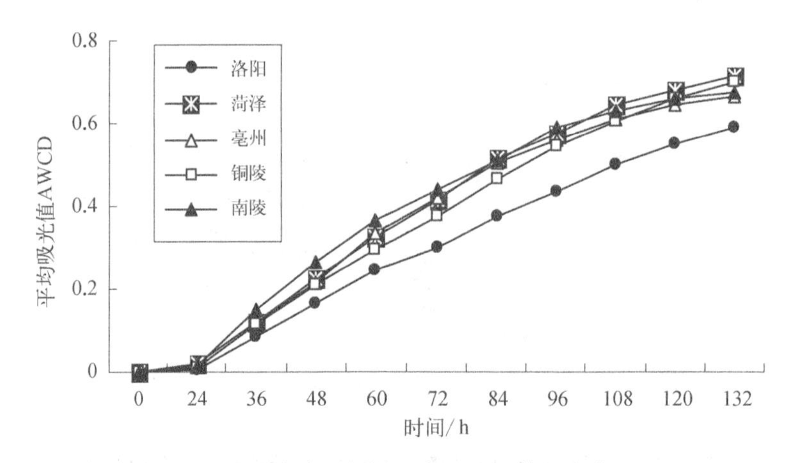

图 5-5　凤丹品系各产区根际土壤 AWCD 值的变化(2012.10)

在相对休眠期(2013 年 1 月),铜陵、南陵、亳州、菏泽均大于洛阳且差异显著($P<0.05$),前四者之间(两两)差异不显著($P>0.05$);其中以铜陵为高(图 5-6)。

因此,五产区不同时期牡丹根际土壤微生物吸光度(AWCD)总体呈现为:铜陵在 2012 年 4 月和 2013 年 1 月最高,南陵在 2012 年 7 月最高,五产区的 AWCD 值在 2012 年 10 月无显著差异。

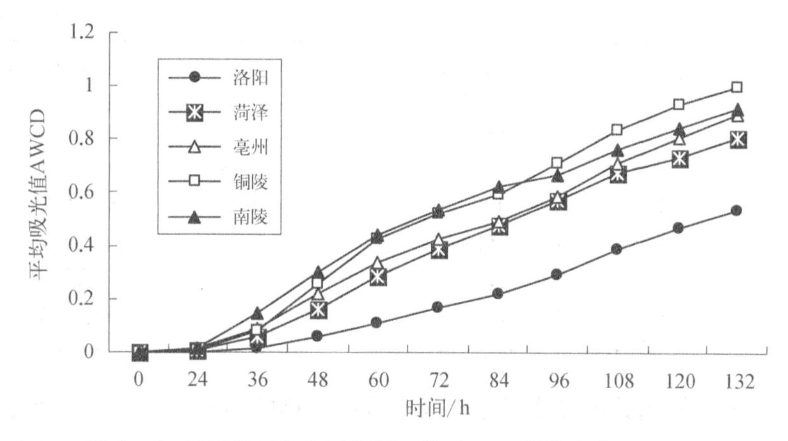

图 5-6　凤丹品系各产区根际土壤 AWCD 值的变化(2013.1)

2. 各产区牡丹在干物质积累期根际土壤微生物利用碳源的主成分分析

牡丹根部一般在 6 月之后地下部分增加重量显著,6、7 月根部干物质的积累接近前两个月的总和,以 7 月采集的不同产区相同株龄凤丹根际土壤在 72 h 测定 31 种不同碳源的光密度值,同时运用 SPSS、Excel 软件进行 PCA(主成分分析是一种综合统计方法,可以很好地描述不同类型土壤微生物对各种碳源利用状况,运用较广泛)。

不同土壤碳代谢的差异可通过主成分分析中与载荷因子的相关系数来反映,载荷值越大表明该种碳源对主成分的影响越大。ECO 板上 31 种碳源在前 2 个主成分的相关系数参见表 5-4。

表 5-4　土壤中分别与 PC1、PC2 相关性高的主要培养基

	序　号	培　养　基	相关系数	碳源类型
PC1	1	β-甲基-D-葡萄糖苷	0.860	碳水化合物类
	2	D-半乳糖内酯	0.696	碳水化合物类
	3	丙酮酸甲酯	0.732	羧酸类
	4	4-羟基苯甲酸	0.703	酚类
	5	1-赤藻糖醇	0.674	碳水化合物类
	6	N-乙酰基-D-葡萄胺	0.822	碳水化合物类
	7	D-纤维二糖	0.823	碳水化合物类
	8	葡萄糖-1-磷酸盐	0.670	碳水化合物类
	9	a-D-乳糖	0.650	碳水化合物类

续 表

	序 号	培 养 基	相关系数	碳源类型
PC2	1	*L*-精氨酸	0.777	氨基酸类
	2	吐温 40	0.899	聚合物类
	3	吐温 80	0.748	聚合物类
	4	*a*-环式糊精	0.861	聚合物类
	5	*D*-葡萄胺酸	0.760	羧酸类
	6	*D*,*L*-*a*-甘油	0.793	碳水化合物类

主成分分析能够很好地区分这些土壤微生物的功能多样性。主成分变量分析结果表明(图 5-7),第一主成分由于不同地区的 3 个重复的样地间差异较大,主成分分析结果 3 点分散明显,其中明显的是菏泽和亳州;南陵处于第一象限内,其落点均在 PC 值的正值范围内;洛阳和铜陵的扩散区间相对较小,但洛阳主要落点都在负轴方向。综合来看与相应的 AWCD 值变化规律吻合。2 个主成分分别解释土壤代谢的 23.496%(PC1)和 22.670%(PC2),累计贡献率达 46.166%。第一、二主成分相关系数 0.6 以上的共有 15 种,其中碳水化合物占到了 8 种,聚合物 3 种,羧酸 2 种,氨基酸类和酚类各 1 种。碳水化合物为其主要的碳源,占 53.3%。

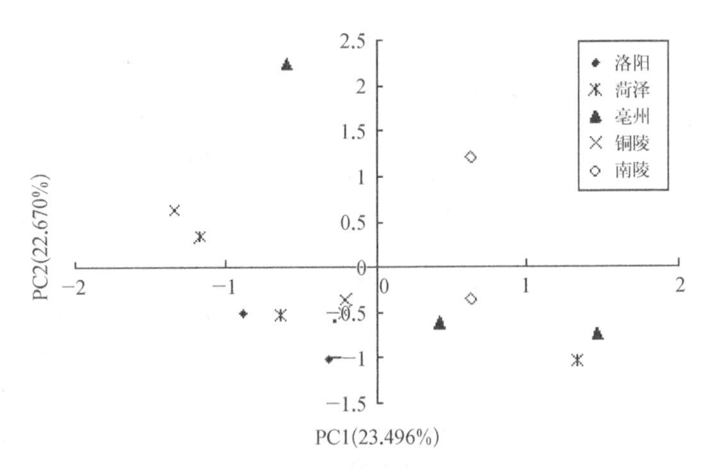

图 5-7 不同土壤微生物的主成分分析

3. 各产区牡丹在干物质积累期根际土壤微生物多样性指数分析

多样性指数可以用来分析土壤微生物群落的功能多样性,它们可以反映土壤微生物群落多样性的不同方面：Shannon 指数可以表征土壤中微生物群落丰富度，Simpson 指数评估土壤中微生物群落优势度，McIntosh 指数反映土壤中微生物群落均匀度。表 5－5 显示各产区牡丹根际土壤微生物在 2012 年 7 月多样性指数存在差异：洛阳和铜陵地区的丰富度差异显著（$P<0.05$）且低于南陵、菏泽和亳州；洛阳和铜陵地区的优势度与其他三地差异显著（$P<0.05$），且二者之间差异显著（$P<0.05$）；南陵、洛阳和亳州三地微生物均匀度差异显著（$P<0.05$），其中以南陵的均匀度最高。

表 5－5　各产区多样性指数

样　品	Shannon 指数	Simpson 指数	McIntosh 指数
洛阳	2.737 7±0.034 4[a]	0.914 9±0.003 4[a]	1.069 0±0.113 0[a]
菏泽	2.981 2±0.025 3[b]	0.941 0±0.002 4[c]	1.830 6±0.376 3[ab]
亳州	3.015 8±0.083 2[b]	0.941 5±0.005 9[c]	2.184 0±0.307 3[b]
铜陵	2.813 5±0.026 1[a]	0.927 3±0.001 4[b]	1.812 1±0.189 3[ab]
南陵	3.130 7±0.018 9[b]	0.950 3±0.000 9[c]	3.051 1±0.125 9[c]

注：同一列中不同的字母表示在 0.05 水平差异显著

各产区牡丹在 2012 年 7 月（干物质积累期）根际土壤微生物多样性指数为：南陵地区 AWCD 值显著高于其他 4 个地区（$P<0.05$），南陵地区牡丹根际土壤微生物功能多样性指数最高。

因此，从全年的微生物活性可知铜陵和南陵地区的微生物活性总体上要高于其他地区。但这也只是从微生物活性角度阐述了五大主产区之间的差异；如要全面、系统地了解各产区药材的质量与产量差异则应当结合组织化学、分析化学等手段综合研究。

二、不同株龄凤丹根际土壤微生物功能多样性研究

2012 年 4、7、10 月和 2013 年 1 月，分 4 次在安徽药材牡丹皮 GAP 种植示范基地（南陵）分别采集一、二、三、四、五年生凤丹根际土壤用于土壤微生物功能多样性的测定。

1. 不同株龄牡丹根际土壤微生物功能多样性季节性变化

土壤微生物对 Biolog 微盘中的碳源利用情况可用每一小孔的平均吸光值

AWCD 值来表示，该值越高说明碳源种类被利用的越多且被利用的程度越高，单一碳源被利用种类越多说明土壤微生物种类越多，碳源利用的程度由微生物数量的多少来决定。微生物的种类越丰富、数量越多则说明总体被利用的程度越大。

移栽的一年生凤丹根际土壤微生物活性的大小在不同的季节依次为：春(2012 年 4 月)>秋(2012 年 10 月)>夏(2012 年 7 月)>冬(2013 年 1 月)，春、秋季节根际土壤微生物的活性要大于夏、冬季节(图 5－8)，一年生凤丹此时仅分化有枝条和叶片还无花朵形成。

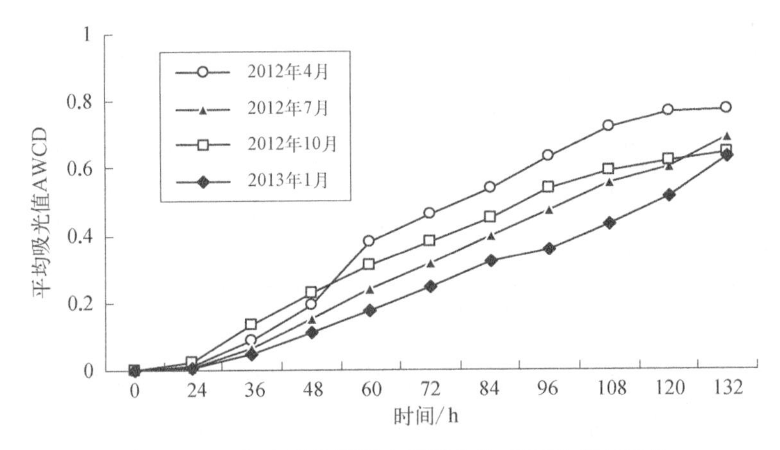

图 5－8　一年生凤丹根际土壤微生物 AWCD 值的变化

在二年生凤丹根际土壤微生物的活性趋势中，虽然 2012 年 4 月土壤微生物 AWCD 值最高而 2013 年 1 月 AWCD 值最低，但 2012 年 7 月所采集样品的 AWCD 值和 2012 年 10 月所采集样品的 AWCD 值一直居于 2012 年 4 月和 2013 年 1 月之间(图 5－9)。故从图形上可以将四个时间点采集的样品 AWCD 值划分成三组。

三年生凤丹根际土壤微生物的活性趋势参见图 5－10，其中 2012 年 7 月、10 月的 AWCD 值依旧处于 2012 年 4 月、2013 年 1 月之间，但相比一年生、二年生的凤丹而言，2013 年 1 月采集样品的 AWCD 值大于 2012 年 4 月的样品值，即使进入冬季也没有受到传统意义上的低温对微生物活性抑制的影响。

在整个采样周期的不同季节里，四年生凤丹根际土壤微生物活性平均值相近且稳定，不同采样季节的 AWCD 值总体平稳而且趋于一致(图 5－11)。

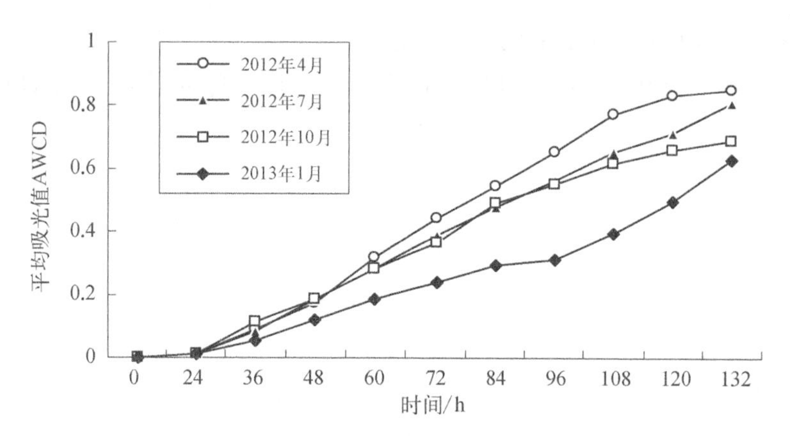

图5-9 二年生凤丹根际土壤微生物AWCD值的变化

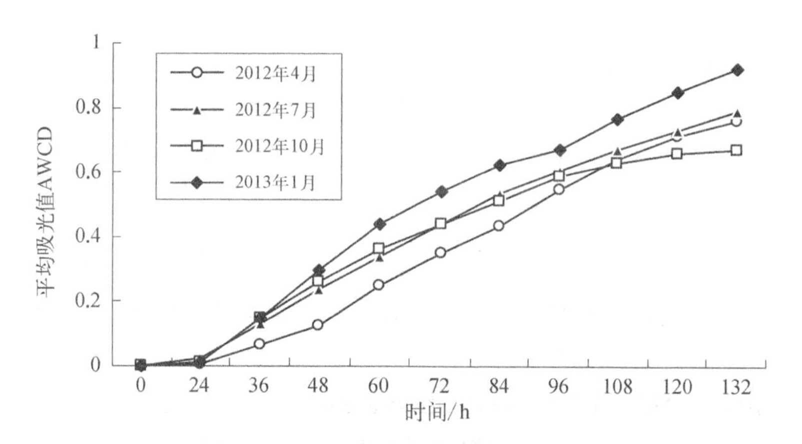

图5-10 三年生凤丹根际土壤微生物AWCD值的变化

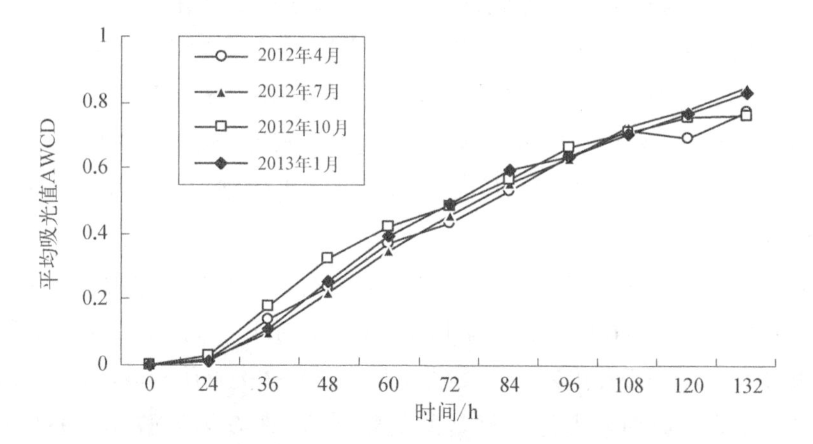

图5-11 四年生凤丹根际土壤微生物AWCD值的变化

2012 年 10 月采集的五年生凤丹根际土壤微生物样品，培养时在微生物的对数生长期内活性最强。2013 年 1 月采集的样品随着培养时间的延长，AWCD 值持续上升并至最高（图 5－12）。

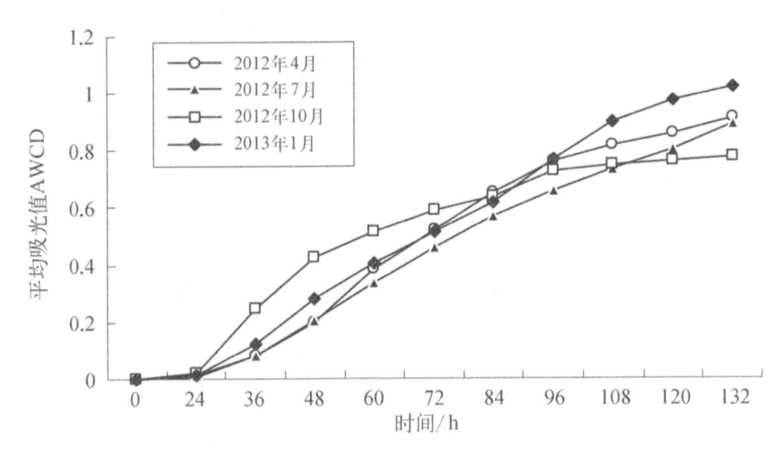

图 5－12 五年生凤丹根际土壤微生物 AWCD 值的变化

综上所述，一、二年生凤丹根际微生物在 4 月（春季）活性较强、1 月（冬季）较弱，三年生植株 1 月（冬季）较强、4 月（春季）较弱，四、五年生各时节 AWCD 值总体稳定；但就根际土壤微生物不同季节 AWCD 值整齐度而言，四年生的凤丹要高于五年生的凤丹。

2. 不同株龄相同季节凤丹根际土壤微生物利用碳源的主成分分析

一般在 6 月之后，凤丹地下根部增重明显，6、7 月根部干物质积累甚至接近前两个月的总和。将 7 月采集的不同株龄凤丹根际土壤在 72 h 测定 31 种不同碳源的光密度值，同时运用 SPSS、Excel 软件进行主成分分析可以得出：31 个主成分因子中前两个的方差贡献率分别为 16.958%（PC1）和 16.423%（PC2），累计贡献率达到 33.381%。一年生凤丹根际土壤微生物离散程度最小、二年生的次之，三至五年生凤丹根际土壤微生物则出现较大程度的离散（图 5－13）。

通过分析土壤中分别与 PC1、PC2 相关性高的主要培养基可知，第一、二主成分相关系数在 0.6 以上的共有 11 种，其中碳水化合物 3 种，氨基酸 3 种，聚合物 2 种，羧酸 1 种，胺类 1 种，酚类 1 种。氨基酸类物质和碳水化合物对其影响较大，其中影响最大的为氨基酸类物质 *L*－苯基丙氨酸相关系数达到 0.954（表 5－6）。

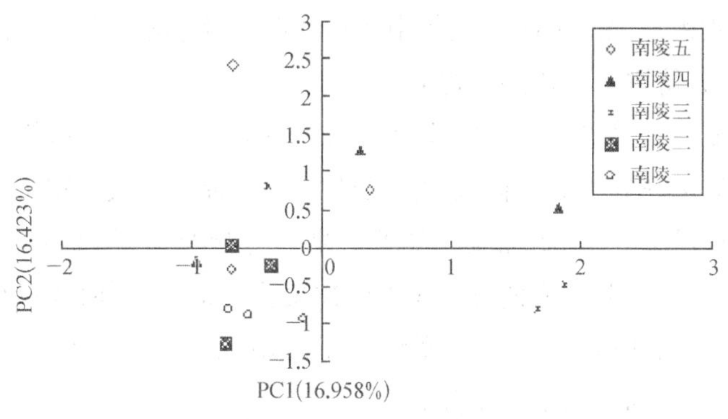

图 5－13　不同株龄凤丹根际土壤微生物主成分分析

表 5－6　土壤中分别与 PC1、PC2 相关性高的主要培养基

	序　号	培　养　基	相关系数	碳源类型
PC1	1	*L*－苯基丙氨酸	0.954	氨基酸类
	2	*a*－环式糊精	0.669	聚合物类
	3	*D*－葡萄胺酸	0.886	羧酸类
	4	苯乙基胺	0.709	胺类
	5	*D*,*L*－a－甘油	0.844	碳水化合物类
PC2	1	*D*－木糖	0.72	碳水化合物类
	2	1－赤藻糖醇	0.828	碳水化合物类
	3	2－羟基苯甲酸	0.679	酚类
	4	*L*－丝氨酸	0.792	氨基酸类
	5	肝糖	0.765	聚合物类
	6	甘氨酰－*L*－谷氨酸	0.825	氨基酸类

3. 不同株龄相同季节凤丹根际土壤微生物多样性指数

在根物质积累期间（2012 年 7 月）不同株龄凤丹土壤微生物多样性均无显著性差异，所有栽培年限土壤微生物对碳源的利用不存在差异，物种丰富度无显著差异（表 5－7）。

表 5－7　不同株龄凤丹根际土壤多样性指数分析

土壤样品	Shannon 指数	Simpson 指数	McIntosh 指数
一年根际土	0.937 1±0.007 0[a]	0.937 1±0.007 0[a]	2.412 7±0.300 5[a]
二年根际土	0.943 4±0.002 6[a]	0.943 4±0.002 6[a]	2.848 4±0.147 9[a]
三年根际土	0.950 3±0.000 9[a]	0.950 3±0.000 9[a]	3.051 1±0.125 9[a]
四年根际土	0.948 7±0.003 6[a]	0.948 7±0.003 6[a]	3.172 8±0.308 4[a]
五年根际土	0.948 9±0.004 3[a]	0.948 9±0.004 3[a]	3.222 3±0.251 9[a]

注：同一列中不同的字母表示在 0.05 水平差异显著

在根物质积累期间不同生长年限的微生物种类,均匀度及丰富度都是相同的,此现象有待进一步深层次探究。

土壤功能与土壤微生物功能多样性关系密切,土壤微生物的功能多样性是土壤功能的保证和基础。微生物的功能多样性研究是微生物多样性研究的趋势。在物种尺度之上,更强调功能群的划分,同时结合其他研究方法,取长补短以获得更加丰富、全面的微生物多样性变化的信息,同时还可结合组织化学、高效液相色谱法等手段,全面系统地了解不同产区中药材质量与产量差异,为深入研究中药材道地性服务。

第三节　凤丹品系根际细菌群落特征

植物根际是植物、微生物和土壤小动物相互作用的界面,也是物质和能量转化非常活跃、复杂的动态领域。从根际分离所得的根际细菌是根际微生物中最为活跃分子之一。

植物根际细菌的研究方法包括:传统的分离培养方法、Biolog 微量分析法(酶动力学方法)、PLFA 图谱分析法(生物化学方法)、荧光原位杂交法(杂交技术方法)和基于 PCR 的分子生物学方法。

一、植物根际细菌的研究方法

1. 传统的分离培养方法

传统的土壤微生物群落多样性研究主要是将土壤微生物进行分离培养,再通过一般的生物化学性状进行分析,根据所得到的分类组或分类群的分布情况进而了微生物群落的结构。使用该方法可以得到菌株实体,因而这种方法对于监测特殊微生物菌群变化十分行之有效。

但另一方面,由于分离培养方法所使用的培养基不能满足所有细菌的需求,并且目前大多数细菌尚处于不可培养状态下,致使可分离得到的细菌很少,这种方法不可能全面客观地反映微生态系统中微生物的真实状况。正是因为传统培养方法存在着诸如此类的局限性,所以通过此方法很难获得较为全面的土壤微生物在土壤生态系统中的分布特征和生态功能的信息,只有与现代生物技术相结合,才可以较为客观而全面地反映微生物群落结构的真实信息。

2. Biolog 微量分析法(参见本章第二节)

3. PLFA 图谱分析法

磷脂脂肪酸(phospholipid fatty acid, PLFA)存在于细胞膜中,不同微生物PLFA 种类和数量也不同。PLFA 只存在于活细胞中,当细胞死亡时,细胞膜很快被降解,磷脂脂肪酸就会被迅速代谢,所以该法十分适合于微生物群落的动态监测。

磷脂脂肪酸图谱分析法过程：首先是利用有机溶剂将土壤微生物中的磷脂脂肪酸浸提出来,然后进行分离纯化,利用标记脂肪酸,通过气相色谱等仪器进行分析,得到土壤微生物的磷脂脂肪酸组成图谱以及不同脂肪酸的含量和种类的 FAME 指纹剖面(fingerprint profile),最后利用计算机分析软件和相关数据库便可同时得到土壤微生物的群落结构组成多样性、比例以及微生物生物量等方面的信息。

PLFA 图谱分析法具有可以快捷、可靠、不需要微生物纯培养条件下定量分析微生物群落结构的优点,同时也有不能在菌种和菌株水平上鉴定出微生物种类的缺点。Steer 和 Harris 通过使用 PLFA 图谱技术研究了根际微生物群落结构与植物生长时期的关系,发现随着植物生长时期的变化,植物根际微生物群落发生明显的变化,并且在植物生长后期革兰氏阴性细菌和真菌的不饱和脂肪酸数量增加。蔡燕飞等利用脂肪酸甲酯法研究了生态有机肥对土壤微生物的影响,结果表明生态有机肥可以提高土壤微生物活性。

4. 荧光原位杂交法

荧光原位杂交(fluorescence in situ hybridization, FISH)是一种基于分子生物学杂交技术的非培养方法。微生物生态学研究中运用荧光原位杂交技术可以从环境样品的混合菌群中检测出不同分类水平上的微生物类群(Amann et al., 1990)。荧光原位杂交工作原理是：它以 rRNA 片段为荧光标记探针,与整个细胞中的 rRNA 杂交。由于单个活细胞中有大量的 rRNA 以及染色体中的多拷贝 rDNA 存在,可以为荧光标记探针提供数以百计的靶位点,从而实现了杂交信号的放大,确保可以通过荧光显微镜或共聚焦激光扫描显微镜观察到细胞内的荧光信号。

荧光原位杂交法的主要优点是：不需要提取样品 DNA、PCR 扩增和克隆等步骤,而是直接与整个细胞进行杂交,避免了这些过程引起的偏差,可以更准确、直接地反映混合样品中的某类特定微生物结构和动态变化(Amann et al., 1995)。缺点是：只能检测出核酸探针靶定的特定微生物，不能对样品的群落总体结构进行研究，也不能检测出样品中的未知种属。荧光原位杂交技术广泛应用于复杂微生物生态系统中，如 Wu Cindy 等应用荧光原位杂交技术和共聚焦显微镜研究了特定细菌在小麦根面的定殖情况，结果显示靶定细菌可以定殖在小麦根面上。Briones 等采用变性梯度凝胶电泳(DGGE)和荧光原位杂交法研究了不同品种水稻对根部氨氧化细菌的影响，结果表明不同品种水稻根部氨氧化细菌存在着较大的差异。

5. 基于 PCR 的分子生物学方法

目前，应用于植物根区细菌研究的非培养方法多是基于 PCR 的研究方法，其检测的理论基础是细菌间 rRNA 基因的差异。这类分子生物学方法不需要培养纯化微生物，也不需要考虑微生物的次生代谢物，只需直接测定环境样品中 DNA，这就减少了培养纯化所需的时间，也可以避免培养方法和人为因素产生的偏差。分子生物学方法具有高灵敏性，具有高特异性，可以区分不同的 DNA 分子，可以收集到每个复杂微生物群落结构中的多样性信息。经过多年的研究，已经发展了多种以 PCR 为基础的 DNA 指纹技术，主要包括克隆文库的构建(construction of 16S rRNA gene clone library)、扩增核糖体 DNA 限制性分析(amplified ribosomal DNA restriction analysis, ARDRA)、变性梯度凝胶电泳(denaturing gradient gel electrophoresis, DGGE)、温度梯度凝胶电泳(temperature gradient gel electrophoresis, TGGE)、末端限制性片段长度多态性(terminal restriction fragment length polymorphism, T-RFLP)等。

16S rRNA 基因克隆文库的构建是微生物分子生态学中用来研究环境中微生物多样性的主要方法之一。通过对文库中的克隆进行测序，来了解环境样品中的微生物组成。构建 16S rRNA 基因文库主要是将环境样品中的基因组总 DNA 进行 16S rRNA 基因全长 PCR 扩增，获得样品中微生物的 16S rRNA 基因的 PCR 产物，再通过克隆建库的方法把每一个 16S rRNA 基因片段转接到文库中的每一个克隆里，然后通过测序比对，就可以进一步知道每个克隆中携带的 16S rRNA 基因片段属于哪一种微生物，对整个文库序列比对分析就可以获得环境微生物的组成。若要对研究样品中微生物群落结构有一个客观全面的认识，就需要构建的克隆文库库容足够的大。所以该方法最大的缺点就是工作量大，不利于对环境样品进行动态变化的观察。

扩增核糖体 DNA 限制性分析法(ARDRA)是基于特异限制性内切酶对一

定长度的DNA片段进行酶切，酶切产物通过琼脂糖凝胶电泳进行分离和检测，从而分析环境微生物的多样性。由于该技术不受菌株能否纯培养的限制，不受宿主的干扰，具有特异性强、效率高、实验结果稳定、可重复性好等优点，已被广泛地用于环境微生物多样性和系统发育关系的研究。

变性梯度凝胶电泳(DGGE)技术是由Fisher最早运用于检测DNA突变的一种电泳技术。随后研究人员将“GC夹板”和异源双链技术应用于DGGE中，使该技术逐步完善。DGGE的原理是：把混合的DNA片段置于变性剂梯度聚丙烯酰胺凝胶中电泳，凝胶中自上而下所含变性剂浓度呈线性增加，DNA片段在进入变性剂某一浓度时，此浓度下DNA片段在最低温度解链区域解链(相当于该区域的Tm值)，此时DNA分子成分枝状结构，它使DNA分子在胶中的移动减慢，最终与其他DNA分子分开。DGGE技术的优点是不单单可以用来研究微生物群落的多样性，还可以研究微生物群落随时间和外部环境变化的动态变化，同时还可以大量分析不同时期不同外部条件下的样品，广泛用于微生物生态学方面的研究；其缺点是一般只能分析500 bp以下的DNA片段，得到的系统进化信息很少，只能反映群落中的优势菌群。

末端限制性片段长度多态性(T－RFLP)分析技术原理是根据16S rRNA基因的保守区设计通用引物的，其中一个引物的5′端用荧光物质标记，进行PCR扩增，PCR产物经合适的限制性内切酶酶切，酶切后就会产生许多不同长度的限制性片段，酶切产物用自动测序仪进行检测，只有末端带荧光标记的片段能被检测到，而其他没有带荧光标记的片段不能被检测到，而这些末端标记的片段至少代表一种细菌。

现如今，研究根际土壤微生物的群落多样性及其群落结构在植物的生长和健康等方面至关重要已成共识。

二、凤丹品系各产区根际土壤细菌群落特征研究

我们采用PCR技术，于2012年4月在安徽铜陵(TL)、芜湖(YS)、亳州(BZ)及山东菏泽(HZ)和河南洛阳(LY)采集三年生药用牡丹根际土壤样品，从凤丹品系根际土壤微生物总DNA中选择性地扩增细菌群落的16S rRNA基因片段，在此基础上构建细菌的16S rRNA基因克隆文库、利用ARDRA法对其进行分析，进而建立基于凤丹品系栽培土壤微生物种群遗传多样性研究体系，

揭示根际细菌群落结构及多样性特征，为研究中药材道地性与土壤微生物之间的相关性提供科学依据。

1. 凤丹品系各产区土壤微生物总 DNA 提取

将各采样点 3 份平行土壤样品均匀混合后，采用土壤 DNA 快速提取试剂盒（FastDNA SPIN Kit for Soil）（MP Biomedicals, CA, USA），根据生产商提供的方法提取土壤微生物基因组 DNA，提取的结果用经 EB（ethidium bromide）染色的 1%（w/v）的琼脂糖凝胶电泳进行检测。

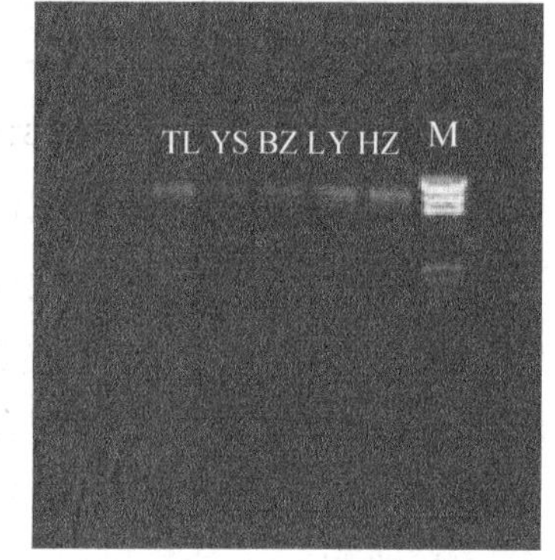

图 5－14 各产区根际土壤微生物总 DNA 琼脂糖凝胶电泳图

所提取的各产区土壤微生物总 DNA 经 1% 琼脂糖凝胶电泳检测，所有样品均可见明显的条带（图 5－14）。

2. 凤丹品系根际土壤细菌群落 16S rRNA 基因克隆文库的构建

（1）根际细菌 16S rRNA 基因全长扩增

凤丹根际细菌 16S rRNA 基因片段扩增采用细菌通用引物 27f 和 1487r 进行扩增。

27f：5′－AGAGTTTGATCMTGGCTCAG－3′

1487r：5′－ACGGTTACCTTGTTACGACTT－3′

扩增引物由上海生工生物科技有限公司合成。PCR 扩增产物使用经 EB 染色、1%的琼脂糖凝胶进行电泳检测，在 UVP 凝胶成像系统中拍照、观察扩增结果。

30 μL 反应体系包括：10 mmol/L 的 Tris－HCl（pH 8.3），50 mmol/L 的 KCl，1.5 mmol/L 的 $MgCl_2$，0.25 mmol/L 的 dNTP，1 U *Taq*DNA 聚合酶，1 μg BSA（bovine serum albumin，小牛血清蛋白），50 ng DNA 模板和引物各 10 μmol/L。PCR 扩增产物使用经 EB 染色、1%的琼脂糖凝胶进行电泳检测。

PCR 反应程序为：94℃（5 min）；30 个循环的 94℃（45 s）、50℃（60 s）、72℃（90 s）；72℃（10 min）；

PCR 产物的纯化：将 50 μL PCR 产物在 1%琼脂糖凝胶中电泳，电泳缓冲液为 1×TAE 缓冲液，染色后在 UVP 凝胶成像系统紫外光下切割位于 1 500 bp 处 DNA 条带的琼脂糖块，放入灭菌的 1.5 mL 离心管中。PCR 产物纯化采用 DNA 凝胶纯化试剂盒（AxyPrep™ PCR Cleanup Kit）（AXYGEN 生物科技有限公司，中国杭州)，按使用说明书操作。

通过实验，以提取的植物根际土壤微生物总 DNA 为模板对 16S rRNA 基因进行接近全长的扩增，均能扩增出目的条带(图 5－15)，得到大小约为 1 500 bp 的 16S rRNA 基因片段。

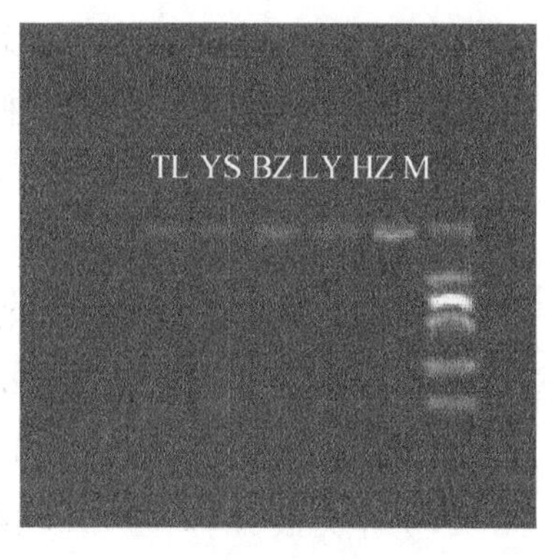

图 5－15　16S rRNA 基因全长扩增琼脂糖凝胶电泳图

(2) 连接反应

根据载体说明书将纯化后的 PCR 产物与 pMDTM18－T 载体进行连接。试剂加完后在试管内混匀，16℃过夜连接，连接好的 DNA 在 4℃下保存，24 h 内转化。连接体系如下：

缓冲液 I	5 μL
pMDTM18－T 载体(50 ng/ μL)	0.5 μL
PCR 产物	100 ng
ddH_2O	补至 10 μL

(3) 大肠杆菌感受态细胞的制备

1) 从 LB 琼脂平板上挑取大肠杆菌(DH5α)单菌落接种到 5 mL LB 液体培养基中，37℃，200 r/min 振荡培养过夜活化。

2) 过夜培养的菌液移至灭菌的 50 mL 锥形瓶中，加入 40~50 mL LB 液体培养基，继续培养至 OD(波长 600 nm)值在 0.3~0.4(2~3 h)，停止振荡并立即冰浴 10~15 min。

3) 取 2 mL 上述菌液于预冷 EP 管中冰浴 10 min，不时缓慢摇动以保证内容物充分冷却。

4) 4℃ 4 000 r/min 离心 10 min，弃上清液，EP 管倒置 1 min，除尽残留的培养液。

5) 加 1.5 mL 冰预冷的 0.1 mol/L $CaCl_2$溶液充分重悬细胞，冰浴 30 min。

6) 4℃ 4 000 r/min 离心 10 min，弃上清液。

7) 加冰预冷 0.1 mol/L $CaCl_2$溶液充分重悬细胞，即为感受态细胞。

8) 4℃保存，12~24 h 期间使用。

(4) 感受态细菌转化

1) 取 DH5α 感受态细胞 80 μL 加入冰预冷的连接反应产物 5 μL，轻轻混匀，在冰上放置 30 min，不时轻柔摇动。

2）转到 42℃水浴中热击细胞 90 s，然后在冰上放置 2～10 min。

3）在离心管加入 800 μL LB 培养基，混匀，置于 37℃摇床 200 r/min 培养 1～2 h（至浑浊）。

4）培养后，4 000 r/min 离心 5 min，去上清液 480 μL，混匀沉淀，涂布于含有 100 ng/mL 氨苄西林及表面涂布有 X－gal（20 mg/mL）和 IPTG（24 mg/mL）的 LB 平板上，37℃倒置培养 24 h，最后放到 4℃冰箱中，直到蓝白斑出现。

（5）单克隆挑取和阳性克隆筛选

每个土壤样品，从培养好的 LB 平板上挑取 200 个白色克隆，在含有 100 ng/mL 氨苄西林 LB 液体培养基过夜培养。培养后用载体 M13 正、负引物直接进行菌落 PCR。PCR 产物片段大小在 1 800 bp 左右，则鉴定为阳性克隆。

菌落 PCR 反应体系包括：10×PCR buffer（不含 Mg^{2+}）3 μL，dNTP（200 μmol/L）2 μL，Mg^{2+}（1 175 mmol/L）2 μL，正、反向引物（10 pmol）各 2 μL，*Taq*DNA 聚合酶（1 U/ μL）1 μL，菌液 1 μL，ddH_2O 补至 30 μL。PCR 反应条件为：94℃（5 min）；30 个循环的 94℃（30 s）、55℃（30 s）、72℃（30 s）；72℃（10 min）。

将根际土壤总 DNA 的 PCR 产物纯化后，通过连接、转化等操作构建凤丹品系根际土壤细菌群落的 16S rRNA 基因克隆文库。每个克隆文库中随机挑选 200 个白色克隆，通过菌落 PCR 法进行阳性克隆鉴定。部分阳性克隆检测结果如图 5－16 所示。

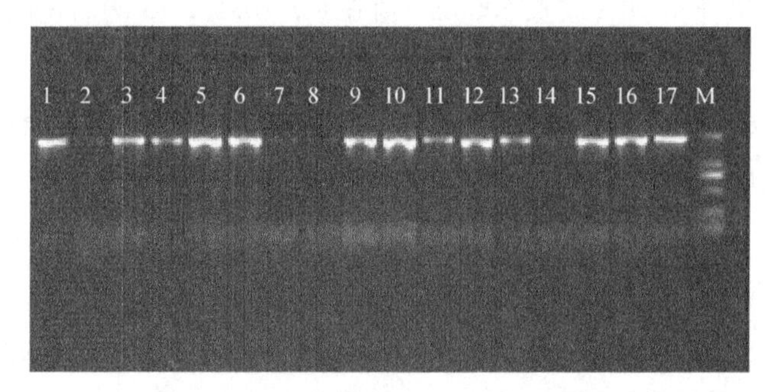

图 5－16 凤丹根际土壤细菌群落 16S rRNA 基因克隆文库阳性克隆鉴定

M：DL2000 DNA marker；1－17 为单克隆阳性鉴定 PCR

3. ARDRA 分型

以限制性内切酶 *Hin*f Ⅰ 和 *Csp*6I 酶切上述从各个克隆子扩增出来的 16S rRNA 基因片段。双酶切的反应体系为：2 μL 的 1×Tango™ 酶切反应缓冲液，限

制性内切酶 *Hinf* I 和 *Csp*6I 各 1 μL(10 U),10 μL(约 0.5 μg DNA)PCR 产物,最后加灭菌水至 30 μL,37℃过夜消化,最后经 65℃水浴 20 min 终止酶切反应。酶切产物用经 EB 染色的 2%(w/v)的琼脂糖凝胶电泳检测。得到的酶切谱型图利用软件 GelComparv.3.0 分析,小于 100 bp 的片段比较模糊,在本研究中不计数。

对从 5 个样品中随机挑选的 1 000 个白色克隆子进行 PCR 扩增获得其外源插入片段、进行双酶切。酶切结果显示库中 ARDRA 谱型包含 2~6 条带,条带大小在 100~1 302 bp(图 5 - 17)。

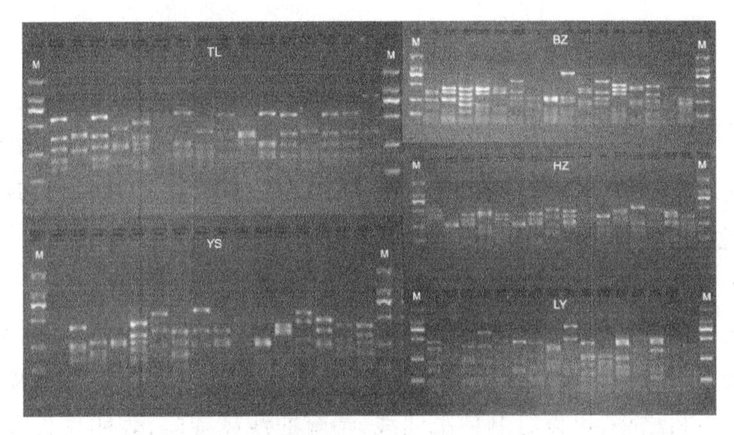

图 5 - 17 凤丹品系根际土壤 16S rRNA 基因文库中部分克隆的酶切图谱

经 *Hinf*I 和 *Csp*6I 消化产生的片段多态性

用 NTSYSpc 2.10e 进行聚类分析,将具有相同 ARDRA 谱型的克隆子归为同一种可操作分类单元(OTU)。聚类分析结果显示 702 个含有外源插入片段的克隆子被聚为 324 个 OTU,TL、YS、BZ、HZ、LY 分别包含 74、69、76、73、72 个 OTU,其中含有 1、2、3 个克隆子的 OTU 分别占所有被分析 16S rRNA 基因克隆子的 26%、23%和 18%,优势 ARDRA 谱型(>3 个克隆子)有 38 个,占所有被分析 16S rRNA 基因克隆子的 33%(图 5 - 18)。

4. 克隆文库评价

(1) 计算 Coverage C

Coverage C 理论上表示 16S rRNA 基因克隆文库中所包含的微生物种类(OTU)占样品中全部微生物种类的比例。反映了克隆文库对样品细菌种群的代表程度。数值越大,代表性越强。

$$C = 1 \Big/ \frac{n1}{N}$$

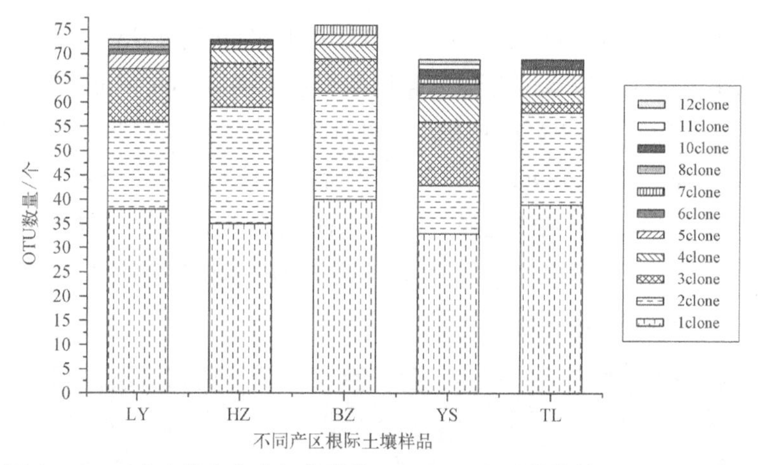

图 5-18 五个克隆文库中细菌群落 16S rRNA 基因克隆的 ARDRA 型分布

N 代表所分析的克隆总数，$n1$ 代表 16S rRNA 基因克隆文库仅出现一次的 OTU 的数目。

(2) 稀疏曲线分析(rarefaction curve analysis)

在生态学中，稀疏曲线分析是比较物种丰富度不同大小的样本计算技术。通过稀疏曲线分析可以知道所采的样品量是否足以分析所研究的对象。根据稀疏曲线分析结果，可以绘制稀疏曲线，稀疏曲线越陡峭，表明物种多样性的很大一部分仍然未被发现。

(3) 计算 Shannon 指数

Shannon 指数是综合物种丰富度(species richness)和物质均匀性(species evenness)两方面的一个多样性指数，Shannon 指数越高则表示环境中微生物的多样性越丰富。

$$H' = \sum_{i=1}^{s} P_i \ln i$$

P_i 表示第 i 个 OTU 所包含克隆数在克隆文库所占比例，S 表示克隆文库中 OTU 的总数目。

(4) 计算 Chao1 指数

当克隆文库中存在较多的只含有一个 1~2 个克隆的 OTU 时，Chao1 指数就可以很好地反应所评价样点的物种多样性。

$$S_{Chao1} = S + \frac{F_1^2}{2(F_2 + 1)} - \frac{F_1 F_2}{2(F_2 + 1)^2}$$

F_1、F_2 分别为仅有 1 个和 2 个克隆的 OTU 数。

（5）计算均匀度指数

$$E_H = \frac{H}{H_{max}}$$

式中 H 为实际观察的物种多样性指数，H_{max} 为最大的物种多样性指数。

所构建的凤丹品系各产区植物根际土壤细菌群落的 16S rRNA 基因文库的 Coverage C 为 78.26～85.37，均大于 70%（表 5－7）。稀疏曲线分析结果见图 5－19。

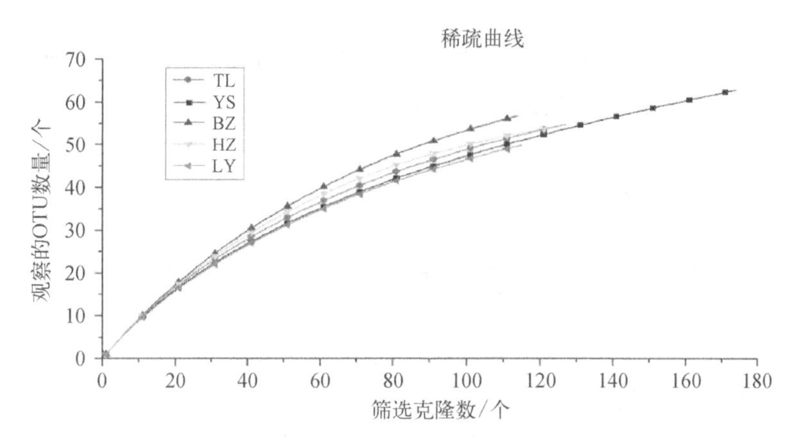

图 5－19　凤丹根际土壤细菌群落 16S rRNA 基因克隆文库的稀疏曲线分析

克隆文库的多样性指数分析显示，TL、YS、BZ、HZ、LY 克隆文库的 Shannon 多样性指数（H'）依次分别为 3.749、3.769、3.859、3.786 和 3.593。均匀度指数（E_H）范围为 0.910～0.954。Chao1 指数 YS 最高（121.37），HZ 最低（61.67）（表 5－8）。

表 5－8　凤丹品系根际土壤细菌群落多样性指数

样品编号	克隆数	Coverage（%）	Shannon 指数（H'）	丰富度（No. of OTU）	均匀度（E_H）	Chao1 指数
TL	128	80.47	3.749	55	0.936	75.06
YS	175	82.29	3.769	63	0.910	121.37
BZ	115	78.26	3.859	57	0.954	71.31
HZ	123	85.37	3.786	54	0.949	61.67
LY	116	79.31	3.593	50	0.918	71.30

5. 序列测定和系统发育分析

根据ARDRA分型结果选择代表克隆测序，测序由上海生工生物科技有限公司完成。获得的16S rRNA基因序列使用软件ContigExpress(version, June 20, 2000)进行拼接，用Mallard进行嵌合体检查，剩下的序列利用RDP II和NCBI Blast分析后，用软件Clustal X(1.81)和MEGA 5.0构建系统发育树(neighbor-joining tree)。测序完成后将所获得的序列提交到GeneBank数据库中，获得序列号为KF712541－KF712888。

6. 凤丹品系根际细菌群落特征

根据ARDRA分析结果，挑选324个代表克隆子进行测序。使用软件Mallard进行嵌合体检测，发现3个异常序列；剩余序列在97%的相似度下聚为251 OTU(TL：55 OTU；YS：63 OTU；BZ：57 OTU；HZ：54 OTU；LY：50 OTU)(表5－9)。

表5－9 凤丹品系根际土壤细菌群落16S rRNA基因克隆文库各细菌种群占所有克隆子数量和比例分布

系统发育组	每个克隆文库中克隆子的比例(数量)/%					总克隆比例(数量)
	TL	YS	BZ	HZ	LY	
Proteobacteria	41.40(53)	52.57(92)	35.65(41)	54.47(67)	50.00(58)	47.34(311)
α－Proteobacteria	6.25(8)	13.71(24)	7.83(9)	14.63(18)	8.62(10)	10.50(69)
β－Proteobacteria	17.12(22)	26.29(46)	14.78(17)	11.38(14)	12.93(15)	17.35(114)
γ－Proteobacteria	15.63(20)	9.71(17)	6.09(7)	26.02(32)	22.41(26)	15.53(102)
δ－Proteobacteria	2.34(3)	2.86(5)	6.96(8)	2.44(3)	6.03(7)	3.96(26)
Acidobacteria	13.28(17)	16.00(28)	16.52(19)	17.07(21)	8.62(10)	14.46(95)
Actinobacteria	11.72(15)	6.29(11)	19.13(22)	8.94(11)	10.34(12)	10.81(71)
Bacteroidetes	5.47(7)	3.43(6)	10.43(12)	4.88(6)	10.34(12)	6.54(43)
Verrucomicrobia	6.25(8)	0.57(1)	5.22(6)	2.44(3)	0.00(0)	2.74(18)
Gemmatimonadetes	2.34(3)	8.57(15)	2.61(3)	8.13(10)	7.76(9)	6.09(40)
Chloroflexi	6.25(8)	1.71(3)	1.74(2)	0.00(0)	1.72(2)	2.28(15)
Firmicutes	0.00(0)	3.43(6)	0.00(0)	2.44(3)	4.31(5)	2.13(14)
TM7	7.03(9)	0.00(0)	0.87(1)	0.00(0)	0.86(1)	1.67(11)
Planctomycetes	0.78(1)	0.57(1)	2.61(3)	0.00(0)	4.31(5)	1.52(10)
Nitrospira	0.78(1)	0.00(0)	0.87(1)	0.00(0)	0.00(0)	0.30(2)
Unclassified bacteria	4.69(6)	6.86(12)	4.35(5)	1.63(2)	1.72(2)	4.11(27)
全部	128	175	115	123	116	100(657)

系统发育分析表明，5 个克隆文库（图 5－20）包括 α－Proteobacteria，β－Proteobacteria，γ－Proteobacteria 和 δ－Proteobacteria，Acidobacteria，Actinobacteria，Bacteroidetes，Verrucomicrobia，Gemmatimonadetes，Chloroflexi，TM7，Nitrospirae，Firmicutes 及 Planctomycetes 等 14 个类群，此外还有未归类细菌。5 个克隆文库中 Proteobacteria（α，γ，β，δ）为优势菌群，其次是 Acidobacteria 和 Actinobacteria。Bacteroidetes 和 Gemmatimonadetes 在 5 个克隆文库中均被发现。除 LY 以外，Verrucomicrobia 存在于其他 4 个克隆文库中。TM7 存在于 TL、BZ 和 LY 克隆文库中。Nitrospirae 只在 TL、BZ 克隆文库中被发现。5 个克隆文库中均含有大量未归类的细菌类群。

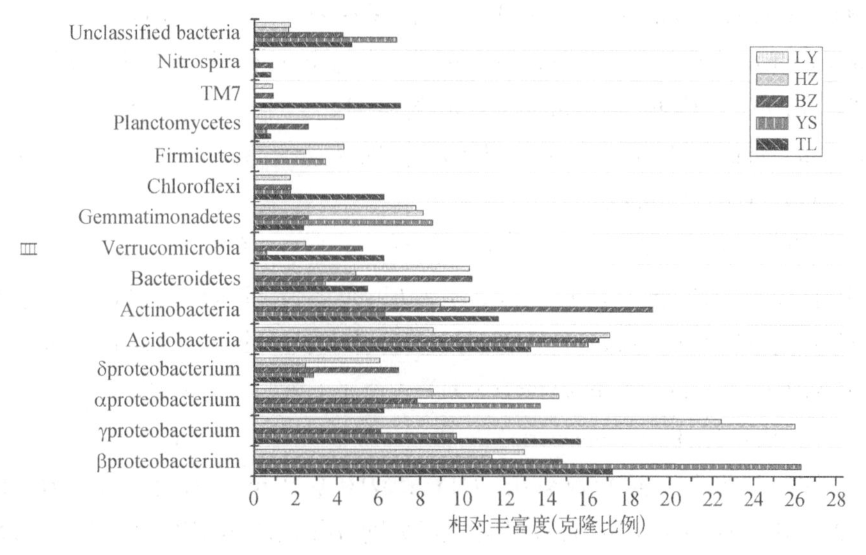

图 5－20　6S rRNA 基因克隆文库中细菌群落组分图

（1）变形菌门（Proteobacteria）

凤丹品系根际土壤细菌 16S rRNA 基因克隆文库中变形菌门克隆数平均占总克隆的 46.82%（范围：35.65%～54.47%）。克隆文库中变形菌门包括 α，β，γ，δ 4 个亚门，其中 α－Proteobacteria，β－Proteobacteria 为优势变形菌群，分别占克隆总数的17.35%和 15.53%。

1）α－Proteobacteria 和 δ－Proteobacteria

克隆文库中总共有 32 个 OTU 属于 α－Proteobacteria，其中 TL、YS、BZ、HZ、LY 克隆文库分别占有 6、10、5、9、6 个 OTU。系统发育分析表明 α－Proteobacteria 包含 3 目，Rhizobiales，Sphingomonadales，Caulobacterales 和一个

未归类群,其中 Rhizobiales 和 Sphingomonadales 远远高于 Caulobacterales。克隆文库中 120 个 OTU 属于 δ－Proteobacteria,其中 TL、YS、BZ、HZ、LY 克隆文库依次为 2、2、4、1、3 个 OTU,分别占总 OTU 的 3.64%、3.17%、7.02%、1.85%、6.00%。δ － Proteobacterial 包含 2 个目, Syntrophobacterales (Syntrophobacteraceae, *Desulfoglaeba* sp.), Myxococcales (Cystobacteraceae, Kofleriaceae, Polyangiaceae)和一个未归类群。

2) β－Proteobacteria

克隆文库中总共有 32 个 OTU 属于 β － Proteobacteria, 占总 OTU 的 12.75%。β － Proteobacteria 包含 3 个目, Burkholderiales (Oxalobacteraceae, Burkholderiaceae 和 Comamonadacea), Rhodocyclales (Rhodocyclaceae), Nitrosomonadales(Nitrosomonadaceae)和一个未归类菌群。14 个 OTU 属于未归类群, 几乎占了 β － Proteobacteria 的 OTU 一半。仅一个 OTU 属于 Nitrosomonadales(*Nitrosospira* sp.)且来源于 TL 克隆文库。

3) γ－Proteobacteria

克隆文库中有 38 个 OTU 属于 γ－Proteobacteria,包含了 102 个克隆子。其中有 22 个 OTU 属于 Pseudomonadales (Pseudomonadaceae),包含了可培养和不可培养的 *Pseudomonas* sp.;剩下的 OTU 中,有 13 个属于 Xanthomonadales (Sinobacteraceae and Xanthomonadaceae),3 个属于未归类的菌群。

(2) 酸杆菌门(Acidobacteria)

总共有 95 个克隆子被聚类为 43 个 OTU 属于酸杆菌门,占总 OTU 的 17.13%,其中 TL、YS、BZ、HZ、LY 克隆文库分别占有 7、11、10、10、8 个 OTU。大部分的 OTU 属于 Acidobacteria_Gp6(16 个 OTU)和 Acidobacteria_Gp4(9 个 OTU)。总共有 15 个 OTU 属于 Acidobacteria_Gp1,_Gp2,_Gp3,_Gp5,_Gp7 和_Gp10。剩余 3 个 OTU(BZ_63,BZ_21 and TL_10)与已知序列关系较远,属于未归类菌群。分析发现酸杆菌门丰富度与土壤总钾含量呈正相关(表 5－3、表 5－7)。

(3) 放线菌门(Actinobacteria)

克隆文库中总共有 7.79%的 OTU 属于放线菌门,其中 TL、YS、BZ、HZ、LY 克隆文库分别占有 7、3、9、3、3 个 OTU。放线菌门主要包括 Actinomycetales (Nocardioidaceae, Nocardia-e, Micromonosporaceae, Micrococcaceae, Streptomycetaceae)和 Acidimicrobiales(Iamiaceae, Acidimicrobineae, Aciditerrimonas)及一个未归类菌群。Actinomycetales 是 3 个菌群中最大的,远远高于其他两个

菌群。

（4）拟杆菌门、疣微菌门和芽单胞菌门（Bacteroidetes，Verrucomicrobia 和 Gemmatimonadetes）

克隆文库中有 16 个 OTU，代表了 43 个克隆子，属于拟杆菌门。其中有 10 个 OTU 属于 Chitinophagaceae，来自 YS 克隆文库的两个 OTUs 分别于 Saprospiraceae 和 Flavobacteriaceae，关系很近，剩余 3 个 OTU 与新属 *Ohtaekwangia* 聚在一起。

总共有 18 个克隆子，被聚为 9 个 OTU 属于疣微菌门，占总 OTU 的 3.59%，其中 TL、YS、BZ、HZ 克隆文库分别有 2、1、4、2 个 OTU，而 LY 克隆文库中却没有发现。疣微菌门包含了 Subdivision3_genera_incertae_sedis、Verrucomicrobiaceae 和 Spartobacteria_genera_incertae_sedis 三个菌群。系统发育分析表明克隆文库中有 19 个 OTU 属于芽单胞菌门，占总 OTU 的 7.57%。芽单胞菌门包含了 Gemmatimonadaceae 和一个未归类的菌群，这些未归类的菌群是来自 TL、HZ 和 LY 克隆文库。

（5）其他菌群（Chloroflexi，Planctomycete，Firmicute，TM7 和 Nitrospirae）

剩余 OTU 隶属 Chloroflexi（9 个 OTU）、Planctomycetes（6 个 OTU）、Firmicutes（4 个 OTU）、TM7（2 个 OTU）、Nitrospirae（2 个 OTU）和 unclassified bacteria（7 个 OTU），分别占总 OTU 的 3.59%、2.39%、1.59%、0.80%、0.80%和 2.79%。值得注意的是 Firmicutes（主要是 *Bacillus* spp.）的丰富度与土壤总铜呈正相关。

为更详细了解风丹品系各产区根际土壤的优势细菌种类组成，我们从文库中占优势的 ARDRA 谱型中挑选出 38 个代表克隆子，对其插入的 16S rRNA 基因片段进行测序并建立系统发育树（图 5－21）。优势 OTU 所代表的细菌类群主要包括变形菌门（Proteobacteria）的 α，β，γ，δ 亚门，酸杆菌门（Acidobacteria），放线菌门（Actinobacteria），拟杆菌门（Bacteroidetes）及厚壁菌门（Firmicutes）等 11 类细菌，此外还包含了 3 个未归类的细菌（表 5－10）。克隆文库中 16S rRNA 基因序列相似性为 95%~99%，其最相似细菌主要来自花生、向日葵和草原、森林等不同类型的土壤。

7. 克隆文库间差异分析

将环境文件和序列文件上传至 UniFrac 在线分析数据库中进行差异分析（表 5－11），分析结果显示克隆文库间的 *P* 值在 0.12~0.99。克隆文库间的差异 *P* 值均大于 0.1。

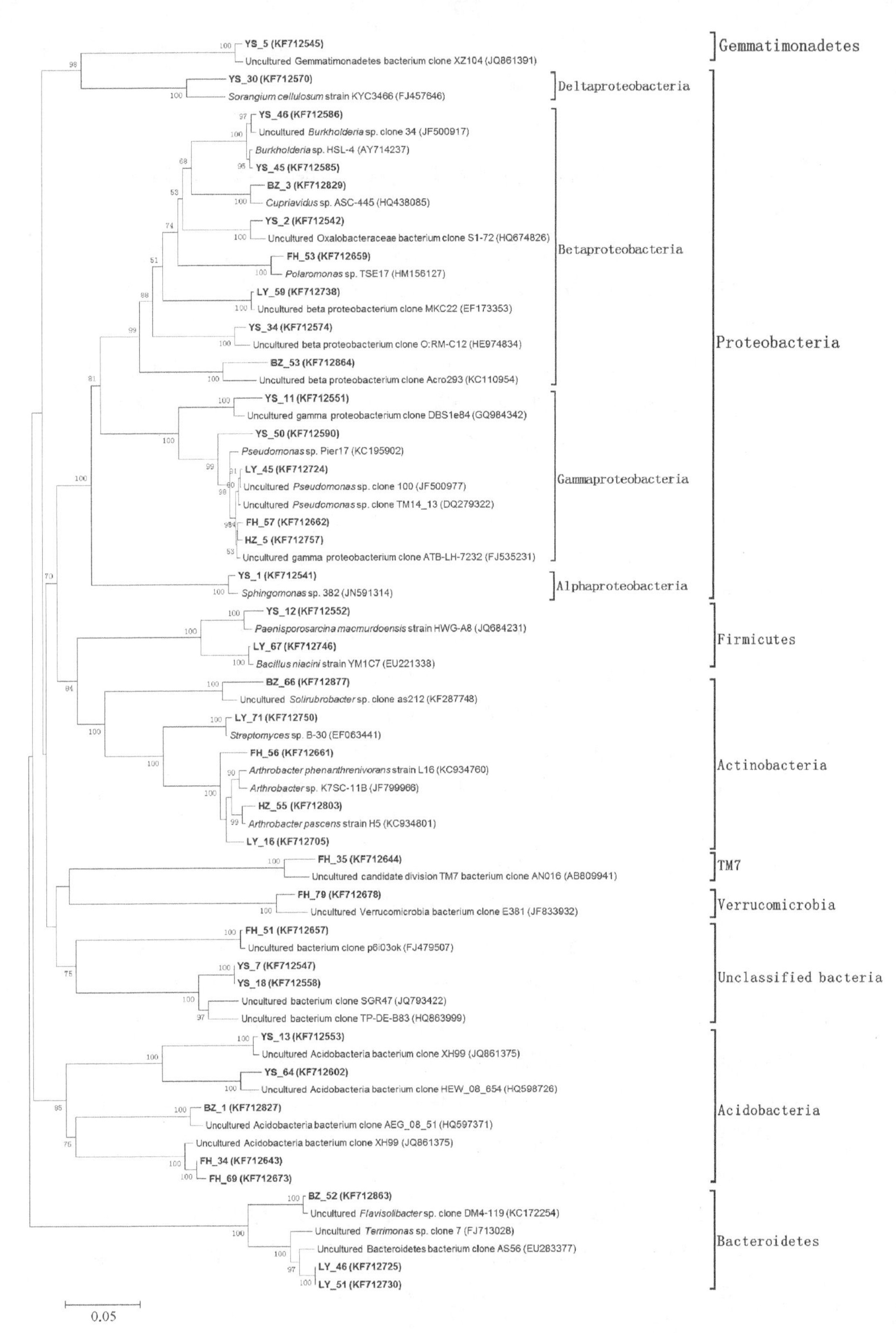

图 5－21　基于 16S rRNA 基因序列同源性的 38 个优势 OTU 系统发育树

表 5－10 与测序克隆 16S rRNA 基因序列最相似的 NCBI 基因库中的微生物种类

克隆编号	代表克隆数	与 NCBI 中最相似序列（登录号）	生 境	相似性%	分 类
TL_34	5	Uncultured Acidobacteria bacterium clone XH99 (JQ861375)	peanut rhizosphere soil	98	Acidobacteria
TL_69	5	Uncultured Acidobacteria bacterium clone XH99 (JQ861375)	peanut rhizosphere soil	97	Acidobacteria
YS_13	7	Uncultured Acidobacteriaceae bacterium clone CS6 (JQ771962)	sunflower rhizosphere; creosote polluted soil	98	Acidobacteria
YS_64	4	Uncultured Acidobacteria bacterium clone HEW_08_654 (HQ598726)	woodland soil	97	Acidobacteria
BZ_1	7	Uncultured Acidobacteria bacterium clone AEG_08_51 (HQ597371)	grassland soil	99	Acidobacteria
TL_56	4	*Arthrobacter phenanthrenivorans* strain L16 (KC934760)	purple siltstone	98	Actinobacteria
BZ_66	4	Uncultured *Solirubrobacter* sp. clone as212 (KF287748)	water from a copper mine	96	Actinobacteria
HZ_55	5	*Arthrobacter pascens* strain H5 (KC934801)	purple siltstone	99	Actinobacteria
LY_16	5	*Arthrobacter* sp. K7SC－11B (JF799966)	soil	98	Actinobacteria
LY_71	5	*Streptomyces* sp. B－30 (EF063441)	unreported	99	Actinobacteria
YS_1	6	*Sphingomonas* sp. 382 (JN591314)	prealpine freshwater lake	98	Alphaproteobacteria
BZ_52	5	Uncultured *Flavisolibacter* sp. clone DM4－119 (KC172254)	ginger continuous cropping soil	99	Bacteroidetes
LY_46	5	Uncultured Bacteroidetes bacterium clone AS56 (EU283377)	activated sludge from membrane bioreactor	98	Bacteroidetes

续 表

克隆编号	代表克隆数	与 NCBI 中最相似序列(登录号)	生　境	相似性%	分　类
LY_51	4	Uncultured *Terrimonas* sp. clone 7 (FJ713028)	groundwater contaminated with MTBE	97	Bacteroidetes
TL_53	4	*Polaromonas* sp. TSE17 (HM156127)	soil from glacier forefield	98	Betaproteobacteria
YS_2	11	Uncultured Oxalobacteraceae bacterium clone S1 – 72 (HQ674826)	variably weathered outcrop	98	Betaproteobacteria
YS_34	5	Uncultured beta proteobacterium clone O：RM – C12 (HE974834)	Ajka red mud contaminated soils	98	Betaproteobacteria
YS_45	4	*Burkholderia* sp. HSL – 4 (AY714237)	soil	99	Betaproteobacteria
YS_46	6	Uncultured *Burkholderia* sp. clone 34 (JF500917)	rye-grass rhizosphere	99	Betaproteobacteria
BZ_3	4	*Cupriavidus* sp. ASC – 445 (HQ438085)	agricultural rhizosphere soil	98	Betaproteobacteria
BZ_53	5	Uncultured beta proteobacterium clone Acro293 (KC110954)	Acrobeloides maximus in soil microcosm	95	Betaproteobacteria
LY_59	4	Uncultured beta proteobacterium clone MKC22 (EF173353)	hydrocarbon-contaminated soil	99	Betaproteobacteria
YS_30	4	*Sorangium cellulosum* strain KYC3466 (FJ457646)	unreported	95	Deltaproteobacteria
YS_12	4	*Paenisporosarcina macmurdoensis* strain HWG – A8 (JQ684231)	permafrost soil samples	98	Firmicutes
LY_67	5	*Bacillus niacini* strain YM1C7 (EU221338)	wheat rhizosphere	99	Firmicutes
TL_57	4	Uncultured *Pseudomonas* sp. clone TM14 _ 13 (DQ279322)	Tuber magnatum	99	Gammaproteobacteria
YS_11	6	Uncultured gamma proteobacterium clone DBS1e84 (GQ984342)	surface water in the Northern Bering Sea	98	Gammaproteobacteria
YS_50	4	*Pseudomonas* sp. Pier17 (KC195902)	heavy metal contaminated soil	96	Gammaproteobacteria

续　表

克隆编号	代表克隆数	与 NCBI 中最相似序列(登录号)	生　境	相似性%	分　类
HZ_5	4	Uncultured gamma proteobacterium clone ATB – LH –7232 (FJ535231)	washing water of carrot washing plant	99	Gammaproteobacteria
LY_45	5	Uncultured *Pseudomonas* sp. clone 100 (JF500977)	rye-grass rhizosphere	99	Gammaproteobacteria
YS_5	10	Uncultured Gemmatimonadetes bacterium clone XZ104 (JQ861391)	peanut rhizosphere soil	99	Gemmatimonadetes
TL_35	6	Uncultured candidate division TM7 bacterium clone AN016 (AB809941)	acidophilic nitrifying activated sludge	97	TM7
TL_51	4	Uncultured bacterium clone p6i03ok (FJ479507)	undisturbed tall grass prairie, top 5 cm	99	Unclassified bacteria
YS_7	8	Uncultured bacterium clone SGR47 (JQ793422)	rhizosphere of *Arachis hypogaea*	95	Unclassified bacteria
YS_18	4	Uncultured bacterium clone TP – DE – B83 (HQ863999)	alpine meadow in the upper area of Shule River	95	Unclassified bacteria
TL_79	5	Uncultured Verrucomicrobia bacterium clone E381 (JF833932)	potassium mine soil	97	Verrucomicrobia

注：peanut rhizosphere soil 花生根际土壤、sunflower rhizosphere 向日葵根际、creosote polluted soil 碳酸污染土、woodland soil 森林土壤、grassland soil 草地土壤、purple siltstone 紫色粉砂岩、water from a copper mine 铜矿水、unreported 未报道、prealpine freshwater lake 高山湖泊、ginger continuous cropping soil 生姜连作土壤、activated sludge from membrane bioreactor 膜生物反应器的活性污泥、groundwater contaminated with MTBE 污染地下水、soil from glacier forefield 冰川前场土壤、variably weathered outcrop 可变风化露头、Ajka red mud contaminated soils 阿格卡赤泥污染土壤、rye-grass rhizosphere 黑麦草根际、agricultural rhizosphere soil 农业根际土壤、Acrobeloides maximus in soil microcosm 拟丽突属线虫-土壤微生态系统、hydrocarbon-contaminated soil 烃污染土壤、permafrost soil samples 多年冻土样品、wheat rhizosphere 小麦根际、Tuber magnatum 松露菌、surface water in the Northern Bering Sea 北白令海地表水、heavy metal contaminated soil 重金属污染土、acidophilic nitrifying activated sludge 嗜酸硝化活性污泥、undisturbed tall grass prairie, top 5 cm 原生态长草草原、rhizosphere of *Arachis hypogaea* 花生根际、alpine meadow in the upper area of Shule River 疏勒河高寒草甸、potassium mine soil 钾矿田土壤

表 5－11 UniFrac 分析样品间的差异性 P 值

	BZ	TL	HZ	LY	YS
BZ	—	0.96	0.18	0.99	0.16
TL		—	0.12	0.96	0.21
HZ			—	0.91	0.83
LY				—	0.93
YS					—

注：UniFrac 显著性检验 P 值是基于 100 次加权代数排列。$P<0.001$ 极显著；$0.001<P<0.01$ 显著；$0.01<P<0.05$ 微显著；$P>0.1$ 不显著

16S rRNA 基因克隆文库的构建是微生物分子生态学中用来研究环境中微生物多样性的主要方法之一。通过对文库中的克隆进行测序，来了解环境样品中的微生物组成。但是要获得一个较全面、详细的微生物群落组成分析结果，就需要建一个足够大的文库，而对文库中每个克隆进行测序则花费高昂。ARDRA 不但可以快速、稳定地分析微生物群落组成而且可以减少测序费用。通过对谱型图的观察分析发现不同类型的细菌具有不同的谱型，这表明所使用的限制性内切酶 *Hin*fI 和 *Csp*6I 可以很好地区分所研究的细菌种群。此外，大部分的谱型只包含了 1～3 个克隆，说明凤丹品系根际土壤具有很高的细菌多样性。

为了对凤丹品系根际土壤细菌群落做一个较全面的分析，我们在研究中使用了稀疏曲线和 Coverage C 来评价所构建的克隆文库大小（Coverage C 越高，表明所构建的文库越能代表环境中的细菌群落多样性）。研究结果显示所构建的 5 个凤丹品系根际土壤细菌群落的 16S rRNA 基因文库的 Coverage C 均大于 70%（表 5－8），说明所构建的克隆文库基本可以反映所采集土壤细菌群落的多样性，这一结果与稀疏曲线分析一致（图 5－19）。此外 HZ 的 Coverage C 高于其他四个，表明 HZ 未被检测到的微生物最少，最能反映其土壤细菌群落的多样性。

细菌多样性分析结果显示虽然 YS 的 Chao1 指数最高（121.37），但是 Shannon 指数（H'）（3.769）却不是最高，这可能是因为 Chao1 指数用于反映物种丰富度的非参数估计，而 Shannon 指数不仅反映物种丰富度而且反映了其均匀度。与前人相似的研究进行比较，研究微生物多样性使用分子方法比使用传统纯培养方法得到的细菌多样性指数要高。

系统发育分析表明,凤丹品系根际土壤细菌种群主要有: Proteobacteria(包括 α,β,γ,δ 亚门),Acidobacteria,Actinobacteria,Bacteroidetes,Verrucomicrobia,Gemmatimonadetes,Chloroflexi,Nitrospirae,Firmicutes 和 Planctomycetes 10 类,此外还包含大量未归类的细菌。由于优势细菌种类可能对碳氮循环和其他地球生物化学循环产生较大的影响,因此了解所研究环境的优势细菌种群至关重要。至于为什么特定的细菌主导着微生物群落,这一直是一个根本的生态问题。我们的研究表明,有 311 个克隆子属于 Proteobacteria,几乎占了总克隆数的一半;Proteobacteria 是所有克隆文库中的优势菌群。这一研究结果与先前关于湿地、森林和牡丹根际土壤研究结果一致,但与 Han 等(2011,2014)使用传统培养法研究凤丹根部土壤细菌群落特征的结果 Actinobacteria 为主要优势菌有所不同,这可能与我们所使用的方法和采样时间不同有关。α - Proteobacteria 中许多菌种参与氨氧化、光合作用、固氮等代谢循环。本研究中大多数 α - Proteobacteria 的 OTU 属于 Rhizobiales 和 Sphingomonadales。在 Rhizobiales 中包含了 Bradyrhizobiaceae,Hyphomicrobiaceae,Xanthobacteraceae,Methylobacteriaceae 和 Rhizobiaceae 5 个科,这些科至少包含了 *Bradyrhizobium*,*Rhizobium*,*Azorhizobium* 等 6 个固氮属的菌。*Rhizobium* 中的许多细菌与植物存在着共生固氮关系。*Bradyrhizobium* 中的细菌,比 *Rhizobium* 及土壤中常见菌种要长得缓慢,与根瘤菌相似,*Bradyrhizobium* 中的细菌具有把大气中的氮固定到植物可利用氮状态。Sphingomonadales 中仅包含一个 Sphingomonadaceae 科,Sphingomonadaceae 科至少包含了 *Sphingomonas*,*Novosphingobium* 和 *Sphingobium* 三个属。Sphingomonads 的细菌具有很强的生物降解和生物合成能力,例如,*Sphingomonas* sp. 2MPII,可以分解 2 - methylphenanthrene。β - Proteobacteria 是 Proteobacteria 中最丰富的菌群,有 114 个克隆子。β - Proteobacteria 中的细菌喜富营养环境,往往有机碳越高的土壤其丰富度越高。本研究中 YS 克隆文库中的有机碳最高,其丰富度也最高。*Burkholderia* 是 β - Proteobacteria 中最丰富的属,以具有高效的矿物质风化和固氮作用为人所知。Nitrosospira 中的细菌,具有氨氧化功能,被称为氨氧化细菌(AOB),这个菌群仅仅在 TL 克隆文库被发现。值得注意的是,大部分 β - Proteobacteria 的 OTU 都是未归类的,这需要配合使用其他方法检测来进一步丰富 β - Proteobacteria 的克隆文库。γ - Proteobacteria 是 Proteobacteria 中第二丰富的菌群,有 102 个克隆子。其中 76.5% 的克隆子属于 Pseudomonadales,19.6% 的克隆子属于

Xanthomonadales。*Pseudomonas* 是土壤中常见的菌属，是根际细菌群落的主要成员，具有较强的定殖能力，阻止病原菌和促进植物生长的作用。本研究中有67个克隆子属于 *Pseudomonas*，是 γ－Proteobacteria 中的优势菌属，而 Han 等(2011,2014)研究凤丹根部土壤细菌群落多样性时却没有发现 *Pseudomonas* sp.。δ－Proteobacteria 中的大多数菌种都是需氧型的，在不利的环境下大多会产生孢子。δ－Proteobacteria 在硫的代谢循环中具有重要的作用。分子生物学研究发现 Acidobacteria 是土壤中最丰富的菌群，它们无处不在。本研究中 Acidobacteria 是优势菌群并可被划分为8个子类。之前的研究表明，土壤有机碳与 Acidobacteria 的丰富度呈负相关。本研究中 HZ 土壤有机碳最低、其 Acidobacteria 的丰富度最高，这与前人研究结果一致。有相关的研究表明，土壤 pH 与 Acidobacteria 的丰富度呈负相关；但本研究并未发现土壤 pH 与 Acidobacteria 的丰富度之间有明显的关系，这是否可能与影响土壤微生物群落结构的因素有很多有关，比如土壤的 C/N 比和氮的供给因素等等。

如前所述，凤丹品系各产区土壤理化性质各有差异，土壤 pH 范围较小(6.04~6.62)，难以起到决定性作用，因此很难区分某一因素对细菌群落的确切作用。Actinobacteria 一般都是高 G+C 含量的菌群，是细菌群落较大的家族。本研究中 Actinobacteria 在文库中平均含量 8.97%，主要包含了 Actinobacteridae，Acidimicrobidae 和 Rubrobacteridae 三个科，其中 Actinobacteridae 最大，这与 Janssen 研究结果一致。Actinobacteria 具有丰富的生理学多样性、降解顽固成分和分泌抗生素抑制病原菌的作用。我们在所有土壤样品中全都发现了 *Arthrobacter* sp.；*Arthrobacter* sp.是 Actinobacteria 优势菌属，也是许多植物根际土壤里的优势菌群，它有吸附有毒金属的作用。*Streptomyces* sp.仅在 LY 克隆文库中被发现了，它们是抗生素的主要生产者。Bacteroidetes 的菌群被认为专门从事生物圈里复杂有机质的降解，特别是对多糖和蛋白质的分解，它们存在于任何土壤环境里，平均占土壤细菌总数的5%。我们的研究还表明，Bacteroidetes 在各个克隆文库的含量为3.43%~10.43%，平均值为6.54%。Gemmatimonadetes 中的菌群经常被检测到，在大的克隆文库中(>500序列)其丰富度一般在0.2%~6.5%，平均值为2.2%。本研究中 Gemmatimonadetes 的丰富度范围2.34%~8.57%，平均值为6.09%，均高于前者，这可能是所研究的土壤 pH 均接近中性。此外，Chloroflexi、Planctomycetes、Firmicutes、TM7 和 Nitrospirae 在凤丹品系根际土壤中被发现，其丰富度较低。

值得注意的是 Firmicutes（主要是 *Bacillus* spp.）的丰富度与土壤总铜含量呈正相关，这一结果与前人研究结果一致。克隆文库中存在着大量的未归类菌群，这些未归类的菌群可能与凤丹根际土壤特有的环境相关，需要深入研究。

UniFrac 是一个基于多元统计技术非常有效的分析微生物群落间关系的工具。在我们的研究中，5 个克隆文库间的差异性比较 *P* 值范围为 0.12～0.99，克隆文库间的差异 *P* 值均大于 0.1，表明克隆文库间差异性不显著。这可能与三年生凤丹所形成的特殊根际土壤微环境相关。已有研究表明植物通过分泌特有物质，形成特有的根际土壤微环境，以影响其附着的细菌群落。

以上仅仅是针对凤丹品系根际土壤进行了细菌群落多样性分析；那么，具体到道地产区不同株龄、不同生长时期的凤丹，情况又会发生怎样的变化？

三、道地产区丫山不同株龄、不同生长时期凤丹根际土壤细菌群落特征

我们于 2012 年 4 月采集道地产区南陵丫山 GAP 基地牡丹园（118°05′04″E，30°48′53″N）中一至五年生凤丹根际土壤和空白土壤样品，并于 2012 年 7 月、10 月和 2013 年 1 月同样采集了三年生凤丹根际土壤样品及空白土壤样品。其中土壤采集方法和处理方法以及土壤微生物总 DNA 提取及 16S rRNA 基因全长扩增、16S rRNA V3 区基因片段克隆及阳性克隆序列测定、DGGE 条带的序列测定和系统进化分析等与本节之前相同，但 16S rRNA 基因 V3 区的扩增等则按以下方法进行。

1. 16S rRNA 基因 V3 区的扩增

以 16S rRNA 基因全长扩增产物为 PCR 反应的模板，采用细菌 16S rRNA 基因 V3 区通用引物对 341F，5′－ATTACCgCggCTgCTgg－3′和 GC－534R（有 GC 夹），5′－GC－CCTACgggAggCAgCAg－3′进行 PCR 扩增。

30 μL 反应体系包括：10 mmol/L 的 Tris－HCl（pH 8.3），50 mmol/L 的 KCl，1.5 mmol/L 的 $MgCl_2$，0.25 mmol/L 的 dNTP，1 U *Taq*DNA 聚合酶，1 μg BSA，50 ng DNA 模板和引物各 10 μmol/L。

PCR 反应程序：94℃（10 min）；10 个循环的 94℃（1 min）、65℃（1 min），每个循环降低（1℃），72℃（1 min）；20 个循环的 94℃（1 min）、55℃（1 min）、72℃（1 min）；72℃（10 min）。PCR 扩增产物经 EB 染色，1.5%琼脂糖凝胶电泳进行检测，PCR 扩增产物使用纯化试剂盒（AxyPrep™ PCR Cleanup Kit）（AXYGEN 生物科技有限公司，中国杭州）进行纯化。

2. 变性梯度凝胶电泳

采用 Bio－Rad 公司 Dcode™ 基因突变检测系统对 PCR 纯化产物进行 DGGE 电泳分析。电泳步骤为：

1）采用 Bio－Rad 公司梯度胶制备装置（Model－475）使用配制好的 40% 聚丙烯酰胺（37.5：1）溶液，配制 30%和 50%浓度的变性胶溶液 20 mL，然后各加入 10%的 APS 120 μL 和 TEMED 15 μL 后混匀，其中 100%的变性剂为含有 7 mol/L 尿素和 40%去离子甲酰胺的混合物。变性剂浓度从胶的上方向下方递增；

2）在电泳槽中装入 1×TAE 电泳缓冲液（0.04 mmol/L Tris 碱、0.02 mmol/L 乙酸钠、1 mmol/L EDTA pH 8.0）约 7 L；

3）将标记为低浓度（LO）和高浓度（HI）的注射器分别吸入全部 30%和 50%变性胶溶液，排除注射器内气泡，通过一系列连接装置灌至自上而下浓度由低到高的连续梯度凝胶，尽快完成制胶与灌胶操作；

4）待胶完全凝固后，将胶板放入装有电泳缓冲液的装置中，并预热至 60℃；

5）在每个加样孔加入 PCR 纯化样品 10 μL 和 6×DNA 加样缓冲液10 μL，各孔加入的 DNA 量基本一致；

6）电泳条件为：缓冲液 1×TAE、温度 60℃、电压 80V、电泳时间 14 h；

7）电泳结束后拆卸装置剥胶。

3. 染色

使用银染法进行染色。

1）电泳完毕后，先拨开一块玻璃板，将胶留在大板上，放入 500 mL10%的乙酸中摇晃固定 20 min；

2）小心将胶取出，把盆洗净，放入 500 mL 1%的硝酸溶液中摇晃固定 10 min；

3）小心将胶取出，把盆洗净，放入 500 mL 蒸馏水洗涤三次，不断摇晃；

4）加入 500 ml 0.2%硝酸银溶液，室温黑暗条件下摇晃 20~30 min；

5）用 500 mL 蒸馏水洗涤 10 s，小心将胶取出，把盆洗净，加入 2.5%碳酸钠溶液摇晃至条带显出；

6）最后凝胶拍照保存。

4. DGGE 条带切胶回收

DGGE 条带切胶具体操作如下：以灭菌的刀片将待测序条带切下，放入已灭菌的 1.5 mL EP 管中，加入 0.5 mL 的去离子水冲洗，离心，弃上清。此冲洗步骤重复 2~3 次后，加 30 μL 无菌水，4℃过夜。然后 12 000 r/min 离心 5 min，收集上清作为 PCR 的模板。

5. DGGE 分离的 DNA 片段扩增及纯化

PCR 反应体系同前，引物 341F，5′- ATTACCGCGGCTGCTGG - 3′和 534R，5′- CCTACGGGAGGCAGCAG - 3′（无 GC 夹）；PCR 反应体系为：95℃（6 min）；20 个循环的 95℃（60 s）、55℃（45 s），72℃（45 s）；72℃（10 min）。

PCR 扩增产物经 EB 染色、1%琼脂糖凝胶电泳检测，成功扩增的 PCR 产物使用纯化试剂盒（AxyPrep™ PCR Cleanup Kit）（AXYGEN 生物科技有限公司，中国杭州）进行纯化。

DGGE 图谱分析采用 Bio - Rad 公司的凝胶定量软件 Quantity One（version 4.6.2）将图谱转化成数字信号，进行数字化分析。主要过程采用轨迹定量法，抛弃人为主观因素进行全自动定量。首先对图谱进行优化处理，使用背景排除功能，去除图片上的“斑点”，经过泳道识别、条带识别和配对三个步骤，最后高斯建模对条带进行定量分析。

采用香农指数（H'）、丰富度（S）和均匀度（E_H）来评价凤丹根际土壤细菌群落的基因多样性。

通过 Canoco（version 4.5，Microcomputer Power，USA）软件包，将本实验获得的数据经过百分比换算和反正弦函数转换，然后按照康奈尔文件格式录入矩阵。使用 Canoco4.5 软件中线性模型（RDA）进行细菌分布与环境因子的相关性分析。

采用细菌 16S V3 区通用引物 341F 和 GC - 534R 对 16S rRNA 基因全长扩增产物进行 PCR 扩增，扩增结果在 1.0%琼脂糖凝胶上 240 bp 处出现了均一的 DNA 亮带，没有非特异性扩增产物（图 5 - 22）。在引物 534R 上加 1 个 GC 夹用来防止 DNA 片段在变性梯度凝胶电泳时过早解链。

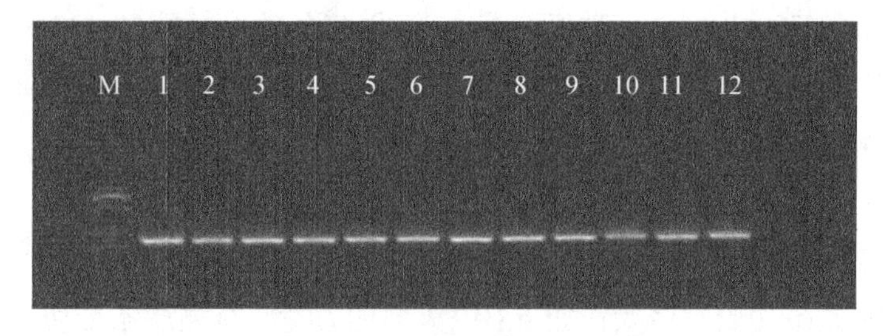

图 5-22　16S V3 区扩增产物琼脂糖凝胶电泳图

1~12 分别代表样品；M：DL2000 DNA marker

分析 DGGE 指纹图谱的 12 个泳道，总共发现 43 条不同位置的 DGGE 电泳条带，图谱中还存在一些不能被分辨的条带（图 5-23），表明丫山凤丹根际土壤中的细菌群落结构相当复杂。DGGE 指纹图谱上一些条带在所有土样的 DGGE 图谱上都存在（如条带 23），则表明采样的丫山土壤环境中普遍存在着某些细菌类群，但 DGGE 图谱中的这些条带的亮度有明显的差异且随着生长年限的增长而变强，这又表明不同株龄凤丹的根际土壤中细菌的群落结构具有一定的相似性和一些差异性，原因可能是与凤丹种植所形成的特定土壤环

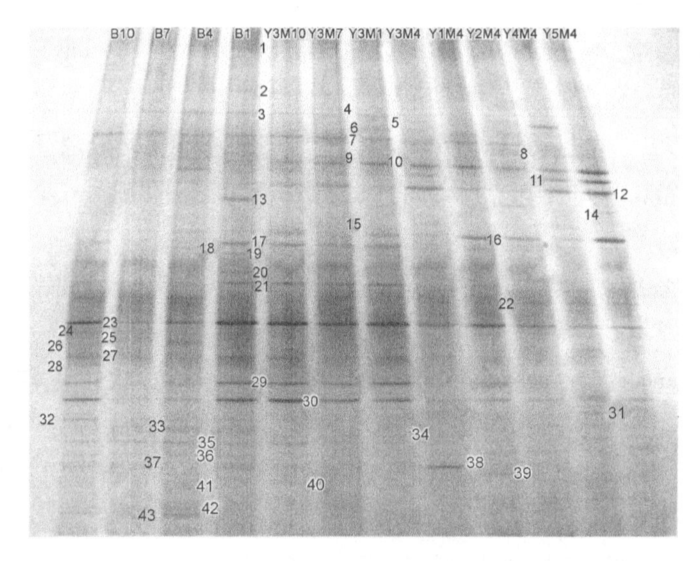

图 5-23　丫山不同株龄、不同生长时期凤丹根际土壤细菌 16S rRNA（V3 区）基因片段的 DGGE 图谱

泳道 Y1M4~Y5M4 分别代表一至五年生 4 月凤丹根际土壤样品，泳道 Y3M1~Y3M10 分别代表三年生凤丹 1~10 月根际土壤样品，泳道 B1~B10 分别代表空白土壤样品；数字所标出的条带为切割并测序的条带

境有关。从 DGGE 指纹图谱还可以看出某些条带为该样点土壤所特有,平均25.58%的条带为特异性条带,这可能与土壤的成土母质、环境条件(生态、气候和地理位置等)、土壤营养条件以及经营、耕作方式等不同有关;另有一些条带只有空白土壤样品有(如条带-32),这很可能是种植凤丹后对该细菌产生了抑制甚至毒害作用。

根据戴斯系数(Dice coefficient) Cs 计算出各样品相似性的矩阵表(表 5-12)表明,随着生长年限的增加,相邻年限间的相似性值也在增加,说明凤丹根际细菌种群结构随着种植年数的增加趋于稳定。一般认为相似值高于 0.60 的两个群体具有较好的相似性,三年生凤丹不同生长时期的相似性系数除了 Y3M4 样品与其他样品间较小以外,其他 3 个生长时期间的相似性系数均>0.7,说明花期凤丹根际细菌群落与其他生长时期细菌群落结构差别较大,这可能与凤丹在此时期分泌的某些物质有关,对这一时期我们也做了 16S rRNA 基因克隆文库。

表 5-12　DGGE 不同泳道间的戴斯系数

泳道	B10	B7	B4	B1	Y3M10	Y3M7	Y3M1	Y3M4	Y5M4	Y4M4	Y2M4	Y1M4
B10												
B7	44.2											
B4	52	40.9										
B1	60	37.7	39.6									
Y3M10	65.2	34.5	48.1	69.2								
Y3M7	53.9	40.2	37.6	64	71.7							
Y3M1	58.3	30.1	47.5	63.2	73.9	70.1						
Y3M4	25	21.2	29	24.8	39.9	43.7	35.5					
Y5M4	45.2	34.2	38.1	51	65.9	66	65	46.5				
Y4M4	34.9	28.1	32.6	40	43.7	42.2	42.1	46.6	66.1			
Y2M4	28.2	14.6	32.4	21.4	38.8	39	32.5	52.7	38.2	39.9		
Y1M4	12.9	9.6	27.3	13.2	31.9	32.9	26.7	62.5	56.9	56	59.4	

注: B1、B4、B7、B10 为采集的空白土壤样品;Y1、Y2、Y3、Y4、Y5 代表一至五年生、M1、M4、M7、M10 代表1、4、7、10 月采集的凤丹根际土壤样品

我们采用香农指数(H')、丰富度(S)和均匀度(E_H)来评价丫山凤丹根际土壤细菌群落的基因多样性。DGGE 分析的 12 个土壤细菌群落基因多样性指

数参见表 5－13,结果显示各土壤样品之间细菌群落的香农指数(H')、丰富度(S)和均匀度(E_H)存在差异。12 个样品总共发现 43 条不同位置的 DGGE 电泳条带,样品条带数比较丰富。样品条带数在 9 条至 22 条,其中条带数最多的为对照样品 B4(22 条)。除了 B7 样品,香农指数(H')有着相似的变化趋势,对照土壤样品的香农指数(H')比凤丹根际土壤的要大,说明种植凤丹会使土壤细菌多样性降低。凤丹种植会影响土壤细菌群落结构,随着种植年限的增加,其根际土壤细菌群落开始逐渐趋于稳定。花、果期的香农指数(H')低于萌发期和成熟期的,这可能与这两个时期凤丹根部产生某些物质有关。

表 5－13　DGGE 土壤样品细菌多样性指数

样品编号	香农指数(H')	丰富度(S)	均匀度(E_H)
B10	3.777	17	0.924
B7	3.059	9	0.965
B4	4.340	22	0.973
B1	4.124	21	0.939
Y3M10	3.597	14	0.945
Y3M7	3.236	11	0.935
Y3M1	3.404	12	0.950
Y3M4	2.980	9	0.940
Y5M4	3.179	10	0.957
Y4M4	3.271	11	0.946
Y2M4	3.471	12	0.968
Y1M4	2.814	9	0.888

为了解丫山凤丹根际土壤细菌群落的结构和系统进化关系,我们切取 DGGE 图谱中的 43 条优势条带克隆后挑选了阳性克隆进行测序。测序所获凤丹根际土壤细菌 16S rRNA 基因的序列信息并应用 DNAMAN 软件对所获 16S rRNA 基因序列进行编辑、用 Mallard 工具检验,所获序列没有嵌合体等不正常的序列。16S rRNA 基因的序列信息上传至 GenBank 数据库(NCBI)获得序列号为 KM487652~KM487694;在 GenBank 数据库(NCBI)中进行 Blast 分析,搜索最相似的序列,获取的最相近的典型菌株、序列号、相似度以及推测的该序列可能所属的门类。

很显然,目标序列与相近序列的相似性基本都大于或等于 97%,且其相近序列多为来自不同类型的土壤和底泥等环境样品中的不可培养微生物。将测序得到的43条序列与Blast获得最相似的序列构建系统进化树，得到丫山凤丹根际土壤细菌群落的系统进化和分类信息。43条序列属于Alphaproteobacteria，Gammaproteobacteria，Actinobacteria，Firmicutes，Acidobacteria，Chloroflex，Bacteroidetes菌群和未归类的菌群。每个门类的序列所占比如图5-24所示，α-proteobacteria、γ-proteobacteria和Bacteroidetes菌群存在于每个土壤样品中，并且γ-proteobacteria和Bacteroidetes为优势菌群，Chloroflex菌群仅在7月空白样(B7)和4月4年生凤丹根际土壤样品(Y4M4)中发现。去除空白土壤样品所特有的细菌，丫山凤丹根际土壤细菌群落各门类所占比例分别为α-proteobacteria(10.7%)，γ-proteobacteria(40.6%)，Actinobacteria(7.8%)，Firmicutes(1.9%)，Acidobacteria(4.1%)，Chloroflex(0.65%)，Bacteroidetes(27.6%)，还有部分(7.0%)序列属于分类位置未定的类群。

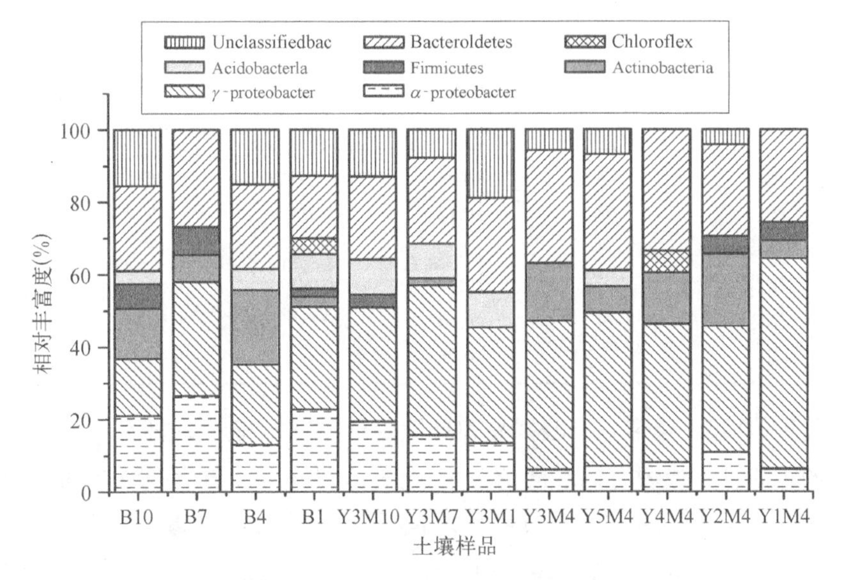

图5-24　丫山凤丹根际(含空白土壤)土壤细菌不同门类占比

使用区间除趋势(detrending by segments)方法对于无环境因子的凤丹根际土壤细菌数据进行对应分析(DCA)结果表明“Lengths of gradient”四个轴中最长轴为2.727，小于3，排序轴的相对长度较短，因此我们选择基于线性模型的冗余分析(RDA)方法进行排序分析。RDA排序轴与环境因子的相关系数参见表5-14，RDA的前2个排序轴特征值分别为0.298和0.12，前2个排序轴与丫山根际土壤理化因子之间的相关系数为 0.886 和 0.882，分别解释了 29.8%和41.8%的细菌种群变化，对应 48.5%和 76.4%的细菌种群与凤丹根际土壤理化因子之间的关系。4 个排序轴共解释了 59.7%的细菌变化和 94.4%的细菌种群与丫山根际土壤理化因子的关系。所选的 6 个因子解释了 66.3%的总特征值，对细菌物种的梯度分布具有显著性影响。根据各理化因子与细菌种群的前 2 个物种排序轴的相关系数可以得出，选取的 6 个理化因子与细菌种群相关性大小依次为：OM>TP>TCu>TK>TN>pH。

表 5－14　DGGE 条带与环境变量间 RDA 分析

	Axis 1	Axis 2	Axis 3	Axis 4	
特征值	0.298	0.12	0.096	0.083	1.000
种类环境相关性	0.886	0.882	0.929	0.945	
物种变异%	29.8	41.8	51.4	59.7	
种类环境变异%	48.5	76.4	87.9	94.4	
总特征值	44.9	63	77.4	90	1.000
总典范特征值					0.663
环境变量	Var.N	LambdaA	P	F	
OM	5	0.26	0.017	3.06	
TP	3	0.12	0.139	1.59	
TCu	1	0.10	0.31	1.17	
TK	2	0.07	0.443	0.94	
TN	4	0.06	0.614	0.69	
pH	6	0.04	0.787	0.4	

物种（DGGE 条带）、土壤样品和环境因子的三维排序如图 5－25，样方点之间的距离可以代表它们之间的关系，土样 Y1M4 和土样 Y4M4 之间的距离最短表明土样 Y1M4 和土样 Y4M4 之间环境条件相似度最高，其次为土样 Y3M4 和土样 Y3M7、土样 Y1M4 和土样 Y5M4。环境因子的箭头与物种因子之间的箭头的夹角可以表示物种与环境因子之间的相关性。如图中环境因子 OM 与物种 band－16 之间的夹角小于 90°，表示二者之间正相关，即 band－16 的丰度会随环境因子 OM 值的增加而增加。相反，环境因子 TN 与物种 band－37 之间的夹角大于 90°，表示环境因子 OM 与物种 band－37 之间负相关。根据物种间的夹角，可以看出该物种之间的亲缘关系，夹角越小表示二者亲缘关系越近，band－37 与 band－7 亲缘关系比与 band－14 亲缘关系近。

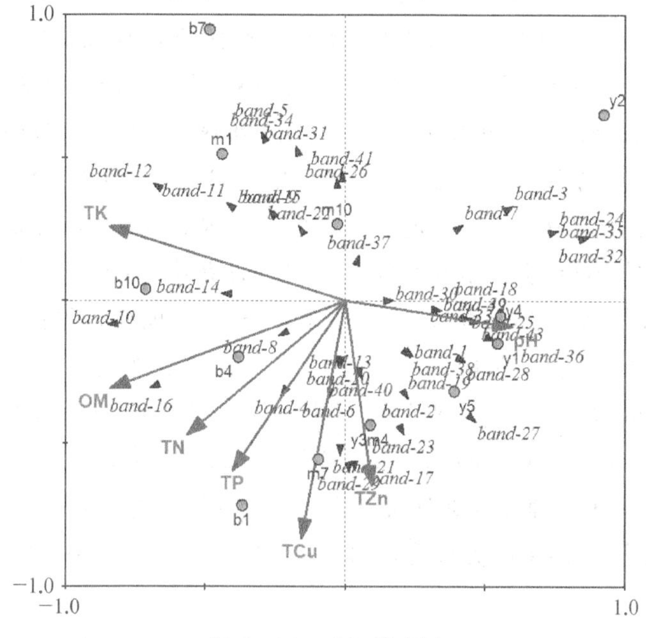

图 5 - 25　RDA 排序图

南陵丫山境内海拔在 50~450 米,气候寒润,土壤砂质,土粒疏松,有机质含量高,土壤肥沃,是种植牡丹的理想地带。通过对安徽几个主产区的牡丹皮进行丹皮酚检测,发现南陵丫山所产牡丹皮所含丹皮酚高于《中华人民共和国药典》规定值。我们选取丫山不同生长年限和不同生长时期凤丹根际土壤,运用 PCR - DGGE 法研究其根际土壤细菌群落特征的变化规律是非常有意义的。

从 DGGE 指纹图谱可以看出,丫山土壤中普遍存在某些菌群,这可能与丫山特有的环境有关;有些细菌类群只存在于空白土壤样品中(如条带 32),这可能是凤丹根部分泌丹皮酚等抑制细菌生长的物质,抑制了该细菌类群的生长繁殖。不同的植物种类对土壤根际细菌群落具有选择性,Waid 研究指出,植被的类型、化学组成和数量可能是土壤微生物多样性变化的主要决定因素。经相关性分析发现,未发现土壤样品理化性质与根际细菌群落多样性指数有明显的相关性。这可能是因为研究中每个样品的理化性质均不相同,而每个因素可能对细菌群落多样性产生影响,所以很难确定某一个土壤理化性质对细菌群落多样性产生的作用。从戴斯系数可以看出,随着生长年限的增加,相邻年限间的相似性值也在增加，这说明随着种植年数的增加，凤丹根际细菌种群结构趋于稳定。王雪山等(2012)采用末端限制性片段长度多态性(T-RFLP)技术与DGGE方法研究了菏泽牡丹园不同生长年限牡丹根际土壤微生物多样性，也发现随着种植年限增加牡丹根际细菌种群结构未发生显著变化，但根际真菌种群结构变化显著。凤丹三年生不同生长时期的相似性系数除了Y4样品与其他样品间较小以外，其他3个生长时期间的相似性系数均>0.7，说明花期凤丹根际细菌群落与其他生长时期细菌群落结构差别较大，这可能与凤丹在此时期分泌的某些物质有关，根据对这一时期我们做了16S rRNA基因克隆文库不难发现，丫山三年生4月凤丹根际土壤细菌种群主要包括：Proteobacteria(包括α、β、γ、δ亚门)，Acidobacteria，Actinobacteria，Bacteroidetes，Verrucomicrobia，Gemmatimonadetes，Chloroflexi，Nitrospirae，Firmicutes和Planctomycetes 10类细菌及部分未归类菌群。值得注意的是，克隆文库所获得的菌群远多于DGGE所获得菌群，这可能是二者所使用的方法不同产生的。

为进一步了解丫山凤丹根际土壤细菌群落的组成，对DGGE图谱中的43条优势条带进行了切胶测序，获得根际土壤中优势菌群的16S rRNA基因的序列信息，并且分析了优势菌群间的系统进化关系。系统发育分析表明，丫山凤丹根际土壤细菌主要包括：α-proteobacteria，γ-proteobacteria，Actinobacteria，Firmicutes，Acidobacteria，Chloroflexi，Bacteroidetes 7类菌群和部分未归类细菌，其中γ-proteobacteria(40.6%)和Bacteroidetes(27.6%)为优势菌群，*Pseudomonas*，*Sphingomonas*，*Arthrobacter*和*Bacillus*为优势菌属。*Pseudomonas*是土壤中最常见的细菌属，也是根际土壤细菌群落的主要成员之一，具有抑制植物病原菌、促进植物生长的作用。可能因为研究方法不同Han等利用传统纯培养的方法研究了牡丹(*Paeonia ostii*)根部土壤微生物的多样性，却没有发现*Pseudomonas*(这里的牡丹是*Paeonia ostii*而非*P. suffruticosa*；而这是否会影响结果尚待科学证明)。*Arthrobacter*是放线菌中最主要的一个属，广泛存在于土壤中。许多该属的物种在不同植物的土壤微生物中占优势地位并参与有毒金属包括铜、锰、镍和铅的生物吸附。*Sphingomonas*广泛分布于自然界中，从不同的陆地、水生生境、植物根系和其他环境中都分离出了*Sphingomonas*菌株。Takeuchi等从蔷薇属*Rosa* sp，*Psychotria nairobiensis*，百两金*Ardisia crispa*，桃树*Prunus persica*和苹果树等植物的根中分离出了*Sphingomonas* sp.。*Sphingomonas*

具有很强的生物降解和生物合成能力，比如鞘氨醇单胞菌属的一种菌株 *Sphingomonas* sp. 2MPII 可以降解 2-甲菲。正是由于鞘氨醇单胞菌的这种特性使其广泛应用于各种生物技术中包括生物治理各种环境污染物和生产胞外聚合物。*Bacillus* 是一类革兰氏阳性、兼性厌氧并能形成内生孢子的细菌。以前的研究表明很多 *Bacillus* 细菌种类都是植物的根际促生菌，它们能通过很多机制促进植物的生长，如解磷、固氮、降解环境污染物、生成激素，通过和植物病原菌竞争资源如铁、氨基酸和糖及产生抗菌物质或溶菌酶等方式控制植物病原菌。值得注意的是，有相当一部分细菌属于未归类菌群，这就需要以后使用不同的方法，更大的实验量来扩增完善凤丹根际土壤细菌群落结构。

研究表明冗余分析 RDA 很适合用于定量分析环境因子和土壤微生物群落变化之间的关系。本研究环境因子数据有限，因此无法获得环境因子和丫山凤丹根际土壤细菌群落之间的关系，但是仍然可以对丫山凤丹根际土样的综合环境因子进行初步分析。土样 Y1M4 和土样 Y4M4 之间的距离最短，其次为土样 Y3M4 和土样 Y3M7、土样 Y1M4 和土样 Y5M4，这与聚类分析结果一致。土样 Y1M4 和土样 Y4M4 的细菌群落结构最相似（相似系数为 0.74），其次为土样 Y3M4 和土样 Y3M7 的细菌群落结构（相似系数为 0.66）、土样 Y1M4 和土样 Y5M4 的细菌群落结构（相似系数为 0.65）。因此，凤丹根际土壤环境因子越相似，根际细菌群落结构也越相似。

第四节　凤丹品系根际真菌群落结构的动态变化

宏基因组学是随着分子生物学和微生物学的发展而兴起的一门学科，宏基因组学技术主要包括 DNA 的提取、宏基因组文库的建立、宏基因组文库的筛选等方面。现今宏基因组学技术以高通量、高准确性等特点而被广泛用于海洋生物、植物、土壤、医药等研究领域，但鲜有用于中药材道地性方面的研究报道。我们采用宏基因组学技术分析了凤丹品系及丫山产不同株龄的凤丹根际土壤真菌的分布和多样性，探讨了中药材道地性与土壤真菌的相关性，为中药材道地性理论提供科学的实验证据。

一、凤丹品系各产区根际土壤真菌 454 测序

2012 年 4 月(花期)、7 月(果期)、10 月(地上部分枯萎期)和 2013 年 1 月(萌芽期),我们在安徽省铜陵市铜陵县顺安镇、芜湖市南陵县河湾镇、亳州市谯城区十八里镇、山东省菏泽市牡丹区小留镇、河南省洛阳市孟津县麻屯镇,随机选择正常生长的三年生药用牡丹(经作者鉴定为 *Paeonia suffruticosa* Andr.,凭证标本保存于安徽师范大学生命科学学院),震荡根部以去掉大块的土壤和有机质后收集仍黏附在根表面的土壤作为根际土壤样品。每个样品由各产区各时期随机选择的 5 株植物根际土壤混合均匀而成。每样品 3 个重复。采回样品置于 4℃冰箱保存并尽快用于测试。

1. 土壤真菌基因组 DNA 的提取

每组称取 0.5 g 土壤样品研磨成粉末状并充分混匀,采用土壤 DNA 快速提取试剂盒,利用紫外分光光度计检测样品 DNA 的浓度并用 0.8%琼脂糖凝胶电泳检测其质量。

2. 土壤真菌 DNA PCR 扩增

采用通用引物 F(5′- CTTGGTCATTTAGAGGAAGTAA - 3′)和引物 R(5′- TCCTCCGCTTATTGATATGC - 3′)扩增土壤真菌 rDNA 基因 ITS 全长。

PCR 反应体系:灭菌超纯水 14.375 μL;Buffer(10×)2.50 μL;dNTP(2.5 mmol/L)2.00 μL;模板(20 ng/ μL)4.00 μL;Forward 引物(10 μmol/L)1.00 μL;Reverse 引物(10 μmol/L)1.00 μL;Takara Pyrobest 酶(5 U/μL)0.125 μL;总体积 25.00 μL。

PCR 扩增程序:94℃预变性 5 min;94℃变性 1 min;47℃退火 40 s;共 30 个循环。72℃延伸 1 min;72℃延伸 7 min。每样品重复 3 次,混合同一样品 PCR 产物,经 1.5%琼脂糖凝胶电泳检测,割胶纯化。

3. 测序实验流程

(1) 宏基因组 DNA 样品和 PCR 引物准备

gDNA 质量检测与定量,准备 DNA 模板工作液,设计与合成宏基因组测序融合引物,准备引物工作液。

(2) Amplicon 文库制备

PCR 预实验以确定最佳的 PCR 条件,PCR 扩增,使用 AMPure Beads 或胶

回收试剂盒对 PCR 产物进行纯化，在酶标仪上对文库进行定量，PCR 纯化产物稀释并等量混合。

（3）emPCR 扩增

通过乳液滴定或测序滴定确定 emPCR 扩增中所需的 DNA 文库的量，准备 emPCR 试剂和乳化油，使用 DNA Capture Beads 将 DNA 文库捕获、乳化、扩增，回收 DNA Capture Beads，含 DNA 文库的 DNA Capture Beads 的富集，测序引物退火。

（4）Roche 454 GS FLX+测序仪上机测序

准备样品、试剂和 Titanium Bead Buffer，GS FLX+预清洗，准备 PTP 装置，运行测序。

4. 数据处理

对 Roche 454 GS FLX+的测序数据进行质量控制，舍弃低质量序列，并筛选序列长度 200~1 000 bp，连续相同碱基<8，模糊碱基 N<1，Q25，获得最终用于分析的优质序列。

根据 97%的相似度，应用软件 Qiime 将序列归为多个 OTU。Qiime 调用 uclust 对序列进行聚类，选取每个类最长的序列为代表序列。比对 UNITE 数据库，得到每个 OTU 的分类学信息。OTU 产出后，统计各样品含有 OTU 情况。

454 测序结果基于物种丰度和群落结构分析，根据每个样本文库的 OTU 丰度信息，利用 OTU 聚类产生的稀释曲线表明每个样品的取样深度，运用软件 mouther 在 97%相似度水平上进行 Alpha 多样性（包括物种丰富度 Choal 指数和多样性 Shannon 指数及克隆文库的覆盖率 Coverage 指数）分析。应用软件 MEGAN 4 构建物种进化树及丰度信息图。利用主坐标分析（Principal co-ordinate analysis，PCoA）、热图分析（heatmap）比较牡丹根际土壤真菌组成以及群落结构的相似性和差异性。

5. 凤丹品系各产区土壤样品测序结果

ITS（internal transcribed spacer）近年来被指定为真菌分子条形码的通用标记，作为真菌鉴定的默认区域（Schoch CL 等，2012；Milene F 等，2014）。本研究通过对铜陵、南陵、亳州、菏泽、洛阳五产区样品真菌 rDNA ITS 区全长进行测序，共获得 328 102 条有效序列，经优化得到 272 463 条优质序列，这些序列按照 97%的相似度，归为多个 OTU。其中各产区各时期所获得的序列数和 OTU 数量如表 5－15 所示。

表 5-15 土壤样品测序数据统计

样品	有效序列	优质序列	OTU	样品	有效序列	优质序列	OTU
9.4	16 919	14 369	1 595	6.2	16 033	11 829	940
9.1	15 194	12 315	1 065	6.3	20 015	15 439	1 193
9.2	18 502	16 697	1 019	7.4	9 571	8 461	443
9.3	16 989	15 202	1 124	7.1	15 887	12 985	1 002
3.4	13 541	12 574	407	7.2	17 484	15 721	591
3.1	14 469	12 923	463	7.3	9 739	8 471	309
3.2	22 851	15 362	486	8.4	17 869	14 950	1 130
3.3	10 793	9 654	465	8.1	17 154	15 090	747
6.4	15 348	12 571	1 122	8.2	21 645	19 132	2 346
6.1	16 299	13 002	959	8.3	18 800	15 716	1 095

注：9.4、9.1、9.2、9.3 分别代表铜陵产区牡丹萌芽期、花期、果期、地上部分枯萎期根际土壤样品；3.4、3.1、3.2、3.3 分别代表南陵产区牡丹萌芽期、花期、果期、地上部分枯萎期根际土壤样品；6.4、6.1、6.2、6.3 分别代表亳州产区牡丹萌芽期、花期、果期、地上部分枯萎期根际土壤样品；7.4、7.1、7.2、7.3 分别代表菏泽产区牡丹萌芽期、花期、果期、地上部分枯萎期根际土壤样品；8.4、8.1、8.2、8.3 分别代表洛阳产区牡丹萌芽期、花期、果期、地上部分枯萎期根际土壤样品（以下同）

6. 凤丹品系根际土壤真菌物种丰度

(1) 取样深度验证

采用对测序序列进行随机抽样，以抽到的序列数与它们所能代表 OTU 数目构建样品稀释曲线如图 5-26 所示。20 个样品除铜陵萌芽期、洛阳果期两个时期样品外，其他产区不同时期样品稀释曲线均趋于平坦，说明测序数据可以反映土壤真菌真实情况，而铜陵萌芽期和洛阳果期样品继续测序还可能产生较多新的 OTU。

扫一扫
看彩图

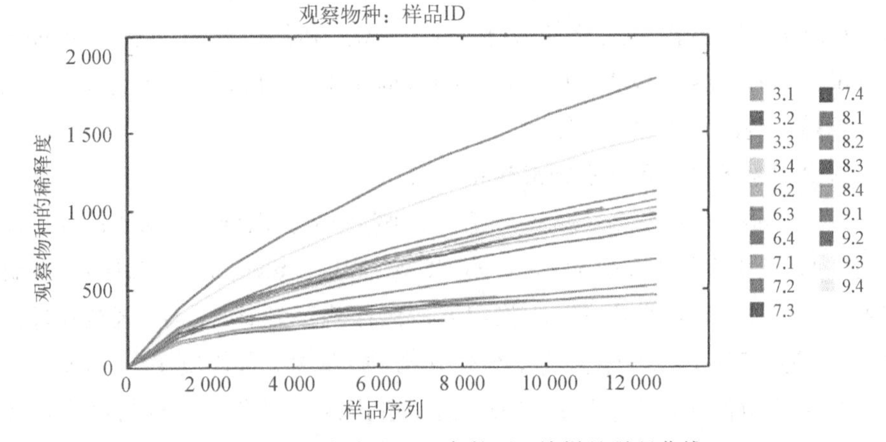

图 5-26 相似度为 97%条件下土壤样品稀释曲线

（2）根际土壤真菌 Alpha 多样性分析

凤丹品系在四个生长发育时期植物根际土壤真菌在相似度为97%条件下的 Alpha 多样性指数参见表 5－16。覆盖率均在 90%以上，说明土壤中占主要优势的真菌已得到分析，能够反映所采集土壤样品真实情况。

表 5－16　相似度为 97%条件下 20 个样品多样性指数

样品	Chaol 指数	Shannon 指数	Coverage 指数	样品	Chaol 指数	Shannon 指数	Coverage 指数
9.4	2 873.83	4.98	0.94	6.2	1 577.15	3.71	0.96
9.1	2 139.49	4.25	0.95	6.3	2 083.53	3.81	0.96
9.2	1 723.14	4.39	0.97	7.4	572.26	4.51	0.98
9.3	2 149.82	3.96	0.96	7.1	1 952.27	4.28	0.96
3.4	535.75	3.98	0.99	7.2	1 083.51	3.12	0.98
3.1	567.88	3.78	0.99	7.3	351.83	4.06	0.99
3.2	608.03	4.51	0.99	8.4	1 979.19	4.25	0.96
3.3	551.14	4.16	0.99	8.1	1 111.07	3.72	0.98
6.4	1 902.89	3.82	0.95	8.2	4 501.89	5.18	0.93
6.1	1 705.74	3.69	0.96	8.3	1 934.47	4.18	0.96

注：样品编号同表 5－15

同一产区不同发育时期牡丹根际土壤真菌的 Chaol 值呈现：铜陵和亳州产区从萌芽期至果期减小，表明此阶段真菌的物种数一直在减少，到地上部分枯萎期增大，即真菌的物种数量增多；南陵产区从萌芽期至果期略有增大，到地上部分枯萎期呈减小趋势；菏泽产区从萌芽期至花期增大，到果期和地上部分枯萎期一直在减小；洛阳产区从萌芽期至花期减小，到果期增大，到地上部分枯萎期又减小。Shannon 值呈现：铜陵、南陵、洛阳产区从萌芽期至花期减小，表明土壤真菌多样性在下降，至果期增大，到地上部分枯萎期呈减小的趋势；亳州产区从萌芽期至花期略有减小，到果期和地上部分枯萎期有所增大；菏泽产区从萌芽期至果期减小，到地上部分枯萎期增大。同一生长发育时期不同产区 Chaol 值呈现：萌芽期、花期、地上部分枯萎期均以铜陵最大，果期以洛阳最大，表明萌芽期、花期和地上部分枯萎期铜陵产区牡丹根际土壤真菌的物种数量最多，而果期洛阳产区牡丹根际土壤真菌的物种数量最多。Shannon 值呈现：萌芽期以铜陵最大，花期以菏泽最大，果期和地上部分枯萎期以洛阳最大，表明萌芽期铜陵产区牡丹根际土壤真菌多样性最高，花期菏泽产区牡丹根际土壤真菌多样性最高，果期和地上部分枯萎期洛阳产区牡丹根际土壤真菌多样性最高。

7. 凤丹品系植物根际土壤真菌群落结构

(1) 根际土壤真菌分布特征

凤丹品系五产区植物根际土壤真菌 OTU 分布见图 5-27。测序共得 9 703 个 OTU,有超过 81%的 OTU(7 927 个)仅在单个产区中发现:铜陵产区 2 656 个 OTU,南陵产区 606 个 OTU,亳州产区 1 402 个 OTU,菏泽产区 822 个 OTU,洛阳产区 2 440 个 OTU。仅有 0.9%的 OTU(89 个)同时在五产区分布。以上表明五产区牡丹根际土壤真菌具有丰富的系统发育多样性,而大部分牡丹根际土壤真菌在不同产区特异性分布。

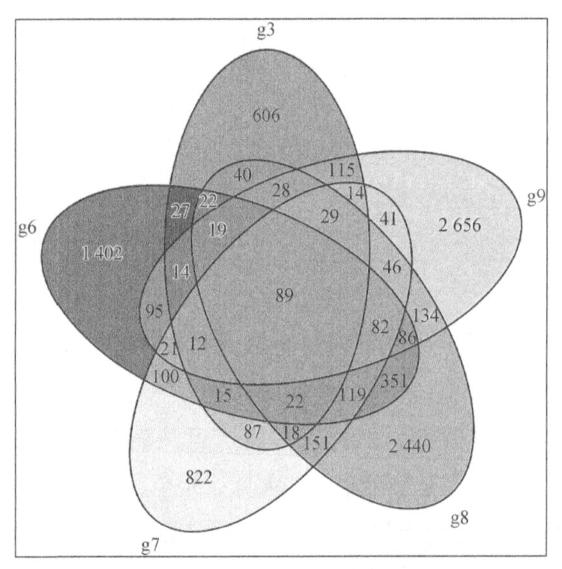

图 5-27 五产区牡丹根际土壤真菌 OTU 分布图

g3 代表南陵产区,g6 代表亳州产区,g7 代表菏泽产区,g8 代表洛阳产区,g9 代表铜陵产区

(2) 五产区牡丹根际土壤真菌分布情况

图 5-28 所示为五产区四个生长发育时期牡丹根际土壤真菌在门层次上的分布。五产区牡丹根际土壤中检测到的真菌隶属 5 门、22 纲、70 目、139 科、266 属,由子囊菌门(Ascomycota)、担子菌门(Basidiomycota)、壶菌门(Chytridiomycota)、球囊菌门(Glomeromycota)、接合菌门(Zygomycota)组成。各产区各时期各门真菌所占比例(百分数保留到小数点后一位)(包含 1%)如下。铜陵萌芽期 Ascomycota(43.3%),Basidiomycota(6.3%),Chytridiomycota(0.6%),Glomeromycota (1.7%),Zygomycota (1.3%);花期 Ascomycota

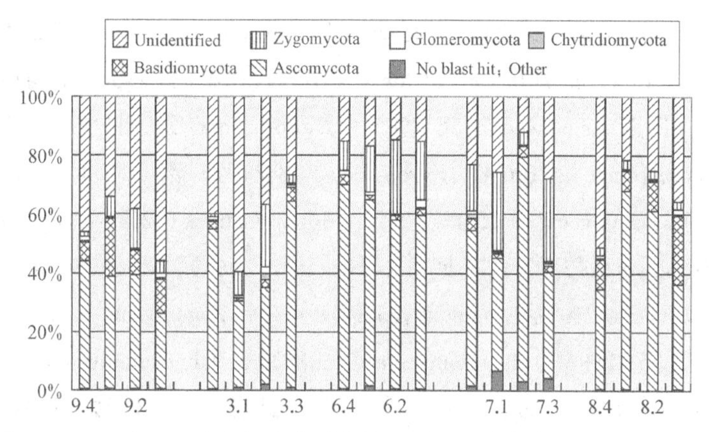

图 5-28 五产区四个生长发育时期牡丹根际土壤真菌在门层次上的分布

(37.8%)，Basidiomycota（19. 8%)，Chytridiomycota (0.5%)，Glomeromycota (0.1%)，Zygomycota(6.7%)；果期 Ascomycota(38.6%)，Basidiomycota(8.1%)，Chytridiomycota(0.1%)，Glomeromycota(0.4%)，Zygomycota(13.6%)；地上部分枯萎期 Ascomycota(25.4%)，Basidiomycota(11.6%)，Chytridiomycota(0.5%)，Glomeromycota(1.4%)，Zygomycota(4.2%)。南陵萌芽期 Ascomycota(54.2%)，Basidiomycota (2.5%)，Chytridiomycota (1.0%)，Glomeromycota (0.7%)，Zygomycota (1.2%)；花期 Ascomycota (29.4%)，Basidiomycota (1.2%)，Chytridiomycota (1.0%)，Glomeromycota (0.1%)，Zygomycota (7.6%)；果期 Ascomycota (33.1%)，Basidiomycota (2.4%)，Chytridiomycota (2.3%)，Glomeromycota (1.7%)，Zygomycota (21.8%)；地上部分枯萎期 Ascomycota (63.2%)，Basidiomycota (4.8%)，Chytridiomycota (1.1%)，Glomeromycota (0.5%)，Zygomycota(2.5%)。亳州萌芽期 Ascomycota(69.2%)，Basidiomycota (3.2%)，Chytridiomycota(0.1%)，Glomeromycota(1.8%)，Zygomycota(9.7%)；花期 Ascomycota (63. 2%)，Basidiomycota (1.8%)，Chytridiomycota (0.1%)，Glomeromycota (0.9%)，Zygomycota (15. 4%)；果期 Ascomycota (57.6%)，Basidiomycota (1.3%)，Chytridiomycota (0.3%)，Glomeromycota (0.2%)，Zygomycota(25. 2%)；地上部分枯萎期 Ascomycota (59.2%)，Basidiomycota (2.0%)，Chytridiomycota(0.4%)，Glomeromycota(2.9%)，Zygomycota(19.4%)。菏泽萌芽期 Ascomycota (52.8%)，Basidiomycota (4.2%)，Chytridiomycota (1.8%)，Glomeromycota (1.1%)，Zygomycota (15.6%)；花期 Ascomycota (38.2%)，Basidiomycota (1.3%)，Chytridiomycota (0.9%)，Glomeromycota

(0.5%), Zygomycota (26.2%); 果期 Ascomycota (76.7%), Basidiomycota (3.3%),Chytridiomycota(0.1%),Glomeromycota(0.4%),Zygomycota(4.0%);地上部分枯萎期 Ascomycota(36.2%),Basidiomycota(2.0%),Chytridiomycota (1.0%),Glomeromycota(0.6%),Zygomycota(28.2%)。洛阳萌芽期 Ascomycota (34.0%), Basidiomycota (10.1%), Chytridiomycota (0.2%), Glomeromycota (0.9%),Zygomycota(2.7%);花期 Ascomycota(67.5%),Basidiomycota(6.5%), Chytridiomycota (0.2%), Glomeromycota (0.4%), Zygomycota (3.0%); 果期 Ascomycota (61.2%), Basidiomycota (9.8%), Chytridiomycota (0.3%), Glomeromycota (0.5%), Zygomycota (2.7%); 地上部分枯萎期 Ascomycota (35.6%), Basidiomycota (23.3%), Chytridiomycota (0.4%), Glomeromycota (1.8%),Zygomycota(2.4%)。由图可知未名真菌(Unidentified)含量介于12%~58%,表明土壤中含有大量的真菌新类群。

图5-29所示为五产区四个生长发育时期牡丹根际土壤真菌在属层次上的分布,其中环形图由内至外依次为萌芽期、花期、果期和地上部分枯萎期,检测到的真菌总数量及含量(百分数保留到小数点后一位)在1%以上(包含1%)。铜陵产区萌芽期98属:*Botryosphaeria*(3.4%),*Exophiala*(7.3%),*Monacrosporium*(1.1%),*Coltricia*(1.1%),*Trichosporon*(1.4%);花期63属:*Exophiala*(5.0%),*Guehomyces*(16.2%),*Cryptococcus*(1.6%);果期68属:*Botryosphaeria*(1.9%),*Exophiala*(5.5%),*Guehomyces*(3.0%),*Cryptococcus*(1.1%),*Trichosporon*(1.2%);地上部分枯萎期88属:*Exophiala*(4.2%),*Guehomyces*(8.5%)。南陵产区萌芽期46属:*Aspergillus*(2.7%),*Fusarium*(3.4%);花期51属:*Fusarium*(1.1%);果期40属:*Fusarium*(2.2%),*Neonectria*(1.0%);地上部分枯萎期56属:*Exophiala*(1.0%),*Hamigera*(1.2%),*Fusarium*(6.9%),*Neonectria*(2.1%),*Tomentella*(1.4%)。亳州产区萌芽期42属:*Leptosphaeria*(1.7%),*Guehomyces*(1.2%),*Cryptococcus*(1.3%);花期48属:*Leptosphaeria*(2.1%);果期55属;地上部分枯萎期56属:*Cryptococcus*(1.3%)。菏泽产区萌芽期53属:*Leptosphaeria*(1.4%),*Exophiala*(4.6%),*Aspergillus*(1.2%),*Fusarium*(18.3%),*Neonectria*(2.5%),*Podospora*(1.4%),*Pestalotiopsis*(1.6%),*Coprinus*(1.3%),*Guehomyces*(1.4%);花期64属:*Leptosphaeria*(4.4%),*Exophiala*(10.7%);果期48属:*Leptosphaeria*(9.5%),*Exophiala*(4.8%),*Guehomyces*(1.2%),*Trichosporon*(1.7%);地上部分

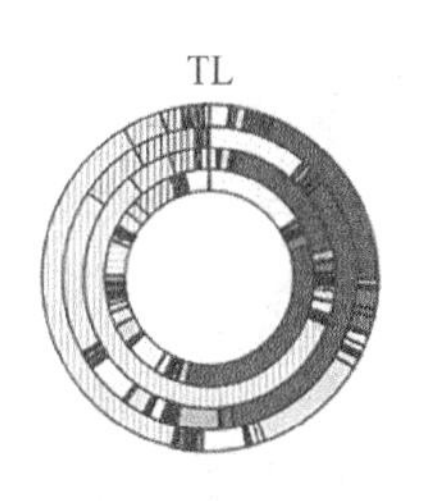

NL

BZ

HZ

LY

图 5－29　五产区四个生长发育期牡丹根际土壤真菌在属层次上的分布

TL 代表铜陵，NL 代表南陵，BZ 代表亳州，HZ 代表菏泽，LY 代表洛阳

枯萎期 36 属：*Leptosphaeria*（4.7%），*Exophiala*（3.5%），*Pseudaleuria*（1.3%），*Neonectria*（2.8%），*Wardomyces*（4.1%）。洛阳产区萌芽期 63 属：*Leptosphaeria*（1.8%），*Lophiostoma*（7.0%），*Kurtzmanomyces*（1.0%），*Guehomyce*（1.4%），*Cryptococcus*（4.2%）；花期 62 属：*Leptosphaeria*（11.0%），*Cryptococcus*（4.0%）；果期 90 属：*Leptosphaeria*（6.4%），*Alternaria*（1.5%），*Exophiala*（1.6%），*Penicillium*（2.3%），*Cryptococcus*（6.8%）；地上部分枯萎期 73 属：*Leptosphaeria*（7.3%），*Penicillium*（1.7%），*Ceratobasidium*（12.8%），*Cryptococcus*（5.4%）。其中，有 *Leptosphaeria* 等 24 属真菌在五产区均有分布（表 5－17），有 *Macrophomina* 等 6 属真菌仅在道地产区铜陵和南陵分布（表 5－18）。

表 5－17　不同产区共有属在各时期所占比例

（单位：%）

属	9.4	9.1	9.2	9.3	3.4	3.1	3.2	3.3	6.4	6.1	6.2	6.3	7.4	7.1	7.2	7.3	8.4	8.1	8.2	8.3
Leptosphaeria	0.15	0.06	0.07	0.09	0.17	0.33	0	0.4	1.72	2.1	0.55	0.63	1.43	4.37	9.47	4.71	1.85	11	6.39	7.26
Alternaria	0.01	0.05	0.02	0.38	0.06	0	0	0	0.4	0.36	0.26	0.36	0.66	0.14	0.5	0.3	1	0.47	1.5	0.59
Cochliobolus	0.07	0.02	0.15	0.14	0	0.29	0.16	0.37	0.01	0	0	0	0.01	0	0.01	0	0.02	0	0.01	0
Cyphellophora	0.01	0	0	0.01	0	0	0.01	0	0.02	0.01	0.03	0.04	0.01	0	0.01	0.01	0.03	0	0.11	0.28
Exophiala	7.29	4.99	5.51	4.2	0.92	0.37	0.59	1.04	0.41	0.23	0.2	0.16	4.55	10.7	4.77	3.47	0.94	0.79	1.64	0.36
Aspergillus	0.01	0.04	0.02	0.03	2.66	0.39	0.52	0.89	0.12	0.11	0.08	0.09	1.22	0.21	0.31	0.24	0.42	0.72	0.62	0.44
Eurotium	0	0.01	0	0.01	0.14	0.08	0	0	0	0	0.03	0	0.21	0.03	0.01	0.02	0	0	0	0.01
Penicillium	0.14	0.36	0.04	0.39	0.17	0.33	0.2	0.52	0.27	0.21	0.17	0.23	0.69	0.42	0.14	0.47	0.29	0.79	2.34	1.74
Talaromyces	0.1	0.1	0.05	0.16	0.52	0.08	0.31	0.53	0.02	0.03	0.01	0.08	0.04	0.06	0.01	0.22	0.06	0.03	0.09	0.04
Arthrobotrys	0.08	0.05	0.03	0	0.02	0.02	0	0.1	0.06	0.04	0.04	0.06	0	0	0.17	0	0.77	0.09	0.08	0.04
Fusarium	0.45	0.15	0.36	2.43	3.37	1.05	2.18	6.89	0.03	0.02	0.07	0.05	18.3	0.12	0.43	0.3	0.09	0.05	0.14	0.24
Neonectria	0.01	0.04	0.01	0.15	0.9	0.26	1	2.12	0.06	0.02	0.03	0	2.51	0.33	0.55	2.79	0.09	0.04	0.07	0.01
Thielavia	0	0.02	0.05	0.09	0.02	0.01	0	0.05	0.2	0.23	0.1	0.19	2.41	0.02	0.01	0.35	0	0	0.01	0
Coprinellus	0.01	0	0.01	0	0	0	0.2	0	0.05	0.01	0.01	0.01	0	0.01	0	0	0	0.05	0	0.04
Cystofilobasidium	0.02	0.05	0.01	0	0.04	0	0	0.08	0.05	0.02	0	0	0	0.04	0.01	0	0	0.02	0	0.06
Guehomyces	0.51	16.2	2.91	8.47	0	0.07	0	0.12	1.21	0.29	0.23	0.1	1.38	0.5	1.18	0	1.42	0.45	0.68	0.39
Cryptococcus	0.43	1.62	1.15	0.86	0	0.01	0	0.11	1.33	0.82	0.85	1.26	0.44	0.07	0.1	0.15	4.2	4	6.84	5.42
Trichosporon	1.42	0.97	1.2	0.44	0.32	0.13	0.51	0.61	0.04	0.05	0.07	0.03	0.28	0.15	1.72	0.44	0.13	0.03	0.2	0.03
Blastocladiella	0.1	0.02	0	0	0	0.04	0.01	0.06	0.04	0	0.09	0	0	0.02	0	0	0	0	0	0.01
Entophlyctis	0.01	0	0	0.01	0.01	0.01	0.83	0.1	0	0.02	0.08	0.1	0.05	0.15	0	0	0	0.03	0	0.03
Rhizophydium	0.1	0.11	0.05	0.14	0.04	0.01	0.14	0.2	0	0.02	0	0.01	0.95	0.39	0.02	0.12	0.02	0.03	0.02	0.03
Spizellomyces	0.01	0.01	0	0.01	0.11	0.09	0.01	0.04	0	0.03	0	0.01	0.01	0.05	0	0.14	0.03	0.05	0.05	0.01
Oedogoniomyces	0.1	0.32	0.05	0.15	0.8	0.84	0.98	0.7	0.05	0.07	0.04	0.17	0.45	0.08	0.06	0.42	0.11	0.11	0.17	0.22
Diversispora	0.02	0	0	0.01	0.14	0.02	0.08	0	0.02	0.01	0.01	0.06	0.12	0.04	0.01	0.12	0	0.02	0.02	0.04

注：样品编号同表 5－15

表 5－18　铜陵和南陵产区仅有属在各时期所占比例（单位：%）

属	9.4	9.1	9.2	9.3	3.4	3.1	3.2	3.3
Macrophomina	0	0	0	0.03	0	0.12	0	0
Paraconiothyrium	0	0.02	0	0.01	0	0	0	0.06
Curvularia	0	0	0.01	0.01	0	0	0.01	0
Cylindrocarpon	0.01	0	0.01	0	0.05	0	0	0.01
Xylaria	0.02	0	0	0.03	0	0.02	0	0
Otospora	0.01	0	0	0	0	0	0	0.05

注：样品编号同表 5－15

（3）凤丹品系根际土壤真菌物种进化树及丰度

应用软件 MEGAN 4 生成物种进化树及丰度信息图如图 5－30 所示，其中每个饼的面积代表相应物种在该样品中的丰度，上色部分的面积代表以相应颜色表示的样品对该物种丰度的贡献。五产区根际土壤真菌分为 Blastocladiales，Chytridiomycota，Dikarya，Glomeromycetes 四大支系，整体上亳州和菏泽两产区对真菌丰度贡献最大，铜陵和南陵次之，洛阳最小。

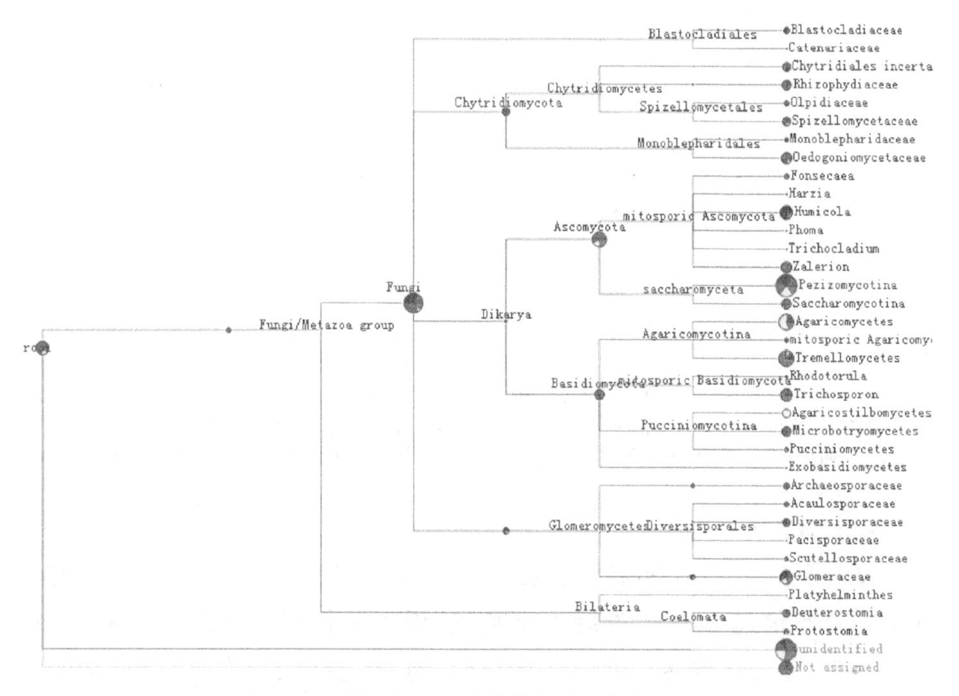

图 5－30　牡丹根际土壤真菌物种进化树及丰度

8. Beta 多样性分析

Beta 多样性分析是不同生态系统之间多样性的比较,用来表示生物种类对环境异质性的反应。利用 weighted unifrac PCoA 定量分析五产区四个生长发育时期样品组成相似性,第一、第二轴分别能够解释数据中 29.55%、15.56% 的变量(图 5-31)。铜陵和南陵产区四个时期样品在坐标轴上的距离最近,菏泽产区萌芽期和果期样品在坐标轴上距离铜陵和南陵产区样品较近,其他两个时期样品距离较远。亳州、洛阳两个产区距离南陵和铜陵产区样品最远。由此得出,铜陵和南陵两个产区真菌组成最相近,菏泽与这两个产区的真菌组成较近,亳州和洛阳两个产区与铜陵和南陵两个产区真菌组成相差最远。

扫一扫
看彩图

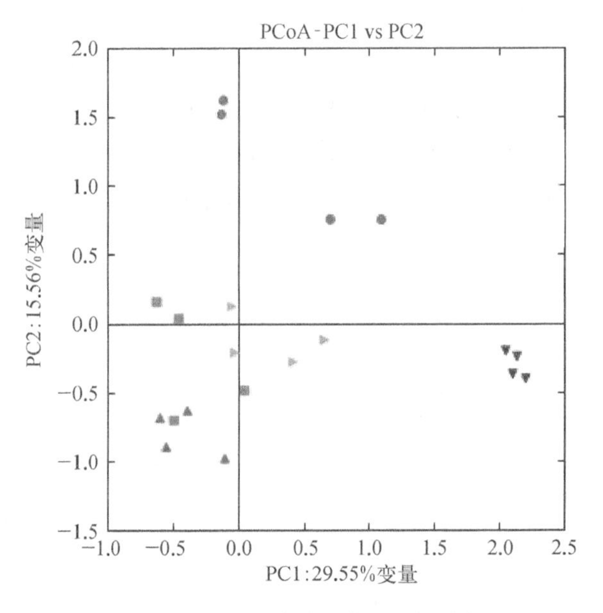

图 5-31 土壤真菌群落主坐标分析

红色三角形表示南陵产区四个时期样品,紫色正方形表示铜陵产区四个时期样品,蓝色三角形表示亳州四个时期样品,橙色三角形表示菏泽产区四个时期样品,绿色圆形表示洛阳四个时期样品

9. 聚类分析

利用基于系统发育的聚类分析将五产区四个生长发育时期样品在属层次上的分类信息进行聚类后作出热图,用于分析真菌群落相似性差异(图 5-32)。图中铜陵和南陵两个产区在同一大分支上,说明二者真菌群落结构在系统发育上相似性高,亳州、菏泽、洛阳三个产区在另一大分支上,此三

者真菌群落结构在系统发育上相似性高，道地产区与非道地产区真菌群落差异较大。

目前，对药用牡丹土壤微生物的研究还比较零散。通过454测序，结果表明风丹品系植物在萌芽期、花期和地上部分枯萎期以铜陵产区的根际土壤真菌的物种数量最多，果期以洛阳产区数量最多；萌芽期以铜陵产区牡丹根际土壤真菌多样性最高，花期菏泽产区最高，果期和地上部分枯萎期洛阳产区最高。影响土壤微生物多样性的因素固然有很多，如植被、土壤类型、气候甚至一些人为因素等，但造成不同产区药用牡丹根际土壤真菌丰富度和多样性差异的主导因素究竟有哪些尚需深入研究。

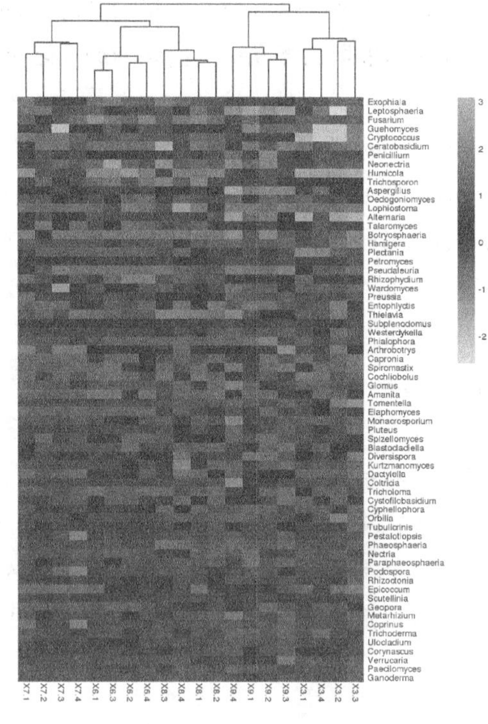

图5－32　热图分析

在风丹品系植物四个生长发育时期所检测到的真菌，隶属Ascomycota，Basidiomycota，Chytridiomycota，Glomeromycota，Zygomycota五门，它们的差异性在于各门在不同产区所占比例不同。Ascomycota是五产区四个发育时期的优势菌群，占比由大到小依次为：

花期：洛阳>亳州>菏泽>铜陵>南陵；

果期：菏泽>洛阳>亳州>铜陵>南陵；

地上部分枯萎期：南陵>亳州>菏泽>洛阳>铜陵；

萌芽期：亳州>南陵>菏泽>铜陵>洛阳。

在属层次上，五产区四个时期的优势菌群各有不同：铜陵产区萌芽期和果期优势菌为 *Exophiala*，花期和地上部分枯萎期为 *Guehomyces*；南陵产区四个时期优势菌均为 *Fusarium*；亳州产区萌芽期和花期优势菌为 *Leptosphaeria*，果期和地上部分枯萎期优势菌为 *Cryptococcus*；菏泽产区萌芽期优势菌为

Fusarium，花期为 *Exophiala*，果期和地上部分枯萎期为 *Leptosphaeria*；洛阳产区萌芽期和果期优势菌为 *Cryptococcus*，花期为 *Leptosphaeria*，地上部分枯萎期为 *Ceratobasidium*。*Curvularia*，*Paraconiothyrium*，*Cylindrocarpon*，*Macrophomina*，*Xylaria*，*Otospora* 6 属真菌仅分布道地产区铜陵和南陵。Han 和 Shen 等从 *Curvularia* 中提取出具有较强抗菌活性的生物碱。Combès 等研究证明 *Paraconiothyrium* 有保护宿主且可抑制常见植物病原体生长的作用。Kawaguchi 等从 *Cylindrocarpon* 培养基中提取出的化合物对枯草芽孢杆菌等有抗菌活性。这些真菌对药用牡丹的生长乃至牡丹皮的药材品质有着怎样的影响有待进一步研究。

基于 rDNA ITS 测序的分子生物学信息显示，凤丹品系根际土壤真菌具有丰富的系统发育多样性并潜在丰富的真菌新类群。植物根际土壤真菌在不同产区中存在一定的地理分布格局，已发现的植物根际土壤真菌中仅有少数类群为五产区所共有。不同产区真菌组成及群落结构均具有差异性。道地产区牡丹根际土壤真菌组成相近，真菌群落系统发育相似性较高。这也是有效地从根际土壤微生物方面寻找中药材道地性理论的科学依据。

二、道地产区不同株龄凤丹根际土壤真菌 454 测序

了解牡丹生长年限与微生物生态环境之间的关系，有助于阐明牡丹皮道地性形成的微生态作用机制。于是尝试在牡丹皮道地产区安徽省芜湖市南陵县河湾镇凤丹栽培基地，以道地产区南陵 1～5 龄、不同生长发育时期的健康凤丹为研究对象，探讨了凤丹根际土壤微生态与凤丹生长年限的关系。其中采集方法、宏基因组测序、数据处理等与本节之前内容一致。

1. 一至五年生凤丹土壤样品测序结果

测序共获得 277 949 条有效序列、23 686 条优质序列，按照相似性 97%的分类标准：一年生不同时期样品 OTU 数量介于 468～1 131，二年生不同时期样品 OTU 数量介于 395～578，三年生不同时期样品 OTU 数量介于 407～486，四年生不同时期样品 OTU 数量介于 400～1 244，五年生不同时期样品 OTU 数量介于 373～765，具体见表 5－19。

表 5-19 土壤样品测序数据统计

样 品	有效序列	优质序列	OTU	样 品	有效序列	优质序列	OTU
1.4	12 627	10 938	468	3.2	22 851	15 362	486
1.1	13 005	10 820	811	3.3	10 793	9 654	465
1.2	16 340	14 381	1 131	4.4	16 128	12 261	1 244
1.3	9 843	9 009	705	4.1	13 821	11 849	400
2.4	11 533	10 020	578	4.2	12 818	11 202	478
2.1	13 722	11 707	401	4.3	17 967	16 128	555
2.2	9 943	7 939	470	5.4	14 596	13 069	729
2.3	11 788	9 983	395	5.1	11 913	10 508	373
3.4	13 541	12 574	407	5.2	13 933	12 278	765
3.1	14 469	12 923	463	5.3	16 318	14 258	718

注：1.4、1.1、1.2、1.3 分别代表南陵丫山产区的一年生凤丹萌芽期、花期、果期、地上部分枯萎期根际土壤样品；2.4、2.1、2.2、2.3 分别代表二年生凤丹萌芽期、花期、果期、地上部分枯萎期根际土壤样品；3.4、3.1、3.2、3.3 分别代表三年生凤丹萌芽期、花期、果期、地上部分枯萎期根际土壤样品；4.4、4.1、4.2、4.3 分别代表四年生凤丹萌芽期、花期、果期、地上部分枯萎期根际土壤样品；5.4、5.1、5.2、5.3 分别代表五年生凤丹萌芽期、花期、果期、地上部分枯萎期根际土壤样品

2. 凤丹根际土壤真菌物种丰度

(1) 取样深度验证

图 5-33 所示为一至五年生凤丹在 4 个生长发育时期样品稀释曲线，20 个样品稀释曲线均趋于平坦，说明测序数据合理，增加测序数据无法再找到更多的 OTU。

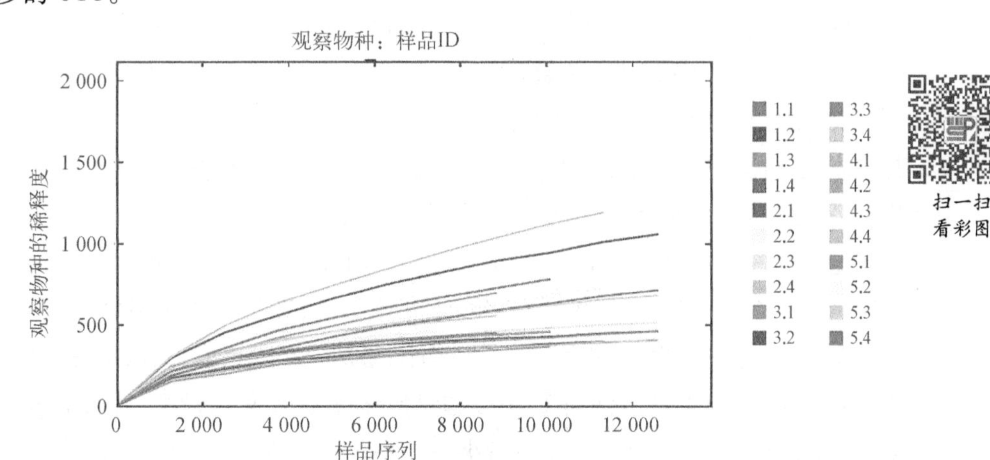

图 5-33 相似度为 97%条件下土壤样品稀释曲线

样品编号同表 5-19

(2) 凤丹根际土壤真菌 Alpha 多样性分析

一至五年生凤丹在四个生长发育时期根际土壤真菌在相似度为97%条件下 Alpha 多样性指数参见表5-20。

表5-20 相似度为97%条件下20个样品多样性指数

样品组	Chaol 指数	Shannon 指数	Coverage 指数	样品组	Chaol 指数	Shannon 指数	Coverage 指数
1.4	576.89	4.5	0.99	3.2	608.03	4.51	0.99
1.1	1 423.43	4.34	0.96	3.3	551.14	4.16	0.99
1.2	1 834.4	4.87	0.96	4.4	2 249.03	4.63	0.94
1.3	1 253.08	3.05	0.96	4.1	505.3	3.52	0.99
2.4	681.81	4.59	0.98	4.2	600.47	3.93	0.99
2.1	486.65	3.88	0.99	4.3	675.66	4.22	0.99
2.2	556.7	4.51	0.98	5.4	1 252.55	3.36	0.97
2.3	515.2	3.72	0.99	5.1	461.96	3.31	0.99
3.4	535.75	3.98	0.99	5.2	1 568.61	3.53	0.96
3.1	567.88	3.78	0.99	5.3	1 055.35	4.57	0.98

注：样品编号同表5-19

同一株龄不同时期凤丹根际土壤真菌的 Chaol 和 Shannon 指数呈现：一年生果期 Chaol 值最大，二年生萌芽期 Chaol 值最大，三年生果期 Chaol 值最大，四年生萌芽期 Chaol 值最大，五年生果期 Chaol 值最大；一年生果期 Shannon 值最大，二年生萌芽期 Shannon 值最大，三年生果期 Shannon 值最大，四年生萌芽期 Shannon 值最大，五年生地上部分枯萎期 Shannon 值最大。

同一时期不同株龄 Chaol 值和 Shannon 值呈现：萌芽期四年生 Chaol 值最大，其次是五年生，再次是二年生、一年生，三年生最小；花期一年生最大，其次是三年生，再次是四年生、二年生，五年生最小；果期一年生最大，其次是五年生，再次是三年生、四年生，二年生最小；地上部分枯萎期一年生最大，其次是五年生，再次是四年生、三年生，二年生最小。萌芽期四年生 Shannon 值最大，其次是二年生，再次是一年生、三年生，五年生最小；花期一年生最大，其次是二年生，再次是三年生、四年生，五年生最小；果期一年生最大，其次是三年生，再次是二年生、四年生，五年生最小；地上部分枯萎期五年生最大，其次是四年生，再次是三年生、二年生，一年生最小。

利用 SPSS 19.0 统计软件对不同株龄凤丹根际土壤真菌 Chaol、Shannon 值作 Pearson 相关性分析。从同一株龄看，一、四年生凤丹根际土壤真菌丰富度与生长发育时期呈负相关（$P>0.05$），二、三年生呈显著负相关（$P<0.05$），五年生呈正相关（$P>0.05$）；一至五年生凤丹根际土壤真菌多样性与生长发育时期呈正相关（$P>0.05$）。从同一生长发育时期看，从萌芽期到果期，凤丹根际土壤真菌丰富度与株龄呈负相关（$P>0.05$），地上部分枯萎期呈正相关（$P>0.05$）；四个生长发育时期凤丹根际土壤真菌多样性与株龄呈正相关（$P>0.05$）。

3. 一至五年生凤丹根际土壤真菌群落结构

（1）根际土壤真菌分布特征

图 5－34 所示为一至五年生凤丹根际土壤真菌 OTU 分布图。测序获得 5 502 个OTU，有超过 71%的 OTU（3 941 个）仅在单一年限中发现，3.2%的 OTU（176 个）在五个年限中都存在，表明根际土壤真菌在不同株龄凤丹中具有特异性分布特征。

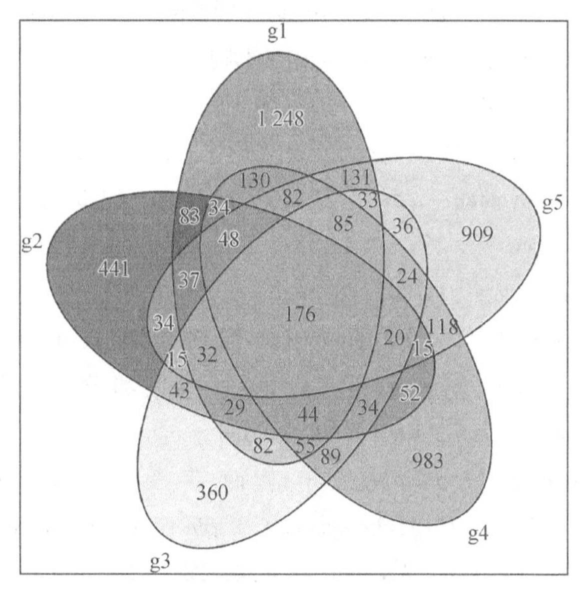

图 5－34　一至五年生凤丹根际土壤真菌 OTU 分布图

g1 代表一年生，g2 代表二年生，g3 代表三年生，g4 代表四年生，g5 代表五年生

（2）凤丹根际土壤真菌分布情况

图 5－35 所示为一至五年生凤丹在四个生长发育时期根际土壤真菌在门层次上的分布。在四个时期检测到的真菌隶属 5 门、19 纲、68 目、124 科、243 属，由子囊菌门（Ascomycota）、担子菌门（Basidiomycota）、壶菌门（Chytridiomycota）、球囊菌门（Glomeromycota）、接合菌门（Zygomycota）组成。不同株龄不同生长

发育时期各门真菌含量(百分数保留到小数点后一位)(包含1%)如下:

一年生萌芽期Ascomycota(55.7%),Basidiomycota(3.7%),Chytridiomycota(1.8%),Glomeromycota (0.1%),Zygomycota (4.7%);花期Ascomycota(32.2%),Basidiomycota (2.3%),Chytridiomycota (0.8%),Glomeromycota(0.2%),Zygomycota (17. 0%);果期Ascomycota (36.7%),Basidiomycota(11.3%),Chytridiomycota(1.1%),Glomeromycota(0.7%),Zygomycota(7.0%);地上部分枯萎期Ascomycota(78.5%),Basidiomycota(0.5%),Chytridiomycota(0. 2%),Glomeromycota (0. 3%),Zygomycota (0.5%)。二年生萌芽期Ascomycota (39.9%),Basidiomycota (7.1%),Chytridiomycota (1.1%),Glomeromycota (0.6%),Zygomycota (11.5%);花期Ascomycota (41.3%),Basidiomycota (3.8%),Chytridiomycota (1.8%),Glomeromycota (0.9%),Zygomycota (4.6%);果期Ascomycota (45.0%),Basidiomycota (6.0%),Chytridiomycota (1.5%),Glomeromycota (1.8%),Zygomycota (7.6%);地上部分枯萎期Ascomycota (48.8%),Basidiomycota (2.2%),Chytridiomycota (0.1%),Glomeromycota (0.9%),Zygomycota (2.9%)。三年生萌芽期Ascomycota(54.2%),Basidiomycota (2.5%),Chytridiomycota (1.0%),Glomeromycota(0.7%),Zygomycota (1.2%);花期Ascomycota (29.4%),Basidiomycota(1.2%),Chytridiomycota (1.1%),Glomeromycota (0.1%),Zygomycota (7.6%);果期Ascomycota (33.1%),Basidiomycota (2.4%),Chytridiomycota (2.3%),Glomeromycota (1.7%),Zygomycota (21.8%);地上部分枯萎期Ascomycota(63.2%),Basidiomycota (4.8%),Chytridiomycota (1.1%),Glomeromycota(0.5%),Zygomycota (2.5%)。四年生萌芽期Ascomycota (41. 4%),Basidiomycota (1. 7%),Chytridiomycota (0. 6%),Glomeromycota (0. 8%),Zygomycota (2. 2%);花期Ascomycota (34. 2%),Basidiomycota (14. 3%),Chytridiomycota (1. 0%),Glomeromycota (1. 0%),Zygomycota (1. 3%);果期Ascomycota (24.6%),Basidiomycota (9.1%),Chytridiomycota (1.6%),Glomeromycota (0.2%),Zygomycota (6. 7%);地上部分枯萎期Ascomycota(35.7%),Basidiomycota (5.7%),Chytridiomycota (1.3%),Glomeromycota(0.6%),Zygomycota(4.7%)。五年生萌芽期Ascomycota(15.4%),Basidiomycota(2.8%),Chytridiomycota(0.6%),Glomeromycota(1.0%),Zygomycota(1.6%);花期Ascomycota (23. 0%),Basidiomycota (5. 3%),Chytridiomycota (0. 9%),

Glomeromycota（0.2%），Zygomycota（16. 0%）；果期 Ascomycota（17.4%），Basidiomycota（9.2%），Chytridiomycota（1.0%），Glomeromycota（0.7%），Zygomycota（3. 5%）；地上部分枯萎期 Ascomycota（38. 0%），Basidiomycota（6.1%），Chytridiomycota（2.0%），Glomeromycota（3.4%），Zygomycota（5.5%）。不难发现，未名真菌（Unidentified）含量介于 19%～79%，表明土壤中含有大量真菌新类群。但所有样品的覆盖率指数均高于 90%（图 5－35），说明样品中占主要优势的真菌均已得到分析。

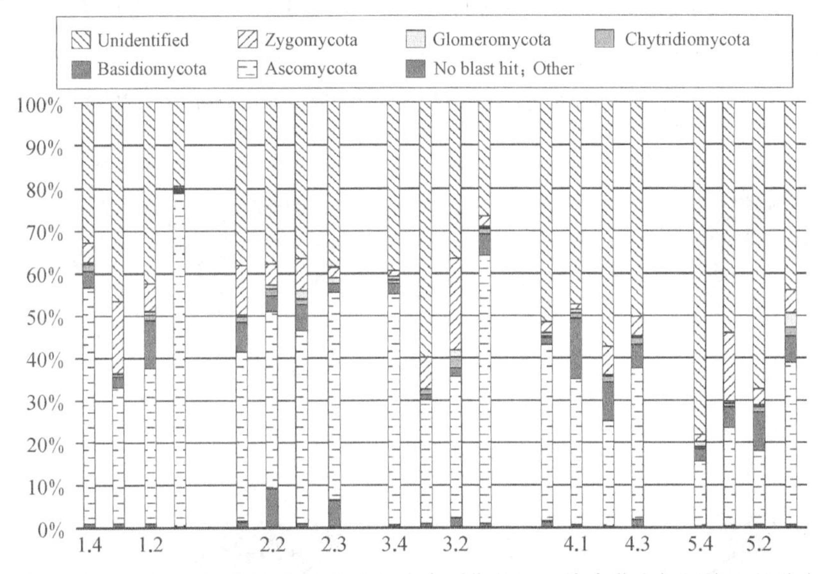

图 5－35　一至五年生风丹在四个生长发育时期根际土壤真菌在门层次上的分布

图 5－36 所示为五年限四个生长发育时期风丹根际土壤真菌在属层次上的分布，其中环形图由内而外依次为萌芽期、花期、果期、地上部分枯萎期，检测到的真菌总数量及含量（百分数保留到小数点后一位）在 1% 以上（包含 1%）。一年生萌芽期 46 属：*Aspergillus*（1.6%），*Exophiala*（2.6%），*Neonectria*（3.2%），*Fusarium*（4.6%）；花期 53 属：*Talaromyces*（1.2%），*Exophiala*（1.6%）；果期 106 属：*Penicillium*（1.0%），*Hamigera*（1.9%），*Trichosporon*（2.3%）；地上部分枯萎期 47 属：*Preussia*（2.2%），*Exophiala*（5.0%）。二年生萌芽期 57 属：*Fusarium*（1.1%），*Talaromyces*（1.3%），*Penicillium*（1.7%），*Neonectria*（1.8%），*Hamigera*（2.1%），*Humicola*（2. 9%），*Leptosphaeria*（3.9%），*Ceratobasidium*（3.5%），*Exophiala*（4.6%）；花期 46 属：*Blastocladiella*（1.2%），*Neonectria*

(1.5%), *Cryptococcus*(1.5%), *Exophiala*(3.2%), *Leptosphaeria*(3.7%);果期 42 属: *Amanita*(1.2%), *Ulocladium*(1.4%), *Hamigera*(1.5%), *Aspergillus*(2.0%), *Neonectria*(2.5%), *Exophiala*(2.7%), *Leptosphaeria*(3.8%), *Humicola*(7.2%);地上部分枯萎期 40 属: *Exophiala*(3.5%), *Penicillium*(4.6%), *Leptosphaeria*(5.6%);三年生萌芽期 46 属: *Aspergillus*(2.7%), *Fusarium*(3.4%);花期 51 属: *Fusarium*(1.1%);果期 40 属: *Neonectria*(1.0%), *Fusarium*(2.2%);地上部分枯萎期 56 属: *Exophiala*(1.0%), *Hamigera*(1.2%), *Tomentella*(1.4%), *Neonectria*(2.1%), *Fusarium*(6.9%)。四年生萌芽期 71 属: *Exophiala*(3.5%), *Petromyces*(7.3%);花期 45 属: *Neonectria*(1.7%);果期 57 属: *Fusarium*(1.2%);地上部分枯萎期 52 属: *Plectania*(1.0%), *Fusarium*(1.2%), *Exophiala*

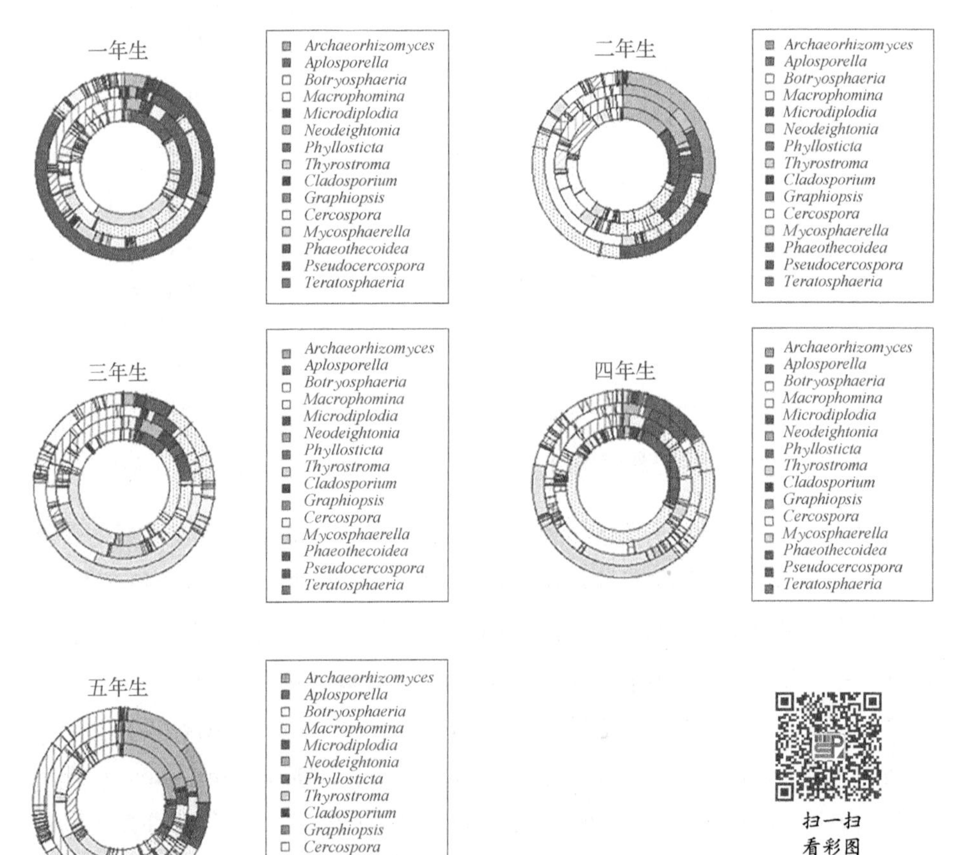

图 5-36 一至五年生凤丹四年生长发育时期根际土壤真菌在属层次的分布

(1.6%), *Hamigera* (3.7%)。五年生萌芽期 54 属(无), 花期 43 属: *Leptosphaeria* (1.7%), *Fusarium* (2.5%); 果期 52 属: *Leptosphaeria* (1.5%), *Trichosporon*(2.5%); 地上部分枯萎期 81 属: *Preussia*(1.2%), *Oedogoniomyces* (1.5%), *Subplenodomus* (1.6%), *Fusarium* (1.6%), *Trichosporon* (1.6%), *Leptosphaeria*(1.9%)。一至五年生共有真菌 35 属,其在所在年限所占比例参见表 5-21。萌芽期共有 10 属(*Leptosphaeria*, *Exophiala*, *Aspergillus*, *Penicillium*, *Talaromyces*, *Fusarium*, *Neonectria*, *Trichosporon*, *Entophlyctis*, *Oedogoniomyces*), 花期共有 10 属(*Leptosphaeria*, *Exophiala*, *Aspergillus*, *Hamigera*, *Penicillium*, *Cosmospora*, *Fusarium*, *Neonectria*, *Rhizophydium*, *Spizellomyces*), 果期共有 12 属(*Westerdykella*, *Cyphellophora*, *Exophiala*, *Elaphomyces*, *Penicillium*, *Talaromyces*, *Fusarium*, *Neonectria*, *Descomyces*, *Rhizophydium*, *Oedogoniomyces*, *Diversispora*; 地上部分枯萎期共有 12 属(*Leptosphaeria*, *Exophiala*, Aspergillus, *Penicillium*, *Talaromyces*, *Arthrobotrys*, *Bionectria*, *Fusarium*, *Neonectria*, *Trichosporon*, *Rhizophydium*, *Oedogoniomyces*)。四时期共有 4 属(*Exophiala*, *Penicillium*, *Fusarium*, *Neonectria*)。

(3) 凤丹根际土壤真菌物种进化树及丰度

应用软件 MEGAN 4 将测序所得物种丰度信息回归至数据库的分类学系统关系树中生成物种进化树及丰度信息,图中饼面积代表相应物种在该样品中的丰度,有色面积代表以相应颜色表示的样品对该物种丰度的贡献(图 5-37)。南陵一至五年生凤丹根际土壤真菌分为六大支系,包括 Blastocladiales, Chytridiomycota, Dikarya, Mucorales, Glomeromycetes, Neocallimastigaceae,整体上而言,除四年生样品对真菌丰度贡献较小外,其他四个年限样品对真菌丰度贡献相当。

(4) Beta 多样性分析

用 Weighted unifrac PCoA 定量分析基于系统发育距离的一至五年生凤丹在四个生长发育时期真菌组成的相似性,第一、第二轴分别能够解释数据中 29.67%、15.67%的变量(图 5-38)。其中真菌组成相似的有:一年生萌芽期、果期及地上部分枯萎期,二年生花期及果期,三年生萌芽期、花期及地上部分枯萎期,四年生四时期和五年生萌芽期、果期及地上部分枯萎期;其他时期分布较分散,真菌组成差异较大。

表 5-21　不同株龄共有属在各时期所占含量　　（单位：%）

属	1.4	1.1	1.2	1.3	2.4	2.1	2.2	2.3	3.4	3.1	3.2	3.3	4.4	4.1	4.2	4.3	5.4	5.1	5.2	5.3
Leptosphaeria	0.21	0.28	0.19	0.38	3.91	3.71	3.8	5.63	0.17	0.33	0	0.4	0.24	0.11	0.31	0.01	0.86	1.66	1.51	1.87
Alternaria	0	0.11	0.16	0.04	0	0.15	0	0.29	0.06	0	0	0	0.02	0	0	0	0.06	0	0	0
Cochliobolus	0	0.01	0.08	0.09	0.07	0	0	0	0	0.29	0.16	0.37	0.24	0	0	0.16	0	0	0.03	0.01
Westerdykella	0.11	0.25	0.11	0.02	0	0.21	0.16	0	0.02	0	0.15	0	0.09	0.26	0.09	0.06	0.03	0.02	0.31	0.62
Cyphellophora	0	0	0.02	0.17	0	0.01	0.06	0	0	0	0.01	0	0.02	0	0.12	0	0.28	0	0.02	0
Exophiala	2.62	1.58	0.87	5.03	4.56	3.24	2.73	3.51	0.92	0.37	0.59	1.04	3.48	0.35	0.77	1.57	0.11	0.3	0.1	0.64
Elaphomyces	0.11	0	0.07	0.04	0	0	0.28	0	0.02	0.07	0.11	0.03	0.1	0	0.16	0.06	0	0	0.05	0.06
Aspergillus	1.65	0.2	0.38	0.02	0.57	0.62	2	0.68	2.66	0.39	0.52	0.89	0.03	0.18	0.37	0.76	0.02	0.1	0	0.06
Hamigera	0.18	0.06	1.86	0	2.07	0.17	1.46	0.05	0	0.05	0.25	1.23	0	0.12	0.01	1.05	0.05	0.04	0	0
Penicillium	0.43	0.34	1.04	0.04	1.7	0.8	0.88	4.56	0.17	0.33	0.2	0.52	0.02	0.51	0.69	0.55	0.14	0.05	0.06	0.06
Talaromyces	0.55	1.17	0.67	0.17	1.26	0.84	0.94	0.5	0.52	0.08	0.31	0.53	0.08	0	0.26	0.14	0.05	0.11	0.07	0.31
Arthrobotrys	0	0	0.02	0.02	0.03	0	0.06	0.08	0.02	0.02	0	0.1	0	0	0	0.04	0.01	0	0.04	0.14
Orbilia	0	0	0.01	0	0	0	0	0.01	0.11	0.01	0.65	0.32	0.01	0.05	0.01	0	0	0	0	0.01
Geopora	0	0	0.02	0	0.01	0.07	0	0	0	0.04	0	0.06	0	0	0.07	0.12	0	0	0	0.01
Pseudaleuria	0	0.43	0.42	0.29	0.47	0.24	0	0.47	0.25	0.04	0.22	0.69	0.01	0	0.11	0	0.1	0.14	0.23	0
Bionectria	0	0	0	0.01	0.09	0.07	0	0.06	0.02	0	0	0.25	0	0.03	0.06	0.01	0	0	0	0.01
Hypocrea	0	0.01	0.02	0	0.02	0	0	0	0	0	0	0.16	0.03	0	0.12	0.01	0	0	0.01	0
Trichoderma	0.12	0	0.18	0	0.23	0.04	0.05	0	0.14	0	0	0.06	0	0.08	0	0.04	0.04	0	0	0
Cosmospora	0.07	0.01	0	0	0	0.18	0	0.03	0.13	0.01	0	0	0	0.03	0.12	0.02	0	0.03	0.01	0.01
Fusarium	4.58	0.06	0.57	0.04	1.06	0.66	0.86	0.58	3.37	1.05	2.18	6.89	0.24	0.76	1.21	1.17	0.5	2.47	0.16	1.56
Neonectria	3.16	0.18	0.08	0.1	1.79	1.49	2.49	0.78	0.9	0.26	1	2.12	0.23	1.74	0.52	0.43	0.03	0.81	0.03	0.27

续　表

属	1.4	1.1	1.2	1.3	2.4	2.1	2.2	2.3	3.4	3.1	3.2	3.3	4.4	4.1	4.2	4.3	5.4	5.1	5.2	5.3
Corynascus	0	0	0.01	0	0	0	0	0.01	0.01	0.01	0	0.05	0	0.03	0.01	0.01	0	0.89	0	0.02
Amanita	0.04	0.02	0.01	0	0	0	1.17	0	0	0.03	0	0.04	0.02	0.02	0.04	0.01	0.03	0	0.03	0.04
Descomyces	0.07	0.01	0.02	0	0.13	0.03	0.14	0	0	0	0.06	0.02	0	0	0.12	0	0	0.01	0.03	0.04
Pluteus	0.06	0.12	0.1	0.03	0	0.9	0.11	0.08	0.01	0	0	0.27	0.01	0	0.12	0	0	0	0	0.02
Ceratobasidium	0	0	0.04	0.02	3.45	0	0.79	0.4	0.01	0	0	0	0.2	0	0	0	0.85	0	0	0.01
Tubulicrinis	0.06	0.05	0.58	0.01	0.03	0.08	0.04	0	0	0	0	0.27	0	0	0	0.04	0.05	0	0	0.01
Cryptococcus	0	0.01	0.02	0	0.65	1.53	0.72	0.42	0	0.01	0	0.11	0.02	0	0	0	0	0.04	0	0.15
Trichosporon	0.26	0.19	2.32	0.04	0.2	0.07	0.39	0.09	0.32	0.13	0.51	0.61	0.05	0	0	0.06	0.19	0.12	2.54	1.6
Entophlyctis	0.42	0.15	0.08	0.03	0.03	0	0	0	0.01	0.01	0.83	0.1	0.09	0.06	0.63	0	0.01	0.1	0	0.01
Rhizophydium	0	0.19	0.32	0.01	0.52	0.05	0.08	0.02	0.04	0.01	0.14	0.2	0.16	0.31	0.47	0.42	0.06	0.05	0.07	0.2
Spizellomyces	0.36	0.05	0.01	0.01	0	0.32	0	0	0.11	0.09	0.01	0.04	0.03	0.05	0.05	0.19	0	0.03	0	0.02
Oedogoniomyces	0.88	0.34	0.27	0.12	0.38	0	0.69	0.05	0.8	0.84	0.98	0.7	0.2	0.56	0.18	0.54	0.44	0.7	0.86	1.47
Diversispora	0.07	0	0.03	0	0.07	0.03	0.05	0.07	0.14	0.02	0.08	0	0.13	0.12	0.01	0.21	0	0.1	0.06	0.03
Glomus	0	0.01	0.05	0	0.06	0.29	0	0.03	0	0	0.08	0.01	0.07	0	0.1	0.02	0.01	0.01	0.02	0.01

注：样品编号同表 5－19

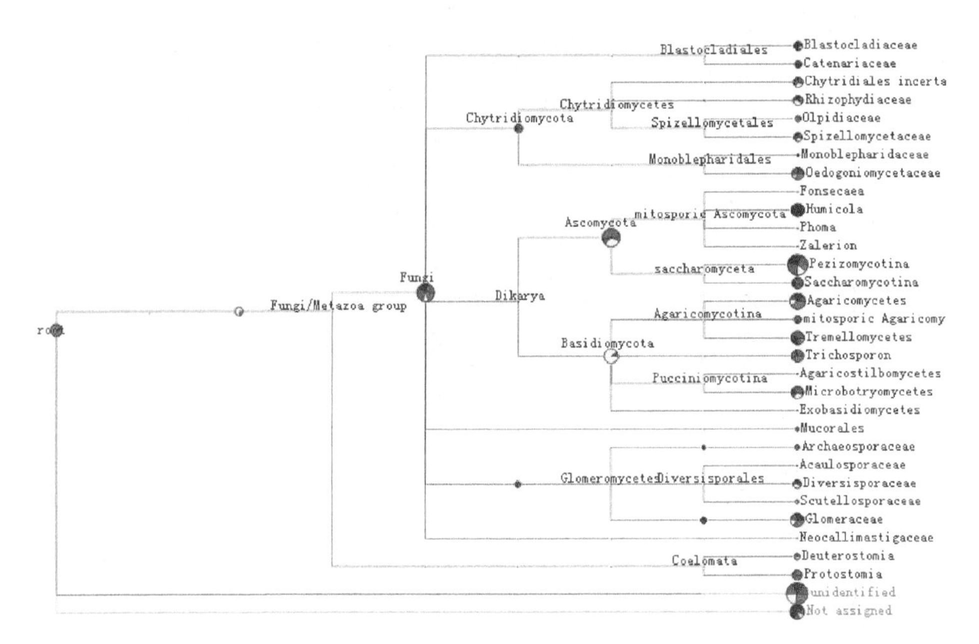

图 5 - 37　凤丹根际土壤真菌物种进化树及丰度

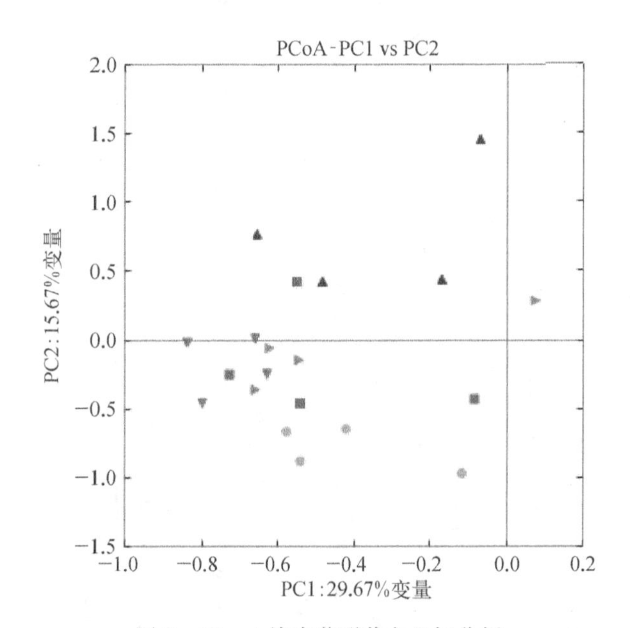

图 5 - 38　土壤真菌群落主坐标分析

红色正方形、蓝色三角形、橙色圆形、绿色三角形、紫色三角形分别示一、二、三、四、五年生样品

(5) 聚类分析

利用基于系统发育的聚类分析在属层次上对一至五年生四时期凤丹根际土壤真菌群落相似性构建热图(图 5－39)。一年生萌芽期、花期、果期和三年生四时期及四年生花期、果期、地上部分枯萎期真菌处于同一分支,其群落系统发育相似性较高,二年生四个生长发育时期处于同一分支,一年生地上部分枯萎期、四年生萌芽期和五年生四个生长发育时期处于同一分支。

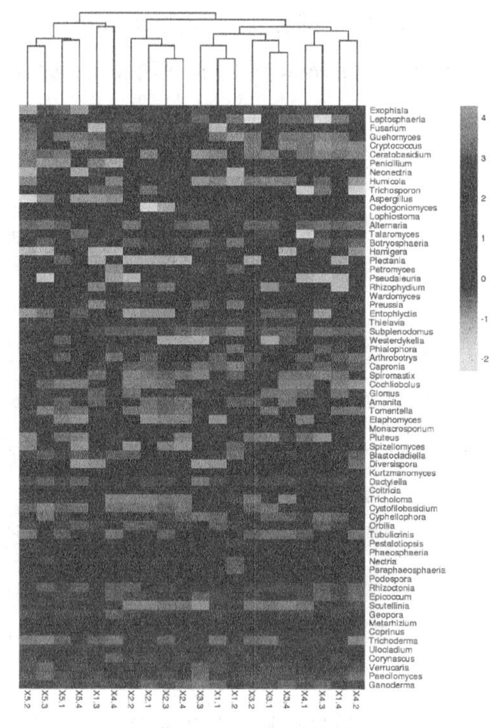

图 5－39　热图分析

土壤 pH 对微生物的生长影响复杂,真菌适合生长在酸性土壤中。周科等通过研究安徽南陵 1～5 年连续种植地中凤丹根际土壤的理化性质发现,凤丹根际环境相对偏酸性,随种植年限的延长 pH 未发生显著变化。本研究中随着凤丹种植年限的延长,根际土壤真菌多样性水平随种植年限的增加而上升,但不显著($P>0.05$),说明凤丹根际土壤真菌与土壤 pH 关系密切。

作为土壤微生物区系的重要组成部分,根际土壤真菌在土壤微生物区系平衡等方面具有重要作用。植物根际微生物可通过固氮和氨化作用增加土壤有机质和总氮含量,并且能够产生氢离子、有机酸等刺激植物根系对微量元素有效吸收与释放,保持植物健康生长。454 测序结果表明凤丹根际土壤真菌种类丰富,有可以导致凤丹根腐病的病原菌如 *Fusarium* 等,也有被报道具有防治药用植物病害作用的真菌如 *Aspergillus*、*Penicillium* 等。且不同年限凤丹根际土壤中都有特异性真菌,推测这些真菌的分布与凤丹株龄有关。一年生萌芽期优势菌为 *Fusarium*,花期和地上部分枯萎期为 *Exophiala*,果期为 *Trichosporon*。二年生萌芽期优势菌为 *Exophiala*,花期和地上部分枯萎期为 *Leptosphaeria*,果期为 *Humicola*。三年生四个生长发育时期优势菌均为 *Fusarium*。四年生萌芽期优势菌为 *Petromyces*,花期为 *Neonectria*,果期为

Fusarium，地上部分枯萎期为 *Hamigera*。五年生萌芽期和地上部分枯萎期优势菌为 *Leptosphaeria*，但萌芽期的含量不足 1%，花期为 *Fusarium*，果期为 *Trichosporon*。

第五节 凤丹品系放线菌研究

放线菌是一类具有分支状菌丝体的革兰氏阳性菌。当 Cohn 于 1875 年从人泪腺感染病灶中分离得到时，放线菌并未引起人们太多的重视。直到 Waksman 从土壤中分出链霉菌并从中发现链霉素，获得诺贝尔奖之后，这一现状才得到改变。

人们发现放线菌不仅能分解粪便与动植物残体，而且在自然界碳、氮、钾、磷等物质的循环上起着非常重要的作用；放线菌次级代谢产物一般无毒、无残留、不伤害非靶标微生物，具有与环境兼容性好、防病持效期长等优点。迄今从放线菌中发现的生物活性物质已经超过 13 700 余种，占到已发现的天然活性物质（约 33 500 种）的 40%以上。目前医学和农业上使用的 150 多种抗生素中约三分之二来自放线菌。除了抗生素，放线菌还能产生维生素、酶制剂、有机酸等。

国内外学者围绕放线菌相继展开了系统分类、功能评价、资源研究及开发利用等方面的研究，涉及放线菌菌株的分类、鉴定命名、生理生化、功能基因、代谢产物、抗菌活性筛选等诸多方面。作为天然产物重要来源的放线菌，次生代谢所产生的生物活性物质在微生物代谢产物中占比高达 74%。除产生抗生素外，还对许多细菌和真菌都具有较强的抑制作用，是一类有很大应用潜力的微生物资源，在生物防治中应用前景广阔。在拮抗植物病原菌方面，放线菌对茶饼病菌、玉米茎腐病的病原菌、人参病原菌、炭疽病菌等植物常见病原菌均可产生拮抗作用。在提高宿主抗逆性、促进植物生长、生物固氮等方面，植物放线菌同样功效显著。有研究指出，从多种药用植物中分离出具有拮抗和促生作用的内生放线菌表现出潜在的拮抗鹰嘴豆环腐病作用；放线菌菌株 CT205 与有机肥复配制成生物有机肥使用，既可以提高土壤肥力，又可以调节土壤微生物区系、减少病原菌数量，可创造有利于植物生长的生态环境，在防治土传病害、克服连作障碍方面具有诱人的前景；施用放线菌制剂 Act12 能够改善土壤微生物区系，提高人参植株的抗性和根系活力，增加产量并改善品质；放线菌在堆肥木质纤维素的降解中起到重要作用，从堆肥中发掘木质纤维素降解放线菌对于促进木质纤维素的资源化利用具有重要的现实意义。此外，拮抗性放线菌是开发高效安全食品生物防腐剂的基础，环状抗生素呋喃内酯环能够较强地抗螨虫、昆虫、寄生虫等因而可以作为生物除草剂和杀虫剂，米多霉素对多种作物的白粉病都有很强的抑制作用。因此筛选具有拮抗或促生作用的放线菌并将放线菌菌种复配制成菌肥也同样对研究者具有吸引力。

中药材根际放线菌因分布广泛、功能多样而与人类的生产、生活关系密切。植物内生放线菌因其与宿主植物往往存在促进生长、抵御病害、增强抗逆性、酶互作或基因交换等多种层面的相互作用而可能具有产生与宿主植物相似活性物质的能力；从具有独特药用价值的植物中发现可产生新的生物活性物质的菌株的可能性也较高。但放线菌在培养基上不易生长且培养周期长，需要一些特殊的营养物质刺激才可能获得纯培养物；加上植物内生菌与宿主植物形成共生系统，若离开植物体，植物内生菌不能存活或存活下来的菌株因原来生存环境改变而发生退化或变异，这些都使放线菌研究遭遇瓶颈。

本节以凤丹及其品系为研究对象，运用传统的微生物培养与现代的宏基因组测序技术相结合的方法，研究不同产区、不同株龄、不同生长发育时期的凤丹根际与根内放线菌的种类构成与群落结构的动态变化，进行拮抗放线菌的筛选，以期建立健全凤丹道地产区多元化微生物评价指标体系、丰富道地性理论，为进一步开发利用凤丹土壤微生物资源提供科学依据。研究方案如下：

1）运用稀释涂布平板法、划线法、牛津杯法等进行放线菌分离、纯化、抑菌实验；

2）提取样品中的总 DNA 并利用放线菌特异性引物进行 PCR 扩增，利用宏基因组技术进行牡丹根际放线菌群落结构分析，构建基因文库；

3）道地性综合评价：在道地产区与非道地产区的基础上重点分析道地产区凤丹根际与根内放线菌组成特征，探讨放线菌与凤丹道地性之间的相关性。

上述研究方案将通过微生物显微技术法、微生物染色技术、16S rRNA技术、宏基因组技术等实施，更具体地包括平板划线、稀释涂布计数法测定放线菌的密度，平板对峙法、牛津杯法等方法筛选拮抗放线菌，高通量测序分析等。

一、凤丹品系各产区根际土壤放线菌的多样性

1. OTU 统计数和测序深度

通过 454 测序技术对凤丹品系五个主产区的根际土样、根进行放线菌检测；以 97%的序列相似度作为 OTU 划分阈值，发现有效序列 7 773～34 285，优质序列 4 371～31 364，且根际放线菌 OTU 数介于 373～538，根内放线菌 OTU 数介于 87～273（表 5－22）。

表 5－22　样品序列数据统计

样　品	有效序列	优质序列	OTU
A	11 872	7 561	373
B	11 533	6 320	538
C	7 773	4 371	390
D	12 211	7 045	511
E	11 411	6 338	488
a	11 106	8 948	273
b	11 518	9 264	262
c	32 698	30 091	96
d	34 285	31 364	87
e	15 268	13 065	256

注：菏泽、亳州、洛阳、铜陵、南陵根际土样品分别为 A、B、C、D、E；根样品分别为 a、b、c、d、e

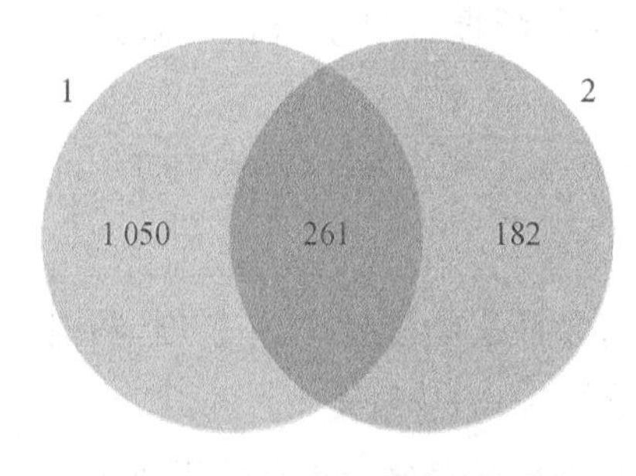

图 5－40　牡丹根际和根内放线菌的图

1，2 分别代表组 1（根际土样品 A、B、C、D、E）和组 2（根样品 a、b、c、d、e）

所测得的五产区放线菌根际 1 311 个 OTU、根内 443 个 OTU，其中 80% 的 OTU（1 050 个）仅根际土中发现，41% 的 OTU（182 个）仅根内发现，根际和根内共同拥有的放线菌为 261 个 OTU，占根际所有放线菌的 20%、占根内所有放线菌的 59%（图 5－40）。

通过对 OTU 丰度矩阵中每个样本的序列总数在不同深度下随机抽样，以每个深度下抽取到的序列数及其对应的 OTU 数绘制稀疏曲线，如图 5－41 所示。样品根 a、b、c、d、e 稀释曲线均趋于平坦，说明测序结果已足够反映当前样

本所包含的多样性，继续增加测序深度已无法检测到大量尚未发现的新OTU，而样品根际土 A、B、C、D、E 继续增加测序深度可能会观测到更多新的 OTU。

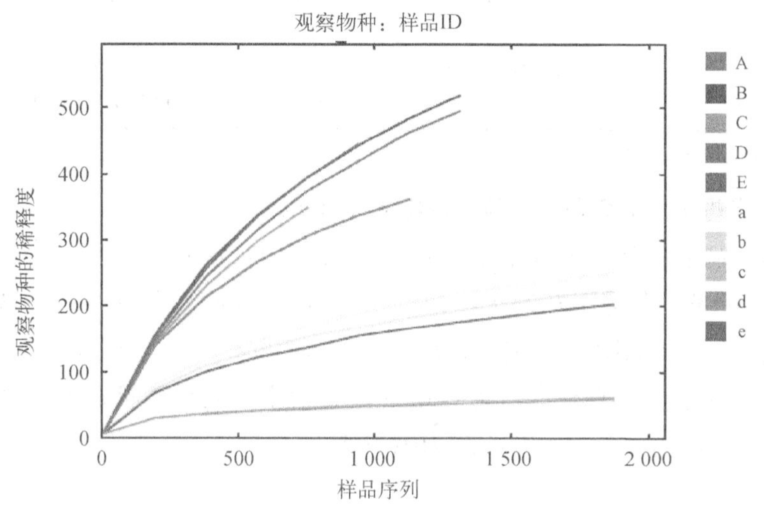

图 5－41　样品稀释曲线

2. 凤丹品系根际和根内放线菌 Alpha 多样性

五产区根际放线菌在 Chao1 和 Shannon 指数上均高于相应的根内放线菌，表明五产区中牡丹根际放线菌比根内放线菌的群落丰富度和多样性均高。五产区根际放线菌 Chao1 指数和 Shannon 指数均呈现亳州>南陵>铜陵>洛阳>菏泽，两道地产区 Chao1 和 Shannon 指数接近，且比同为安徽的亳州较低，比其他两产区均高。根内放线菌 Chao1 指数呈现菏泽>南陵>亳州>洛阳>铜陵，Shannon 指数呈现菏泽>亳州>南陵>铜陵>洛阳，且南陵、菏泽、亳州的 Chao1 和 Shannon 指数比铜陵、洛阳的高（表 5－23）。

表 5－23　牡丹根际和根内的放线菌多样性指标

样品编号	Chao1 指数	Shannon 指数
A	512.014 705 882	8.036 354 186 9
B	832.378 947 368	8.627 341 465 78
C	633.222 222 222	8.074 404 565 55
D	738.091 743 11	8.393 259 799 27
E	741.937 5	8.518 404 148 97

续 表

样品编号	Chao1 指数	Shannon 指数
a	394.275	6.327 244 560 43
b	324.813 953 488	6.003 020 524 78
c	113.1	3.808 523 071 09
d	100.333 333 333	3.816 236 299 94
e	325.256 410 256	5.552 045 615 99

注：样品编号说明同表 5－22

3. 凤丹品系根际和根内放线菌组成和分布

凤丹品系放线菌优势菌门、纲、目分别为 Actinobacteria，Actinobacteria，Actinomycetales，优势菌属为 *Nocardioides*。在确定的属分类中，五产区根际放线菌含量最高的属则有所不同，菏泽产区是 *Mycobacterium*，亳州和铜陵产区是 *Nocardioides*，洛阳和南陵产区是 *Streptomyces*，而根内放线菌同为 *Nocardioides*；同时根际和根内存在大量未名放线菌（图 5－42）。

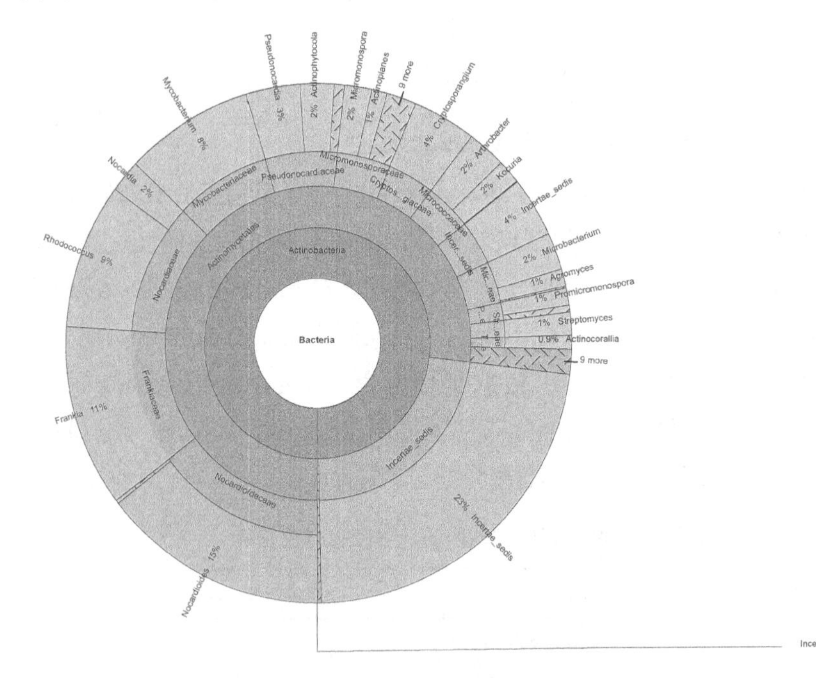

图 5－42　牡丹根际和根内放线菌分类学组成

除了菏泽产区根际放线菌在门和纲水平上有 0.2%的未归类，其余根际放线菌均属于放线菌门、放线菌纲，除了 22.5%～28.4%未归类目已检出了 3～5

目： Acidimicrobiales, Actinomycetales, Coriobacteriales, Rubrobacterales, Solirubrobacterales,其中 Actinomycetales 占绝对优势,另外拥有 23~27 科、54~68 属、194~257 种。根内放线菌均属于放线菌门、放线菌纲,除了 21.6%~31.3%未归类目,已检出 3~4 目: Acidimicrobiales, Actinomycetales, Coriobacteriales, Rubrobacterales,其中也是 Actinomycetales 占绝对优势,同时检出 16~25 科,23~48 属,61~157 种(表 5-24、表 5-25)。整体上看,各产区牡丹根际放线菌在科、属、种水平上的 OTU 数均高于相对应的根内放线菌。

表 5-24 各分类水平的放线菌类群数统计

样 品	p	cl	o	f	g	s
A	2	2	3	25	57	194
B	1	1	4	27	61	257
C	1	1	4	23	54	197
D	1	1	5	25	64	245
E	1	1	3	26	68	245
a	1	1	5	25	48	157
b	1	1	5	24	45	145
c	1	1	3	16	24	67
d	1	1	3	16	23	61
e	1	1	3	22	44	140

注: p、cl、o、f、g、s 分别是分类到门、纲、目、科、属、种的微生物类群数;样品编号说明同表 5-22

表 5-25 目水平的群落分类学组成和丰度分布 (单位: %)

分 类 群	A	B	C	D	E	a	b	c	d	e	1	2
Acidimicrobiales	3.5	0.9	1.2	1.7	2.4	0.5	0.3	0.01	0.02	0.5	1.8	0.1
Actinomycetales	68.3	75.3	70.2	74.7	75.1	76.7	68.2	71.7	73.6	77.9	73.9	73.1
Coriobacteriales	0	0.1	0	0.3	0	0.04	0.03	0	0	0	0.1	0.01
Incertae sedis	28.0	23.6	28.4	23.1	22.5	22.7	31.3	28.3	26.4	21.6	24.0	26.7
Rubrobacterales	0	0	0.2	0	0	0.04	0.2	0	0	0	0.05	0.02
Solirubrobacterales	0	0	0	0.2	0	0	0	0	0	0	0	0
Incertae sedis	0.2	0	0	0	0	0	0	0	0	0	0	0

注: 样品编号说明同表 5-22

各产区丰度高于 1%(包括 1%)的共有放线菌分布如图 5-43,从内环到外环分别为菏泽、亳州、洛阳、铜陵、南陵产区,其中,根际放线菌菏泽产区有

Mycobacterium 9.3%、*Arthrobacter* 6.0%等，亳州产区有 *Nocardioides* 7.1%、*Streptomyces* 6.4%等，洛阳产区 *Streptomyces* 11.3%、*Microbacterium* 4.8%等，铜陵产区有 *Nocardioides* 7.4%、*Streptomyces* 6.2%等，南陵产区有 *Streptomyces* 7.4%、*Arthrobacter* 6.2%等。根内放线菌菏泽产区 *Nocardioides* 14.5%、*Frankia* 11.3%等，亳州产区 *Nocardioides* 16.0%、*Rhodococcus* 9.8%等，洛阳产区 *Nocardioides* 34.1%、*Rhodococcus* 15.1%等，铜陵产区 *Nocardioides* 34.9%、*Rhodococcus* 16.3%等，南陵产区 *Nocardioides* 23.8%、*Rhodococcus* 12.1%等。

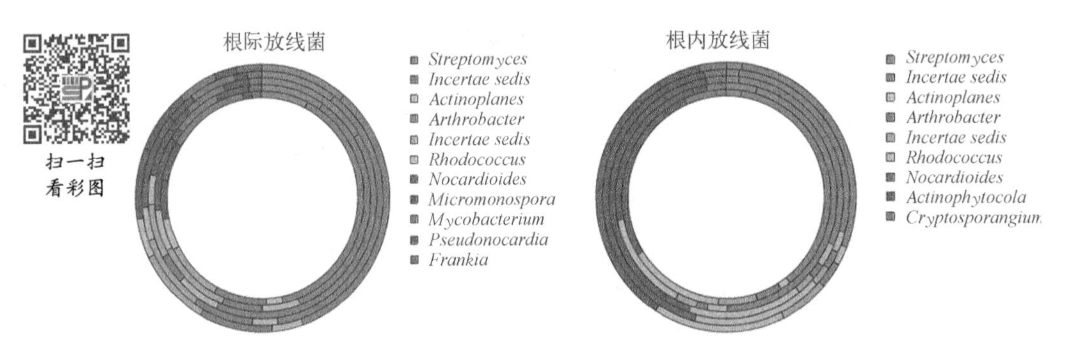

图 5－43　五产区牡丹根际和根内丰度高于 1%（包括 1%）共有菌属的群落组成（单位：%）

铜陵和南陵产区共同拥有且已检出的根际放线菌有 51 属，未归类的 9 属，仅根际中存在的有 33 属。其中 *Terrabacter*，*Janibacter* 仅在道地产区检测出，非道地产区未检测出。两道地产区共有的且已检出的根内放线菌有 20 属但仅根内存在的只有 2 属（*Humibacillus*，*Cellulosimicrobium*），未归类的有 4 属。两道地产区根际和根内同时存在且已检测出的有 18 属（表 5－26）。根际土样中存在而根内不存在的、且已检出的五产区五个样品中共有菌属有 *Ilumatobacter*，*Brevibacterium*，*Cellulomonas*，*Frankia*，*Blastococcus*，*Geodermatophilus*，*Catellatospora*，*Luedemannella*，*Phytomonospora*，*Nocardia*，*Aeromicrobium*，*Kribbella*，*Isoptericola*，*Actinokineospora*，*Alloactinosynnema*，*Amycolatopsis*，*Kibdelosporangium*，*Lentzea*，*Pseudonocardia*，*Kitasatospora*，*Actinocorallia*。根内存在而根际不存在、且已检出的五产区五个样品中共有菌属只有 *Nonomuraea*。根际和根内十个样品中共同拥有 12 个放线菌属分别为 *Cryptosporangium*，*Agromyces*，*Microbacterium*，*Arthrobacter*，*Actinoplanes*，*Catenuloplanes*，*Micromonospora*，*Mycobacterium*，*Rhodococcus*，*Nocardioides*，*Actinophytocola*，*Streptomyces*。在确定

的属分类中五产区根际放线菌含量最高的属有所不同，菏泽产区是 *Mycobacterium*，亳州和铜陵产区是 *Nocardioides*，洛阳和南陵产区是 *Streptomyces*，而根内放线菌同为 *Nocardioides*。同时，牡丹根际和根内存在大量未确定的放线菌，具有深远的开发潜力。

表 5－26　道地产区牡丹根际或根内共有放线菌属　（单位：%）

分类群	D	E	d	e
Cellulomonas	0.6	0.9	0.02	0.1
Cryptosporangium	1.1	0.6	2.7	2.5
Agromyces	3.0	4.0	0.01	0.7
Microbacterium	1.3	1.1	0.5	6.8
Arthrobacter	5.0	6.2	2.2	2.3
Actinoplanes	2.0	2.6	2.5	1.7
Catenuloplanes	0.3	0.4	0.02	0.2
Micromonospora	2.4	5.1	0.4	1.8
Phytomonospora	5.4	1.0	0.4	0.1
Mycobacterium	3.8	3.4	0.7	5.1
Rhodococcus	2.6	3.2	16.3	12.1
Nocardioides	7.4	5.7	34.9	23.8
Isoptericola	0.6	0.5	0.05	0.1
Actinophytocola	0.6	0.9	5.9	3.9
Amycolatopsis	0.5	0.9	0.05	0.05
Kibdelosporangium	0.8	0.8	0.03	1.0
Streptomyces	6.2	7.4	1.6	1.4
Nonomuraea	1.3	0.4	1.1	0.4
Ilumatobacter	0.6	0.4	0	0
Aciditerrimonas	0.1	0.2	0	0
Brevibacterium	0.1	0.1	0	0
Frankia	1.2	2.1	0	0
Blastococcus	0.4	0.4	0	0
Geodermatophilus	1.1	0.4	0	0
Modestobacter	0.1	0.1	0	0
Glycomyces	0.1	0.3	0	0
Janibacter	0.2	0.4	0	0
Phycicoccus	0.3	0.4	0	0
Terrabacter	0.2	0.7	0	0
Jiangella	0.1	0.3	0	0
Galbitalea	0.3	0.3	0	0

续 表

分类群	D	E	d	e
Leifsonia	0.4	0.3	0	0
Catellatospora	0.7	0.8	0	0
Catelliglobosispora	0.4	0.1	0	0
Luedemannella	0.4	0.6	0	0
Nocardia	2.7	1.5	0	0
Aeromicrobium	0.4	0.2	0	0
Kribbella	1.1	1.1	0	0
Marmoricola	1.0	1.5	0	0
Promicromonospora	1.3	0.5	0	0
Actinokineospora	1.0	0.4	0	0
Alloactinosynnema	0.1	0.1	0	0
Kutzneria	0.6	0.1	0	0
Lechevalieria	0.6	0.6	0	0
Lentzea	1.6	0.4	0	0
Pseudonocardia	1.1	1.9	0	0
Sporichthya	0.3	0.1	0	0
Kitasatospora	0.6	0.1	0	0
Herbidospora	0.1	0.1	0	0
Microtetraspora	0.2	0.1	0	0
Actinocorallia	0.4	1.2	0	0
Humibacillus	0	0	0.3	0.2
Cellulosimicrobium	0	0	0.01	0.6

注：样品编号说明参见表 5－22

如图 5－44 所示，凤丹品系各产区根际与根内放线菌在门、纲、目水平差异不显著，具有显著差异的分类单元中，存在于科和属水平上，且根际放线菌丰度较高的种类更多。Streptomycetaceae，Geodermatophilaceae，Brevibacteriaceae，Sporichthyaceae，Streptomyces，Amycolatopsis，Arthrobacter，Brevibacterium，Lentzea，Kribbella，Catellatospora，Isoptericola，Phytomonospora，Blastococcus，Geodermatophilus，Aeromicrobium 以及一些未归类在根际土中显著高于根内。而稀有放线菌 Cryptosporangiaceae，Nocardioidaceae，Nocardiaceae，Rhodococcus，Nocardioides，Cryptosporangium，Actinophytocola 在根内显著高于根际土中。

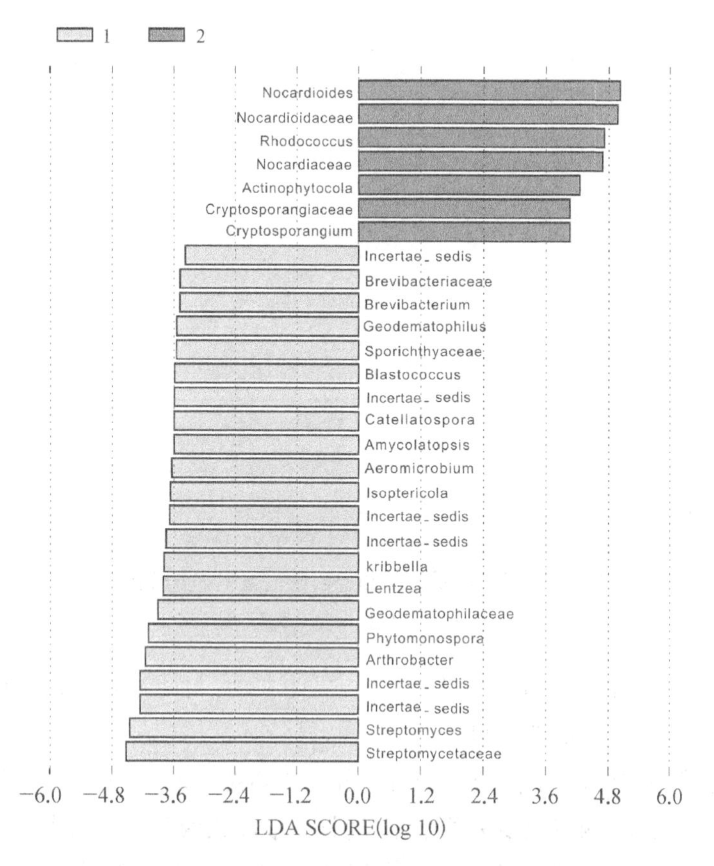

图 5－44　牡丹根际与根内放线菌具有显著差异的分类单元

纵坐标为组间具有显著差异的分类单元，横坐标则以条形图直观地展示对应分类单元的LDA差异分析对数得分值。长度越长表明该分类单元的差异越显著，条形图的不同颜色指示了该分类单元所对应的丰度较高的样本分组

4. 牡丹根际和根内放线菌群落结构的相似性和多样性

通过QIIME软件进行Adonis/PermANOVA分析，并作999次置换检验，得出根际与根内两组数据的 P 值为0.007，表明根际与根内放线菌具有极显著性差异。

由图5－45所示，通过PCA分析五产区牡丹根际和根内放线菌群落结构的相似度，第一和第二轴分别能够解释数据中的77.64%、8.41%的变量。结果得出五产区根内放线菌群落结构相似度较低差异较大，而不同产区根际放线菌在图中更为聚拢，相似度较高差异较小。且铜陵、南陵与亳州产区的根际放线菌群落结构相似度高，与菏泽产区的较为相似，与洛阳产区的相似度最低。

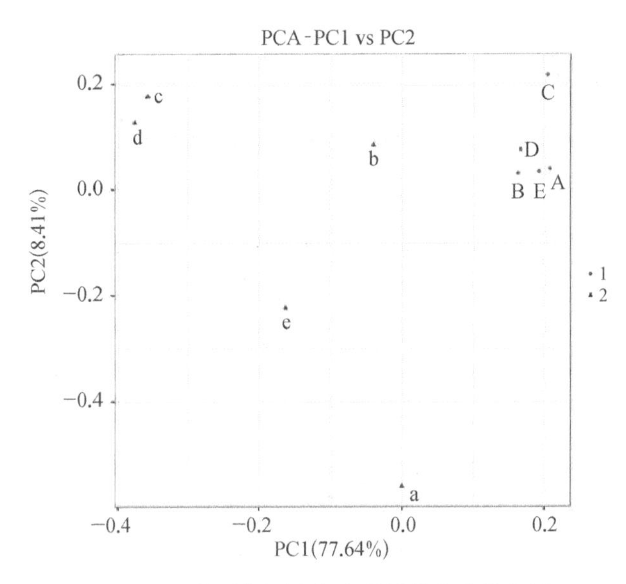

图 5-45　牡丹根际和根内放线菌主成分分析

A~E、a~e 的说明参见表 5-22

铜陵与洛阳产区的根内放线菌群落结构更为相似，与南陵和亳州产区的相似度较低，与菏泽产区的差异最大。

对丰度前 50 位的属进行聚类分析并绘制热图（图 5-46）表明，根际与根内分为两大分支，两者放线菌群落差异明显，根际放线菌在安徽铜陵、南陵、亳州产区差异较小，三者与河南洛阳产区差异较大，且与山东菏泽产区差异最大。根内放线菌在洛阳、铜陵、南陵产区差异较小，三者与亳州产区差异较大，与菏泽产区差异最大。

整体而言，凤丹品系根际与根内放线菌多样性差异显著，通过比较 Chao1 和 Shannon 指数，根际放线菌比根内的丰富度和多样性更高；Adonis/PermANOVA、PCA、热图等的分析结果表明，根际放线菌群落结构显著区别于根内，这可能与根际位于植株的外界，与自然环境关联密切，而根内属于植株组织内部，与植物本身如遗传因素等更相关，通过长期发展，进而形成根际、根内各自相对独特稳定的微生物环境。另一方面，放线菌目（Actinomycetales）在凤丹品系植物根际和根内均占绝对优势，根际和根内拥有的共同菌属仅占根际环境中的一小部分但却是根内环境中的大部分，且含量显著高的放线菌在根际中多于根内，表明凤丹根际和根内环境之间可能存在一定的关联，多数内生放线菌可能是通过植物的根际进入根内的，前人也有研究表明大多数内生

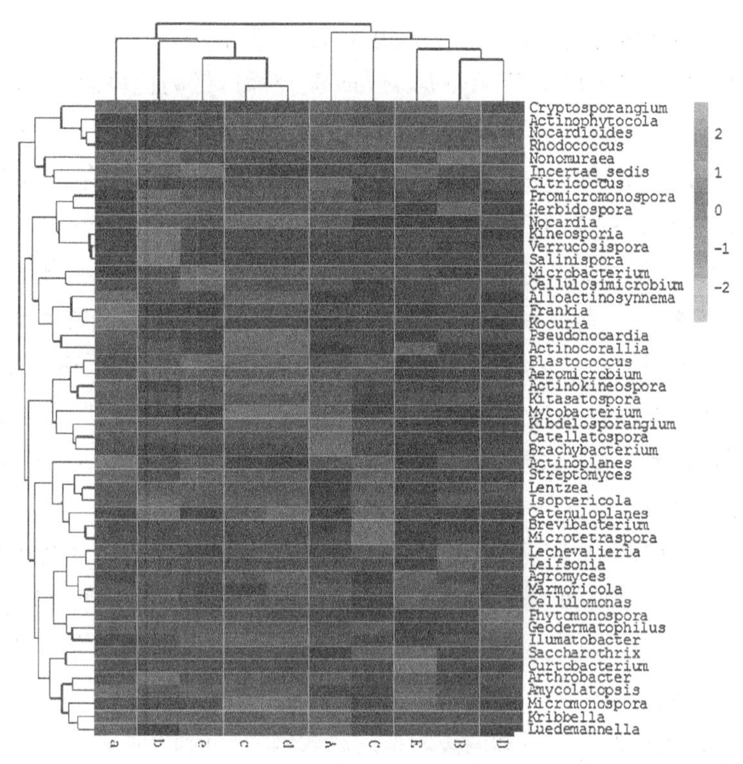

图 5-46 结合聚类分析的牡丹根际和根内放线菌属水平群落组成的热图

菌源于根际土壤中，从根部再进入其他组织部位。此外，常见的链霉菌属(*Streptomyces*)在根际中高于根内，该属是各种抗生素的主要来源，且绝大多数对人类无害，虽已发现很多来源于它的抗生素并已实际应用，但这些也只是其中的很少部分，*Streptomyces* 仍是新抗菌物质最丰富的来源之一，这也意味着凤丹品系植物根际中有更多发掘新抗生素的机会。

道地产区安徽铜陵和南陵根际土样的 OTU 数最为接近，二者与非道地产区但同为安徽省的亳州较为接近，与非道地产区菏泽、洛阳数量差异较大；丰富度和多样性指数也是道地产区铜陵和南陵的最为接近，稍低于非道地产区的同省亳州，但三地均高于非道地产区菏泽、洛阳。铜陵与南陵根际放线菌群落结构相似并与亳州、菏泽地区的相似性较高，但与洛阳的相似性较低。对于丰度前 50 位的属聚类分析同样得出道地产区铜陵、南陵以及非道地产区亳州与非道地产区菏泽、洛阳群落差异较大。不难看出，产区地理位置越接近，根际放线菌丰富度、多样性越接近，群落结构更为相似，表明凤丹根际放线菌可能与其生长的生态地理环境关系密切，在一定范围内具有较高丰富度和多样性的根际放线菌可能更有利于牡丹皮道地性形成、但却不宜过高。凤丹品系根际放线菌优势菌不尽相同，*Mycobacterium* 是菏泽产区的优势菌，亳州和铜陵产区的是 *Nocardioides*，洛阳和南陵产区的是 *Streptomyces*。不同产区的根际均存在特异性放线菌，如 *Iamia* 等仅存在菏泽产区、*Gordonia* 等仅存在亳州产区、*Actinomadura* 仅存在洛阳产区、*Longispora* 仅存在铜陵产区、*Intrasporangium* 等仅存在南陵产区，说明凤丹种源和产地地理环境共同影响植物根际放线菌多样性及其群落结构，而这些放线菌又通过土壤-根际-根系之间的互动影响凤丹的生长。另外，*Terrabacter*、*Janibacter* 仅存在于道地产区南陵和铜陵；而前人研究指出 *Terrabacter* 和 *Janibacter* 具有几乎相同的 DF(二苯并呋喃)降解丛，有助于活性污泥对 DF 的降解，这是否也预示着 *Terrabacter* 和 *Janibacter* 有一定的应用前景。

凤丹品系根样中，OTU 数、丰富度和多样性指数、各水平微生物类群数甚至 PCA 和热图等的分析结果均呈现出道地产区南陵与非道地产区菏泽、亳州丰富度和多样性以及微生物群落结构接近，而道地产区铜陵与非道地产区洛阳的接近，南陵、菏泽、亳州的根内放线菌丰富度和多样性高于铜陵与洛阳。概而言之，两道地产区铜陵和南陵的根内放线菌多样性和群落结构相差较大，但道地产区铜陵与非道地产区洛阳牡丹根内放线菌环境接近、道地产区南陵与非道地产区菏泽、亳州的牡丹根内放线菌环境接近，根内放线菌在根系与根际的长期互相作用中形成，宿主植物种类、生存环境、地理分布等均对其有一定的影响，导致它的组成原因非常复杂。根内放线菌的优势菌属均为 *Nocardioides*，且其在根际和根内共有菌属中丰度最高，该菌属已在降解原油、污水治理、生物防护等工、农业生产以及人类日常生活中显示出广泛的、安全的应用前景。

综上所述，凤丹品系根际放线菌在道地产区呈现一定的规律性。根际放线菌多样性和丰富度越高、群落结构越复杂化在某种程度上越有利于凤丹皮道地性形成。道地药材具有显著的地域性，我们的研究也表明凤丹品系根际放线菌具有一定的地理倾向性，这佐证了根际放线菌可能与道地药材的形成有一定的相关性。

二、不同株龄凤丹根际和根内放线菌的多样性

鉴于药用植物根际与根内放线菌资源的探索已涉及多种药材品种，而道

地药材凤丹皮基原凤丹的研究较少，于是我们继续采用宏基因组技术探究了不同株龄凤丹根际和根内放线菌的多样性。2015 年 10 月，我们选择南陵丫山(30°52′31.46″N，118°0′52.97″E)采收期正常生长的一至五年生的凤丹植株(凭证标本存于安徽师范大学生命科学学院)，利用五点取样法采集根际土壤和根样品。每个样品 3 个重复。采回的根际土壤样品放入无菌培养皿自然阴干过 2 mm 筛后备用；根样品洗净晾干并进行表面消毒，取200 μL 最后一次冲洗液涂布至相应平板中，检测表面消毒效果。所有根际土为一组，编号为 1，其中 E、F、G、H、I 分别代表三年生、一年生、二年生、四年生、五年生凤丹根际土壤样本；所有根为一组，编号为 2，其中 e、f、g、h、i 分别代表三年生、一年生、二年生、四年生、五年生凤丹根样。其中宏基因组测序中放线菌基因组提取及扩增：采用土壤 DNA 快速提取试剂盒和植物 DNA 提取试剂盒分别提取土壤样品和根样品的放线菌基因组 DNA，采用 UV－1700(Japan)紫外分光光度计检测 DNA 浓度并用 0.8%琼脂糖凝胶电泳检测其质量。以放线菌特异引物 235F(5′－CGCGGCCTATCAGCTTGTTG－3′)和引物 878R(5′－CCGTACTCCCCAGGCGGGG－3′)扩增 16S rDNA。PCR 扩增程序及 454 测序过程参见本章第四节。454 测序获得的有效序列经过一系列的序列过滤获得用于分析的优质序列。利用 Uclust 对获得的高质量序列按 97%的序列相似度进行归并和 OTU 划分，选取 OTU 的代表序列后，经对应数据库中的模板序列相比对，获取每个 OTU 所对应的分类学信息。

为了解每个样品的取样深度，利用 OTU 数据作出样品稀释曲线图；应用软件 Mothur 计算生物多样性指数(Chao1 指数和 Shannon 指数)。根据 OTU 信息，使用 R 软件绘图，用于直观展示各样本(组)所共有和独有 OTU 所占的比例。使用 Qiime 软件进行 Adonis 相似度分析，通过对样本距离等级排序来判断样本组内和组间差异的大小，并通过置换检验获得 *P* 值来评价原始样本组间差异的统计学显著性。Unifrac 分析后得到样品间差异的距离矩阵并使用 R 软件，对丰度前 50 位的属进行聚类分析并绘制热图比较各样品中放线菌的种群组成以及系统发育的相似性和差异性。为进一步考察凤丹根内及根际放线菌种群组成的显著差异，通过 Galaxy 在线分析平台，提交宏基因组样本在各功能数据库中注释得到的属水平的相对丰度矩阵进行 LEfSe 分析。

1. 凤丹根际土壤和根样品测序结果及取样深度

测序后经序列过滤，一至五年生凤丹根际土壤和根样品共获得 142 845 条有效序列、105 483 条优质序列、1 404 个 OTU。根际土壤样品组有效序列介于 10 061 ~ 16 531，优质序列介于 5 587 ~ 11 908，OTU 数介于 417 ~ 670；根样品组获得有效序列介于 15 268 ~ 18 401，优质序列介于 12 696 ~ 16 260，OUT 数介于 184 ~ 322（表 5 - 27）。

表 5 - 27 根际及根内样品测序结果

样品	有效序列	优质序列	OTU	门	纲	目	科	属	Chaol 指数	Shannon 指数
E	11 411	6 338	488	1	2	2	26	68	741.94	8.52
F	16 531	11 908	670	1	3	3	25	69	919.27	8.32
G	12 087	6 164	495	1	4	4	27	69	811.01	8.50
H	10 821	5 750	505	1	2	2	25	66	787.11	8.59
I	10 061	5 587	417	1	4	4	28	64	654.25	8.26
e	15 268	13 065	256	1	2	2	22	44	325.26	5.55
f	16 022	12 696	322	1	2	2	20	48	399.14	6.72
g	16 233	14 403	232	1	2	2	18	41	319.00	4.69
h	16 010	13 312	184	1	2	2	18	37	262.96	4.46
i	18 401	16 260	225	1	2	2	20	40	288.41	4.78

注：E、F、G、H、I 分别代表三年生、一年生、二年生、四年生、五年生凤丹根际土壤样品；e，f，g，h，i 分别代表三年生、一年生、二年生、四年生、五年生凤丹根样品

分析稀疏曲线（图 5 - 47）可知，根样品组各条曲线（e、f、g、h、i）趋于平缓，指数达到饱和，样品测序量足以覆盖样品菌群组成；根际土壤样品组各条曲线（E、F、G、H、I）趋于平稳，但仍未达到饱和，继续增加测序深度仍可观

扫一扫
看彩图

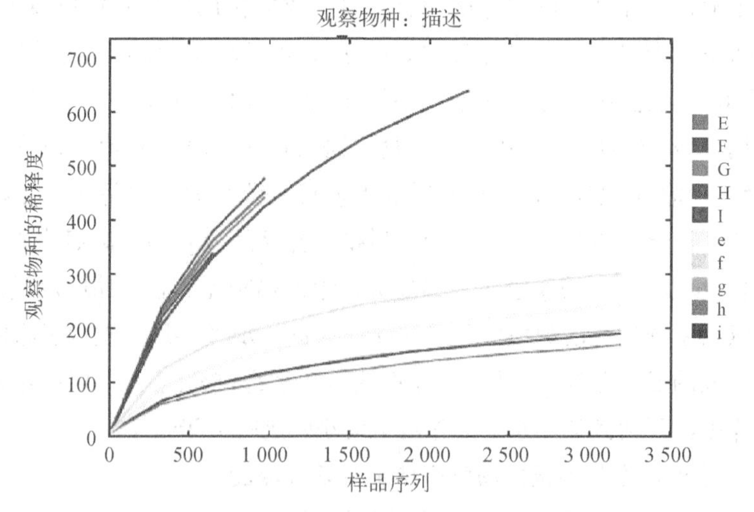

图 5 - 47 凤丹根际及根内样品稀释曲线

察到更多 OTU。

2. 根际、根内放线菌 Alpha 多样性

应用 Mothur 软件计算生物多样性指数的结果表明：一至五年生凤丹根际土壤样品 Shannon 及 Chaol 指数均大于相应年限根样品，根际放线菌 Shannon 指数由大到小呈现四年生 > 一年生 > 二年生 > 三年生 > 五年生趋势，Chaol 指数由大到小呈现一年生 > 二年生 > 四年生 > 三年生 > 五年生趋势；根内放线菌 Shannon 指数呈现一年生 > 三年生 > 五年生 > 二年生 > 四年生趋势，Chaol 指数呈现一年生 > 三年生 > 二年生 > 五年生 > 四年生趋势（表 5 - 27）。

3. 凤丹根际与根内放线菌种群组成及分布特征

（1）根际与根内放线菌分类学组成

凤丹根际土壤样品组共获得 1181 个 OTU，高于根样品组 493 个 OTU，其中 77%的 OTU（911）仅分布于根际土壤样品组，47%的 OTU（223）仅分布于根样品组，两组样品中具有相同 OTU 数量为 270，占根际土壤样品组的 23%，根样品组的 55%（图 5 - 48）。获得的每个 OTU 代表序列的分类学信息表明凤丹根际根内放线菌隶属 5 纲、5 目、35 科、95 属，其中根际放线菌分布在 5 纲、5 目、34 科、96 属；根内放线菌分布在 2 纲、2 目、23 科、64 属（表 5 - 27）。

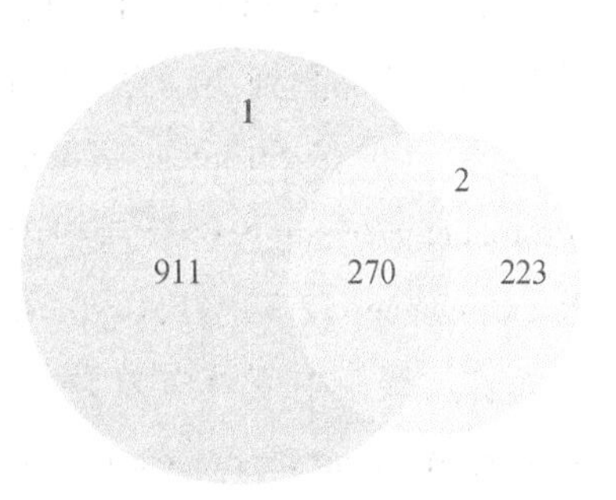

图 5 - 48　凤丹根际及根内放线菌图

（2）纲水平根际与根内放线菌分布

参考阮继生等（2013）对放线菌系统学的分类研究，除去 0.08%的其他菌种，测序获得的放线菌隶属放线菌门下 Actinobacteria（放线菌纲），Acidimicrobia（酸微菌纲），Coriobacteria（红蝽菌纲），Thermoleophilia（嗜热油菌纲）和 Nitriliruptoria（腈基降解菌纲）5 纲（表 5 - 28）。各组样品在纲分类水平上的菌群丰度存在一定的差异，但 Actinobacteria 以 97.4% ~ 100%的丰度占绝对优势，其余 0% ~ 2.52%的丰度值包含了其他 4 纲的分类信息。根际土壤样品共获得上述 5 纲的分类信息，而根样品中只检测到 Actinobacteria 及 Acidimicrobia；Coriobacteria，Nitriliruptoria 及 Thermoleophilia 仅存在于根际土壤样品。

表 5-28 纲水平放线菌分布

分类群	E	F	G	H	I	e	f	g	h	i
Acidimicrobia	2.4	1.89	2.22	1.48	1.98	0.5	1.14	0.02	0.07	0.21
Actinobacteria	97.6	97.7	97.5	98.5	97.4	99.5	98.8	100	100	99.8
Coriobacteria	0	0.04	0.08	0	0.31	0	0	0	0	0
Nitriliruptoria	0	0	0	0	0.31	0	0	0	0	0
Thermoleophilia	0	0.28	0.16	0	0	0	0	0	0	0
其他	0	0.08	0	0	0	0	0	0	0	0

注：样品编号说明同表 5-27

（3）科水平根际与根内放线菌分布

5 目放线菌（Acidimicrobiales，Actinomycetales，Coriobacteriales，Nitriliruptorales，Thermoleophilales）包含 34 个科。排除 13.4%~38.3%未分类放线菌信息，根际土壤样品共检测到 34 科放线菌，根样品共检测到 22 科放线菌，其中根际放线菌主要分布在 Streptosporangiaceae（9.71%），Micromonosporaceae（11.72%），Microbacteriaceae（8.06%）；根内放线菌主要分布在 Nocardioidaceae（23.93%），Nocardiaceae（12.33%），Cryptosporangiaceae（6.15%）。科水平上，不同生长年限植株放线菌丰度具有差异，其中根际土壤样品组中三年生放线菌丰度较高的主要有 Micromonosporaceae（11.3%），Streptomycetaceae（7.9%），Pseudonocardiaceae（7.5%）等；一年生丰度较高的为 Micromonosporaceae（13.7%），Streptomycetaceae（11.7%），Microbacteriaceae（10.7%）等；二年生丰度较高的为 Micromonosporaceae（10.7%），Streptomycetaceae（8.3%），Pseudonocardiaceae（7.0%）等；四年生丰度较高的为 Streptomycetaceae（11.9%），Micromonosporaceae（9.2%），Pseudonocardiaceae（8.3%）等；五年生丰度较高的为 Micromonosporaceae（11.2%），Pseudonocardiaceae（8.1%），Streptomycetaceae（7.0%）等。根样品组三年生放线菌主要分布在 Nocardioidaceae（24.17%），Nocardiaceae（12.63%），Microbacteriaceae（7.62%）等；一年生主要分布在 Micromonosporaceae（25.18%），Pseudonocardiaceae（9.56%），Frankiaceae（9.29%）等；二年生主要分布在 Nocardioidaceae（28.90%），Nocardiaceae（14.60%），Pseudonocardiaceae（5.28%）等；四年生主要分布在 Nocardioidaceae（32.42%），Nocardiaceae（16.50%），Pseudonocardiaceae（7.21%）等；五年生主要分布在 Nocardioidaceae（28.36%），Nocardiaceae（15.19%），

Pseudonocardiaceae(6.54%)等。有 13 科放线菌(Iamiaceae, Bogoriellaceae, Brevibacteriaceae, Dermabacteraceae, Dietziaceae, Geodermatophilaceae, Glycomycetaceae, Nocardiopsaceae, Sporichthyaceae, Williamsiaceae, Coriobacteriaceae, Nitriliruptoraceae, Thermoleophilaceae)仅存在凤丹根际土壤样品中,根样品中并未获得上述分类单元的信息。参见图 5-49。

(4) 属水平根际与根内放线菌分布

在排除属水平上 15.1%~39.8%未名放线菌之后,对样本检测到的所占比例(百分数保留到小数点后一位)≥1%的放线菌进行统计,其中环形图由内而外依次为一、二、三、四、五年生。所有样品共统计得到 26 个优势放线菌属,其中根际土壤样品组共获得 25 个,比根样品组多 15 个(图 5-50)。一至五年生凤丹分别检测到 14、17、16、17、16 个优势根际放线菌属,14、9、12、9、12 个优势内生放线菌属。一年生根际放线菌主要由 *Streptomyces* (9.21%), *Phytomonospora* (6.93%), *Arthrobacter* (5.63%), *Agromyces* (5.39%), *Microbacterium*(5.04%)等组成,内生放线菌主要由 *Cryptosporangium*(14.82%), *Frankia*(9.29%), *Mycobacterium*(6.31%), *Catenuloplanes*(5.85%), *Streptomyces* (4.75%) 等组成;二年生根际放线菌主要由 *Streptomyces* (7.80%), *Mycobacterium*(5.83%), *Nocardioides*(4.68%), *Arthrobacter*(4.19%), *Frankia* (3.46%)等,内生放线菌主要由 *Nocardioides*(28.44%), *Rhodococcus*(14.45%), *Cryptosporangium*(4.90%), *Frankia*(4.80%), *Actinoplanes*(2.06%)组成;三年生根际放线菌主要由 *Streptomyces*(7.40%), *Arthrobacter*(6.16%), *Nocardioides* (5.71%), *Micromonospora*(5.08%), *Agromyces*(4.01%)等组成;内生放线菌主要由 *Nocardioides*(23.83%), *Rhodococcus*(12.06%), *Microbacterium*(6.85%), *Mycobacterium*(5.08%), *Actinophytocola*(3.94%)组成;四年生根际放线菌主要由 *Streptomyces* (10.65%), *Mycobacterium* (4.63%), *Arthrobacter* (4.07%), *Nocardioides* (4.07%), *Pseudonocardia* (2.96%) 组成;内生放线菌主要由 *Nocardioides* (32.07%), *Rhodococcus* (16.45%), *Actinophytocola* (4.68%), *Cryptosporangium*(4.61%), *Arthrobacter*(1.96%)组成;五年生根际放线菌主要由 *Streptomyces* (6.59%), *Nocardioides* (4.89%), *Mycobacterium* (4.47%), *Arthrobacter* (3.75%), *Pseudonocardia* (3.33%) 组成;内生放线菌主要由 *Nocardioides* (28.25%), *Rhodococcus* (15.06%), *Cryptosporangium* (4.15%), *Actinophytocola*(3.77%), *Arthrobacter*(2.05%)组成。

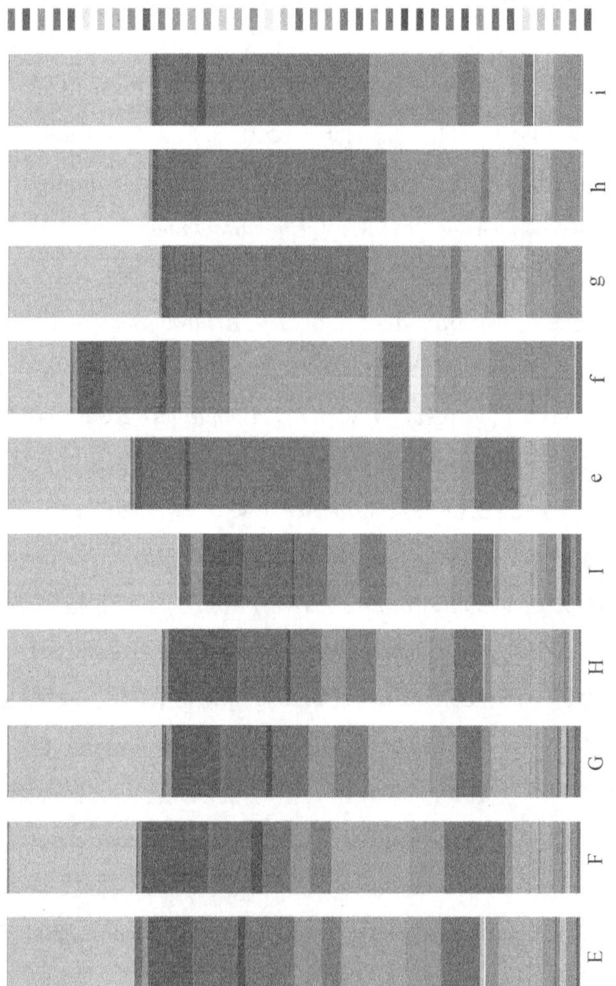

图5-49 科层次上根际及根内放线菌分布图

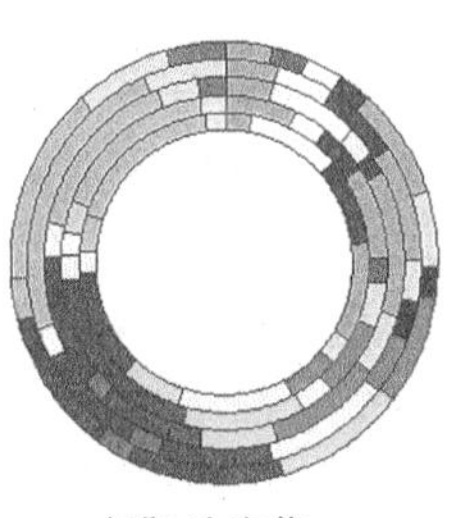

根际放线菌

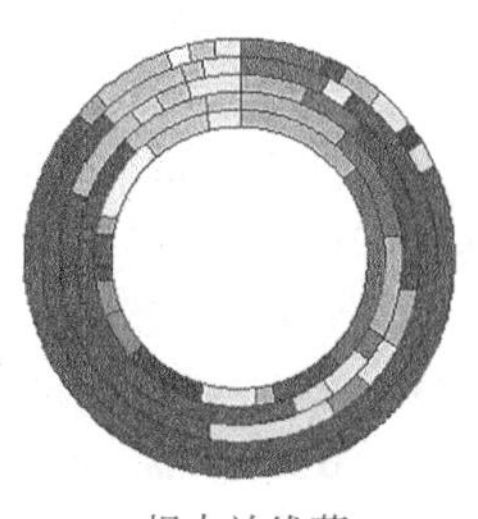

根内放线菌

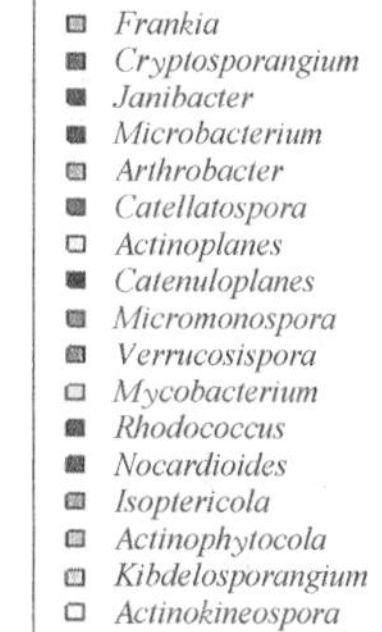

扫一扫
看彩图

图 5－50　属层次上的放线菌分布图(≥1%)

根际土壤和根样品共有放线菌 18 属，在所在年限所占比例见表 5－29，分别为 *Cellulomonas*，*Cryptosporangium*，*Frankia*，*Agromyces*，*Microbacterium*，*Arthrobacter*，*Actinoplanes*，*Catenuloplanes*，*Micromonospora*，*Polymorphospora*，*Mycobacterium*，*Nocardia*，*Rhodococcus*，*Nocardioides*，*Actinophytocola*，*Pseudonocardia*，*Streptomyces*，*Nonomuraea*。

表 5－29　凤丹根际及根内放线菌共有属

属	E	F	G	H	I	e	f	g	h	i
Cellulomonas	0.89	0.51	0.33	0.37	0.73	0.10	0.17	0.04	0.34	0.02
Cryptosporangium	0.62	0.47	0.41	0.65	1.25	2.49	14.82	4.90	4.61	4.15
Frankia	2.14	1.61	2.46	2.04	1.66	2.70	9.29	4.80	0.66	0.74
Agromyces	4.01	5.39	1.64	2.04	1.20	0.73	0.97	0.42	0.81	0.51
Microbacterium	1.07	5.04	2.38	2.87	1.14	6.85	3.26	0.77	0.74	1.11
Arthrobacter	6.16	5.63	4.19	4.07	3.75	2.33	1.36	1.77	1.96	2.05
Actinoplanes	2.59	1.61	2.13	1.57	2.50	1.71	4.17	2.06	1.47	1.81
Catenuloplanes	0.36	0.47	0.16	1.39	1.04	0.23	5.85	0.31	0.34	1.04
Micromonospora	5.08	2.99	3.37	2.04	3.64	1.76	3.13	0.46	0.61	0.92
Polymorphospora	0.36	0.08	0.25	0.69	0.21	0.16	8.59	0.13	0.49	0.72
Mycobacterium	3.39	3.46	5.83	4.63	4.47	5.08	6.31	1.56	1.39	1.24
Rhodococcus	3.21	2.68	3.28	2.88	3.23	12.06	1.09	14.45	16.45	15.06
Nocardia	1.52	0.71	1.23	1.39	2.29	0.57	0.85	0.15	0.05	0.13
Nocardioides	5.71	3.58	4.68	4.07	4.89	23.83	2.35	28.44	32.07	28.25

续 表

属	E	F	G	H	I	e	f	g	h	i
Actinophytocola	0.89	0.35	0.33	1.11	1.35	3.94	0.44	3.98	4.68	3.77
Amycolatopsis	0.89	0.63	1.07	0.93	0.62	0.05	0.44	0.10	0.02	0.11
Pseudonocardia	1.87	1.14	1.23	2.96	3.33	2.00	2.30	0.60	1.86	1.19
Streptomyces	7.40	9.21	7.80	10.65	6.56	1.40	4.75	1.36	1.03	1.21
Nonomuraea	0.36	0.35	0.33	0.09	0.31	0.39	0.78	0.40	0.71	0.38

注：样品编号说明同表 5－27

4. 凤丹根际根内放线菌相似性

Adonis 分析结果表明凤丹根际土壤样品组和根样品组组间差异极显著（*P* 值为 0.007）。

采用 Unweighted unifrac PCoA 定量分析一至五年生凤丹根际及根内样品的相似性，主坐标能够解释的原始数据中 50.11%、8.72% 的变量。凤丹根样品组和根际土壤样品组样品在 PC1 轴上明显区分为两个部分，组内样品差异由 PC2 轴区分，其中在坐标轴上距离相近的点有一、四、五年生根际土壤样品；二、三年生根际土壤样品；三、五年生根样品；二、四年生根样品；一年生根样品与上述各点相距较远（图 5－51）。

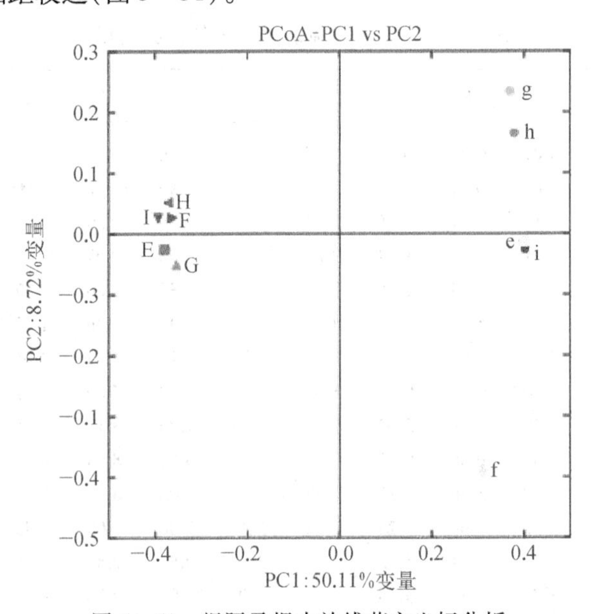

图 5－51 根际及根内放线菌主坐标分析

热图表明根际放线菌组与根内放线菌组总体上分为两大分支(图 5-52)。根际土样品组放线菌系统发育相似性较高的有一、三年生样品,二、四和五年生样品;根样品组系统发育相似性较高的为二、四年生样品,一年生根内生放线菌系统发育与其余各年份差异较大。

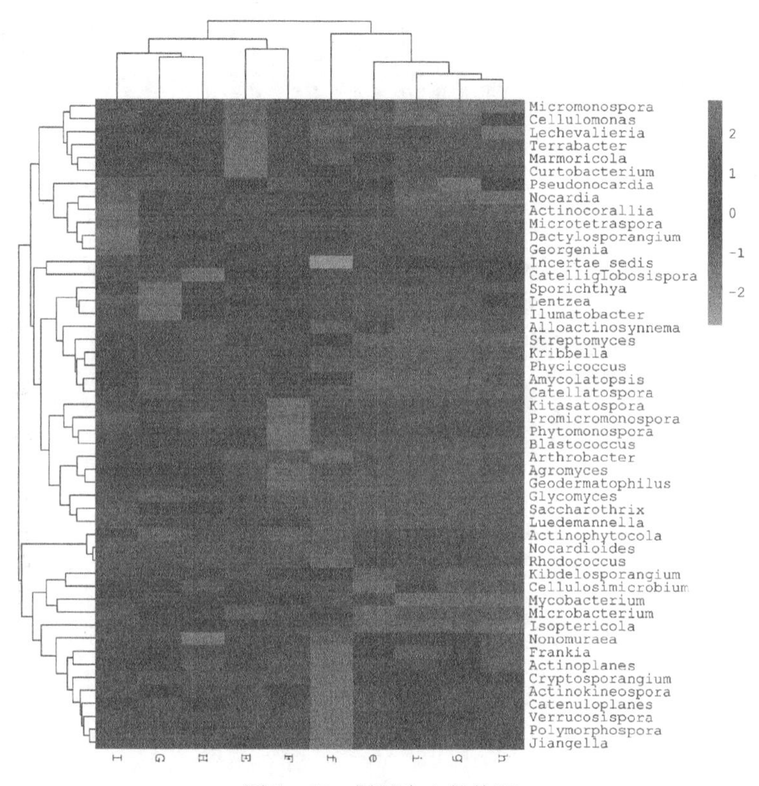

图 5-52　属层次上的热图

将送测样品分为两组,1 组表示根际土壤样品,2 组表示根样品,以 $P<0.5$、LOD>2 为标准,在各分类水平找出两组样品中具有显著性差异的种群。参考郑天瑶等(2017),柱形图表示在根际土壤和根样品组中的差异菌属信息,红色表示在根际土壤组中高出,绿色表示在根样品组中高出;所有菌在门、纲、目、科、属水平的差异信息用饼形图表示(图 5-53)。LEfSe 分析表明,凤丹根际土壤组及根样品组具有显著差异的分类阶元有 1 目 Acidimicrobiales(酸微菌目)、10 科(Cryposporangiaceae, Brevibacteriaceae, Glycomycetaceae, Dermabacteraceae, Cellulomonadaceae, Sporichthyaceae, Geodermatophilaceae, Micrococcaceae, Intrasporangiaceae, Streptomycetaceae)、24 属(*Salinispora*,

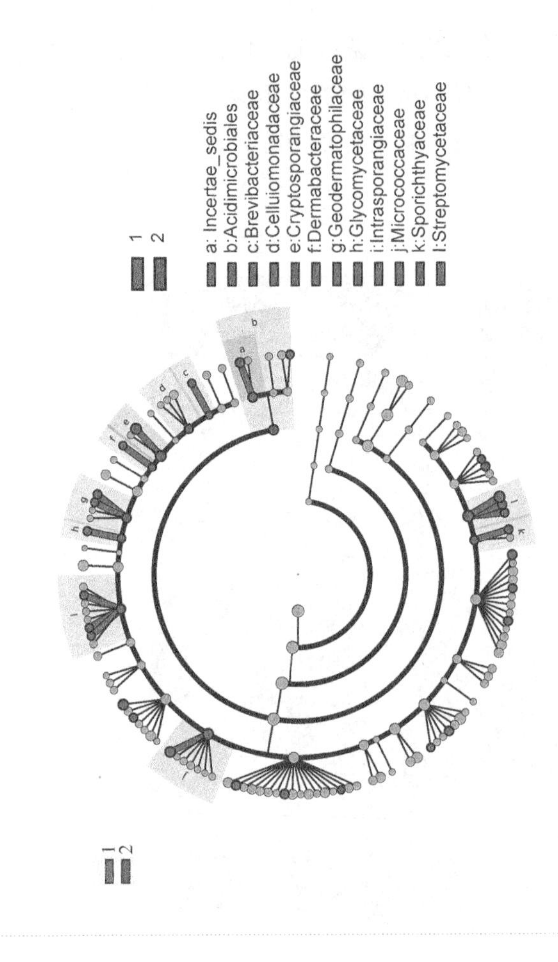

图 5－53 根际及根内放线菌 LEfSe 分析

扫一扫
看彩图

Nonomuraea, *Terrabacter*, *Sphaerisporangium*, *Brevibacterium*, *Geodermatophilus*, *Lechevalieria*, *Galbitalea*, *Glycomyces*, *Aeromicrobium*, *llumatobacter*, *Phycicoccus*, *Sporichthya*, *Brachybacterium*, *Blastococcus*, *Kitasatospora*, *Amycolatopsis*, *Kribbella*, *Luedemannella*, *Catellatospora*, *Saaccharothrix*, *Agromyces*, *Arthrobacter*, *Streptomyces*)。其中根内样品中 Cryposporangiaceae, *Cryposporangium*, *Salinispora*, *Nonomuraea* 显著高于根际土壤样品,根际土壤样品中的 Acidimicrobiales, Streptomycetaceae, Micrococcaceae, Geodermatophilaceae, Brevibacteriaceae, Cellulomonadaceae, Dermabacteraceae, Glycomycetaceae, Intrasporangiaceae, Sporichthyaceae 等显著高于根内样品。

无论是利用 Adonis 相似度、PCoA、热图,还是 LEfSe 分析,对凤丹及其品系根际、根内放线菌群落多样性、组成及系统发育进行评价的结果表明,根际放线菌多样性随种植年限增加,总体呈现降低趋势,这与我们之前利用传统纯培养方法获得的研究结论基本一致,不同在于本研究四年生凤丹根际放线菌多样性最高,但此时放线菌的丰富度小于一、二年生的。根内放线菌多样性和丰富度变化趋势基本一致,均为一年生最高、四年生最低。由此可见,凤丹根际、根内放线菌多样性及丰富度变化趋势存在差异,但根际放线菌多样性指数(Chaol 指数、Shannon 指数)均高于对应株龄根内放线菌。Adonis 相似度分析表明根际、根内放线菌种群组成差异极显著,LEfSe 分析进一步指出存在显著差异的分类单元有 1 目 10 科 24 属,因此,尽管凤丹根际、根内放线菌之间存在共有属,但放线菌的分布仍具有宿主异质性,不同生态位放线菌分布特征不同。PCoA、热图分析显示四年生、五年生根际放线菌种群组成及系统发育最为相似;三、五年生根内放线菌,二、四年生根内放线菌种群组成及系统发育相似,一年生与其他生长年限差异较大;这些表明种植年限对凤丹根际、根内放线菌的种群组成具有一定的影响,结合分类学信息来看,种植年限对优势放线菌的影响较小,可能是由于这些优势菌群普遍定殖于凤丹植株及其根际土壤中。

排除未分类放线菌,凤丹放线菌主要分布于 *Streptomyces*, *Nocardioides*, *Mycobacterium*, *Rhodococcus*, *Arthrobacter*,此外还含有 *Actinoplanes*, *Amycolatopsis*, *Nonomuraea*, *Cellulomonas* 等大量稀有放线菌属,符合物种多度分布模式的同时也表明凤丹放线菌潜在功能多样性丰富:*Streptomyces* 在促进植物生长和生物防治方面效果可观,如 *Streptomyces pactum* Act12 具有良好的防病促生作用,且外施 Act12 制剂能够改善土壤微生物区系,提高人参植株的抗性和根系活力，增加产量并改善品质；*Arthrobacter* 可降解多种环境污染物并参与有毒金属（包括铜、锰、镍和铅）的生物吸附，具有良好的重金属耐受性，如耐铜菌株 *Arthrobacter* spp.具有多种促生作用，并能通过多种途径达到强化植物吸收重金属 Cu 的目的；值得注意的是，对农药（如多菌灵）、化工废物等有降解作用的 *Nocardioides* 在凤丹根内放线菌中占有绝对优势，这与花苜蓿、苦豆子、龙血树等大多数药用植物内生放线菌优势菌为 *Streptomyces* 的研究报道不同。

第六节　凤丹内生菌的分离鉴定及抑菌活性研究

有关内生菌的定义很多。最先提出内生菌概念的 De Bary 将生活在植物组织内的微生物定义为内生菌（包括植物的致病菌和菌根菌），但 Stone 提出的内生菌概念目前被人们广泛认同：那些生活在健康植物各种组织和器官里的真菌或细菌，这些细菌和真菌在其生活史的一定或全部阶段生活在植物体内，当植物被这些菌感染时，植物的外在病症（至少暂时）是不表现出来的，证明其内生的方法有组织学方法、直接扩增出植物组织内微生物 DNA 的方法等。所以，植物内生菌通常指那些在其生活史的某一阶段营表面生长的腐生菌，对宿主暂时没有伤害的潜伏性病原菌和菌根菌。

Pasteur 在 1876 年提取无菌葡萄果汁时就研究过植物内生菌，但之后的很多年人们却忽视了它的存在，很少有人涉足这方面的研究。1993 年，Stiel 等首次在药用植物短叶红豆杉的韧皮部分离得到一株能够产生紫杉醇的内生真菌；这一发现激发了人们研究内生菌的热情，越来越多的学者参与进来。不仅如此，内生菌发酵液以其生产速度快、发酵过程容易控制等优点而被经常用来生产药用成分。作为广泛存在于植物各器官和组织的细胞内及细胞间隙、具有丰富的宿主植物种类多样性、在宿主植物组织中分布多样性以及功能多样性特点的微生物，国内外有关内生菌的研究报道很多，但鲜有凤丹的内生菌研究报道。

一、内生菌的分离鉴定

鉴于植物内生菌种类很大程度上受制于植物本身的生理特点和周边的环

境,而中药材又历来重视道地性,我们于 2012 年 7 至 10 月,对风丹根部内生菌进行了分离、鉴定和抑菌实验研究,在为生产实践服务的同时也为道地药材风丹的研究积累科学资料。

我们在风丹的果期和地上部分枯萎期,选择安徽铜陵顺安正常生长的三年生植株,参考平行线取样法,开挖 30~40 cm 的土壤剖面,去除表层土后收集根样;采集的根样用锡箔纸包裹好带回实验室置放 4℃冰箱备用;并按常规方法准备牛肉膏蛋白胨固体培养基(NA)、马铃薯葡萄糖固体培养基(PDA);液体发酵培养基为上述培养基不加琼脂。

1. 内生菌的分离与纯化

取风丹根样洗净、晾干并进行表面消毒。取 200 μL 最后一次冲洗液涂布至相应平板中,检测表面消毒效果。

在无菌状态下将处理完毕后的风丹根样品切成 0.2 cm×0.2 cm 长段(片)置于 PDA 培养基、28℃下静置培养 5~10 d,挑取植物组织周围的菌落转接入 PDA 斜面中并纯化;同时,将上述根样置于 NA 培养基、37℃下静置培养 48 h,培养基中可见菌落形成时挑取植物组织周围的菌落转接入牛肉膏培养基斜面中并纯化。

2. 内生菌鉴定

(1) 内生真菌

观察培养的内生真菌菌落形态,参照《真菌鉴定手册》(魏景超,1979),根据菌落以及菌丝体和孢子的形态特征进行鉴定。采用试剂盒法对分离出的内生真菌进行基因组 DNA 提取。引物: ITS1(5′- TCCGTAGGTGAACCTGCGG - 3′)和 ITS5(5′- TCCTCCGCTTATTGATATGC - 3′)。PCR 反应体系: 10×PCR buffer 1.5 μL,dNTP(各 2.5 mmol/L)1.2 μL,Mgcl 21.2 μL,dNTP 1.2 μL,上、下游引物各0.3 mL,DNA 模板 0.3 μL,TaKaRa Taq 0.1 μL,双蒸水补至 15 μL。测序获得 16S rDNA 全序列,与 GeneBank 中序列进行相关种属序列同源性比较和系统发育树分析。

(2) 内生细菌

观察培养的内生细菌菌落形态,参考《常见细菌系统鉴定手册》(东秀珠等,2001)进行内生细菌的生理生化特征测定。采用试剂盒法对分离出的内生细菌进行基因组 DNA 提取。引物: 8 - 27F(5′- AGAGTTTGATCCTGGCTCAG - 3′)和 1492R(5 - ACGGTTACCTTGTTACGACTT - 3′),进行 PCR 扩增 16SrDNA

序列。PCR 反应体系：10×PCR buffer 5 μL，dNTP（10 mmol/L）2 μL，27F1 μL，1492R 1 μL，Taq 酶（5 U/ μL）1 μL，DNA 模板 1 μL，双蒸水补至 30 μL。测序结果提交 GenBank 数据库并与相关种属序列进行同源性比较并进行系统发育树分析。

（3）抑菌试验

供试菌株金黄色葡萄球菌、大肠杆菌、枯草杆菌、毛霉、黑线炭疽菌、青霉、西瓜枯萎病原菌、链格孢霉菌，由安徽师范大学生命科学学院微生物研究室提供。

将分离所得的凤丹 6 种内生真菌菌株分别标记为 Z1～Z6、9 种内生细菌标记为 X1～X9。用直径为 5 mm 的打孔器在纯化的内生菌中打取一个菌饼，接种环挑至 100 mL 液体培养基中：内生真菌置 180 r/min 摇床 27℃ 培养 6～7 d；内生细菌置 180 r/min 摇床 37℃ 培养 3～4 d；发酵液制备好后经 6 000 r/min下离心 10 min，取上清液用于抑菌活性的测定。每个处理设 3 次重复。采用生长速率法、滤纸片法分别测定内生真菌、内生细菌的抑菌活性。

形态学鉴定结果参见表 5－30；将内生真菌 ITS 序列在 NCBI 网站上用 Blast 软件进行序列比对并利用 MEGA5.05 采用 Neighbor－Joining 法构建凤丹内生真菌系统发育树如图 5－54 所示。

表 5－30 凤丹内生真菌形态特征

编号	形态特征
Z1	菌落正面白色，背面中心褐色，松散并絮状。菌丝绒状较薄，分生孢子宽，3～4 隔
Z2	菌落白色絮状，分生孢子卵圆形，3 隔，水浴性褐色色素
Z3	菌落正面白色，背面米黄色，菌落边缘整齐，菌丝有隔，无水溶性色素，分生孢子镰刀状，4 隔
Z4	菌落黄绿色，扁平致密，外缘不规则，有液体产生，菌丝白色绒状，菌丝有隔膜，菌丝成扫帚状
Z5	菌落白色，后期变为淡粉色，分生孢子呈短棒状，无横隔，菌丝有横隔
Z6	菌落白色放射状分布，后期逐渐变为褐色，并且菌丝直角分枝

结合生理生化鉴定结果（表 5－31），将内生细菌 16S rDNA 序列在 NCBI 网站上用 Blast 软件进行序列比对并利用 MEGA5.05 采用 Neighbor－Joining 法构建凤丹内生细菌系统发育树如图 5－55 所示。

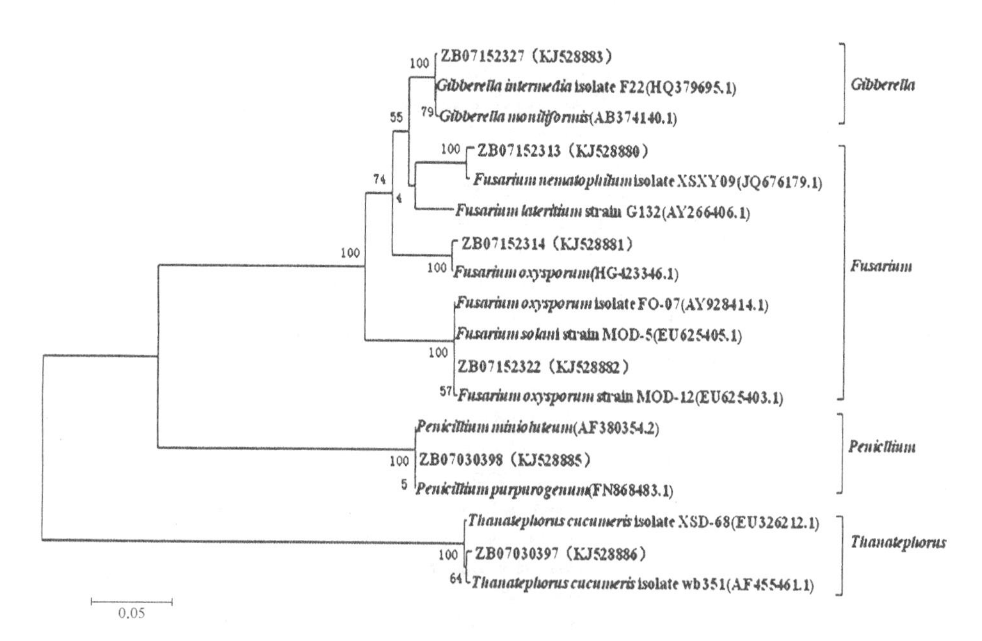

图 5－54 凤丹内生真菌 ITS 序列系统发育树

表 5－31 凤丹内生细菌生理生化特征

生理生化指标	内生细菌编号								
	X1	X2	X3	X4	X5	X6	X7	X8	X9
革兰氏染色	－	+	+	+	－	－	+	+	+
接触酶	+	+	－	+	+	+	－	+	+
V－P 测定	－	+	－	+	+	－	－	+	－
明胶液化	－	+	+	+	+	+	+	+	+
淀粉水解酶	ND	+	+	－	－	－	+	+	－
利用柠檬酸	－	+	－	+	ND	－	+	+	+
酸性条件下生长	ND	+	ND	+	ND	ND	+	+	+
运动性	+	+	+	－	+	+	+	+	+
芽孢	－	+	+	+	－	－	+	+	+
丙酸盐	ND	ND	－	－	+	－	ND	ND	－
利用葡萄糖	+	ND	ND	ND	ND	+	ND	ND	ND
利用果糖	+	ND	ND	ND	－	+	ND	ND	ND

注：+表示阳性；-表示阴性；ND 表示未测定

凤丹内生菌种类及其所占比例参见表 5－32。

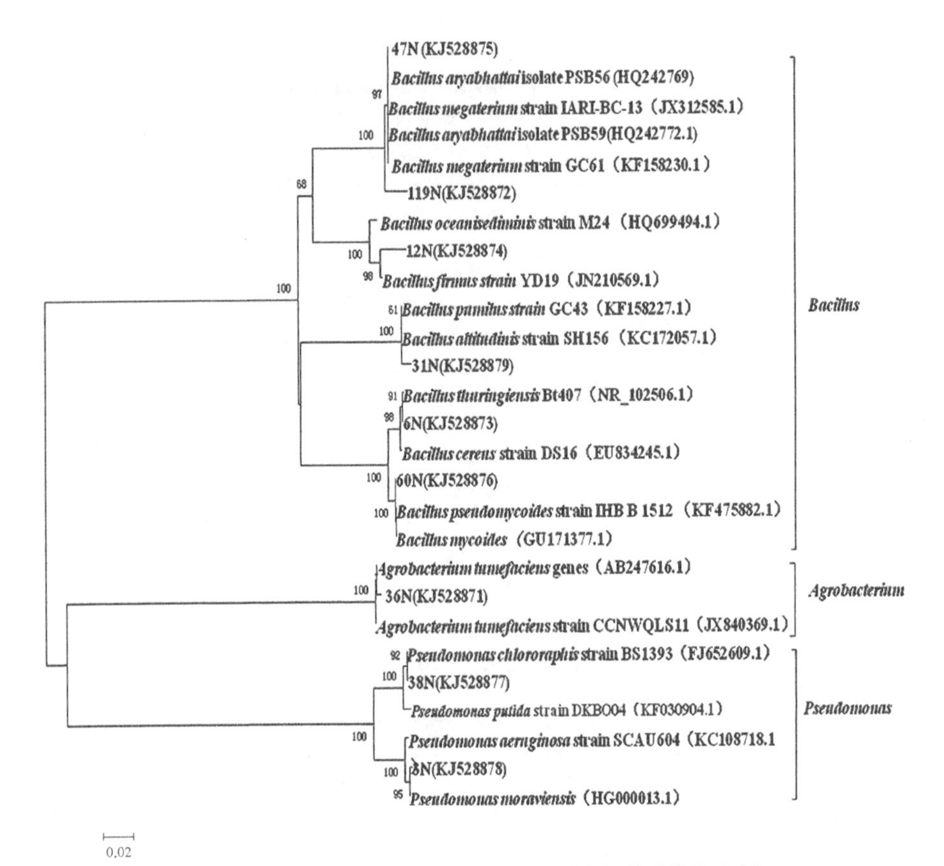

图 5－55　凤丹内生细菌 16S rDNA 基因序列系统发育树

表 5－32　凤丹内生菌多样性统计及其所占比例

属　名	种　名	菌株数	代表菌株编号	登录号	占比/%	
					果　期	枯萎期
Thanatephorus	*cucumeris*	5	Z6	KJ528886	5.2	3.4
Penicillum	*purpurogenum*	5	Z4	KJ528885	5.2	3.4
	oxysporum	14	Z2	KJ528881	15.5	8.6
Fusarium	*solani*	26	Z1	KJ528882	25.9	19.0
	nematophilum	5	Z3	KJ528880	3.4	5.2
Gibberella	*intermedia*	3	Z5	KJ528883	5.2	0
	cereus	10	X2	KJ528873	8.5	5.6
	megaterium	23	X7	KJ528875	18.3	14.1
Bacillus	*firmus*	7	X3	KJ528874	5.6	4.2
	pumilus	6	X4	KJ528879	5.6	2.8
	mycoides	7	X8	KJ528876	5.6	4.2
	aryabhattai	5	X9	KJ528872	5.6	1.4

续　表

属　名	种　名	菌株数	代表菌株编号	登录号	占比/%	
					果　期	枯萎期
Agrobacterium	*tumefaciens*	4	X5	KJ528871	2.8	2.8
Pseudomonas	*moraviensis*	5	X1	KJ528878	4.2	2.8
	chlororaphis	4	X6	KJ528877	2.8	2.8

实验共分离得到内生菌 129 株：内生真菌 58 株，其中果期的内生真菌 35 株、分离率为 27.1%，地上部分枯萎期的内生真菌 23 株、分离率为 17.8%；内生细菌 71 株，其中果期的内生细菌 42 株、分离率为 32.6%，地上部分枯萎期的内生细菌 29 株、分离率为 22.5%。果期与地上部分枯萎期根样中内生菌种类和数量基本一致。

结合形态特征、ITS 序列分析和系统发育分析，所得 58 株风丹内生真菌隶属 4 属、6 种：革菌属（*Thanatephorus*）1 种、青霉属（*Penicillum*）1 种、镰刀菌属（*Fusarium*）3 种、赤霉属（*Gibberella*）1 种；优势属镰刀菌属（*Fusarium*），共有 45 株，占到 77.6%，而镰刀菌属中的 *Fusarium oxysporum* 与 *Fusarium purpurogenum* 为风丹的优势真菌，分别占分离内生真菌总菌株比例的 44.9%、24.1%。

结合内生细菌生理生化鉴定结果、16S rDNA 序列分析和系统发育分析，所得内生细菌 71 株隶属 3 属 9 种，其中芽孢杆菌属（*Bacillus*）6 种、土壤杆菌属（*Agrobacterium*）1 种、假单胞杆菌（*Pseudomonas*）属 2 种。58 株 9 种内生细菌以芽孢杆菌属（*Bacillus*）为优势属，占到 81.8%，芽孢杆菌属中 *Bacillus megaterium* 为风丹根部优势细菌，其次 *Bacillus cereus*，它们分别占分离内生细菌总菌株的 32.4%、14.1%。

二、内生菌的抑菌活性研究

在风丹内生菌对病原细菌的抑制作用研究中，根据抑菌圈直径将菌活性大小划分为强（>15 mm）、中（10~15 mm）、弱（5~10 mm）三级。风丹内生菌中对金黄色葡萄球菌有较强抑制作用的内生细菌有 *Pseudomonas chlororaphis*，内生真菌有 *Fusarium oxysporum*，*Fusarium nematophilum* 和 *Gibberella intermedia*，抑菌圈直径分别为 25.0 mm、19.0 mm、18.1 mm、10.3 mm。内生细菌 *Bacillus megaterium* 对枯草杆菌的抑菌圈直径达到 24.0 mm。内生真菌 *Fusarium nematophilum* 不仅对金黄色葡萄球菌具有较强抑制作用，对大肠杆菌的抑菌圈直径也达到了 20.2 mm（表 5－33）。

表 5－33 凤丹内生菌发酵液抑制病原细菌结果

菌株	抑菌圈直径/mm		
	金黄色葡萄球菌	大肠杆菌	枯草杆菌
Bacillus cereus	6.00±0.06	-	-
Pseudomonas moraviensis	-	-	6.00±0.10
Bacillus megaterium		16.00±0.12	24.00±0.10
Bacillus firmus	-	-	-
Bacillus pumilus	-	-	-
Agrobacterium tumefaciens	-	-	-
Pseudomonas chlororaphis	25.00±0.10	14.00±0.12	--
Bacillus mycoides	-	-	-
Bacillus aryabhattai	5.00±0.10	-	-
Thanatephorus cucumeris	-	-	-
Penicillum purpurogenum	-	-	6.00±0.06
Fusarium oxysporum	19.00±0.15	15.00±0.06	-
Fusarium solani	6.00±0.10	-	8.00±0.15
Fusarium nematophilum	18.10±0.15	20.20±0.12	5.00±0.06
Gibberella intermedia	10.30±0.12	-	5.00±0.06

注：-表示无抑菌性

凤丹内生菌中，有 8 株内生菌对病原真菌有不同程度的抑制作用。其中对黑线炭疽菌抑制效果好的有内生真菌 *Thanatephorus cucumeris* 和 *Fusarium nematophilum*，抑菌率分别达到 82.6%和 83.3%；*Gibberella intermedia* 对其也有一定抑制效果（抑制率为 31.0%）；所分离内生细菌并不抑制黑线炭疽菌的生长。对西瓜枯萎病菌有抑制效果的内生细菌 *Pseudomonas chlororaphis*，内生真菌 *Thanatephorus cucumeris* 和 *Gibberella intermedia*，抑菌率分别为 80.0%、61.7%和 53.2%。内生细菌 *Pseudomonas chlororaphis*，内生真菌 *Thanatephorus cucumeris* 和 *Fusarium nematophilum* 对毛霉也具有一定的抑制效果，抑菌率分别为 84.9%、39.6%和 78.6%。内生真菌 *Fusarium nematophilum* 对青霉的抑菌率最高，达到 90.6%。内生真菌 *Penicillum purpurogenum* 和 *Fusarium nematophilum* 对链格孢霉菌的抑菌率分别为 74.3%和 65.7%（表 5－34）。

表 5－34　凤丹内生菌发酵液对真菌病原菌的抑制

菌　株	毛　霉	黑线炭疽菌	青　霉	西瓜枯萎病菌	链格孢霉菌
Bacillus cereus	–	–	–	–	–
Pseudomonas moraviensis	–	–	–	–	–
Bacillus megaterium	–	–	23.20±0.06	–	–
Bacillus firmus	–	–	–	–	–
Bacillus pumilus	–	–	–	–	–
Agrobacterium tumefaciens	–	–	–	–	–
Pseudomonas chlororaphis	84.90±0.10		64.70±0.15	80.00±0.15	52.90±0.10
Bacillus mycoides	–	–	–	–	–
Bacillus aryabhattai	–	–	–	–	–
Thanatephorus cucumeris	39.60±0.15	82.60±0.15	–	61.70±0.10	–
Penicillum purpurogenum	–	–	–	33.30±0.12	74.30±0.21
Fusarium oxysporum	17.30±0.15		–		–
Fusarium solani	–	–	34.30±0.12	–	–
Fusarium nematophilum	78.60±0.12	83.30±0.06	90.60±0.06	–	65.70±0.21
Gibberella intermedia		31.00±0.15	–	53.20±0.06	–

注：–表示无抑菌性

季节、株龄甚至宿主(植物)生长的环境等因素都可以影响到植物内生菌分离的数量和种类。从凤丹果期、地上部分枯萎期中分离出来的内生菌种类与数量相对稳定。凤丹果期内生真菌和细菌的数量都相对高于地上部分枯萎期，而且除内生真菌赤霉菌只在果期分离出以外，这两个时期分离得到的内生菌种类基本相同。这可能是由于凤丹的果期环境温度更适合内生菌繁殖有关。

通过分离所得凤丹内生菌对 3 种病原细菌(金黄色葡萄球菌、大肠杆菌和枯草杆菌)和 5 种病原真菌(毛霉、黑线炭疽菌、青霉、西瓜枯萎病菌和链格孢霉菌)的抑菌活性实验研究，有 10 种内生菌对病原菌有不同程度的抑制作用。其中 *Pseudomonas chlororaphis* 分别对 6 种指示菌(金黄色葡萄球菌、大肠杆菌、毛霉、青霉、西瓜枯萎病菌、链格孢霉菌)具有一定抑制作用，尤其对西瓜枯萎病菌抑制率达到了 80.0%。目前有报道 *Pseudomonas chlororaphis* 已在植物病害生物防治中广泛应用，其主要机制是产生嗜铁素并诱导植物产生抗性等。*Fusarium nematophilum* 菌株也对 7 种病原菌(金黄色葡萄球菌、大肠杆菌、枯草杆菌、毛霉、黑线炭疽菌、青霉、链格孢霉菌)有一定的抑菌作用，对 4 种病原真菌(毛霉、黑线炭疽菌、青霉、链格孢霉菌)抑菌作用较强，尤其青霉的抑菌率高达 90.6%。*Pseudomonas chlororaphis* 和 *Fusarium nematophilum* 是一类具有较大利用价值的杀菌剂出发菌种。

迄今为止,国内外关于内生菌分离鉴定和抑菌活性的研究已经在多种植物中展开,这为植物-内生菌生态关系研究以及植物内生细菌资源的开发利用提供了科学依据。植物内生菌对宿主的生长发育起着多种有益或者有害的生物学作用,而人们关注更多的是内生菌促进植物生长、抵御逆境、抗病原真菌和细菌以及他感作用等有益作用;但本研究分离得到的 *Thanatephorus cucumeris* 已被报道具有致植物病变的可能性,它对凤丹的生长乃至药材品质会有着怎样的影响有待进一步研究。

第七节　内生菌对凤丹组培苗生长影响的初步研究

1965 年 Partanen 等通过剥离牡丹种胚诱导出了愈伤组织,由此开始了有关牡丹组织培养的研究。我国与牡丹组织培养相关的研究是从 1984 年开始。

牡丹的组织培养主要分为无菌体系的建立、初代培养、继代培养、生根培养及驯化移栽五个阶段;不同植物生长调节剂对组培苗不定芽的诱导产生一定的影响,研究发现,采用 6 - BA 0.5 mg/L 和 NAA 0.1 mg/L 的培养基(pH5.8),所有“凤丹白”种胚都实现了萌发。除此之外,牡丹试管苗的生长也受不同封口方式的影响,有实验表明凤丹白组培苗在普通封口膜处理下其株高、叶片展开率、叶绿素含量、可溶性糖含量等指标优于牛皮纸+棉塞的处理。糖在植物组织培养基中起着提供营养和调节渗透压的作用,学者们研究了糖源和质量浓度对牡丹愈伤组织褐化的影响;通过实验发现,同一质量浓度下以蔗糖、麦芽糖效果较好,当蔗糖的质量浓度不同时,又以 50 g/L 的浓度最佳。可以说,迄今牡丹组织培养技术已经达到了相当的高度,建立起了比较完整的培养技术体系。

我们实验的供试种子采自安徽省南陵牡丹 GAP 规范管理种植区,实验菌株为三个产区牡丹根部分离得到的 9 种内生菌(包括具有抑菌活性的菌株和优势菌株),内生菌编号为 J1 ~ J9(J1: *Bacillus firmus*; J2: *Penicillium chrysogenum*; J3: *Bacillus mycoides*; J4: *Brevibacillus Brevis*; J5: *Aspergillus iizukae*;J6: *Aspergillus terreus*;J7: *Penicillium ochrochloron*;J8: *Fusarium solani*;

J9：*Bacillus pumilus*）。供牡丹组培苗生长的初代、继代和生根培养基参考张改娜（2012）。

首先，选取低温沙藏的凤丹种子（粒大饱满），用自来水冲洗干净，剥其种皮后置于超净工作台上，用无菌水冲洗，先后用75%的乙醇和0.1%的$HgCl_2$ 5~6 min，酒精消毒后用无菌水冲洗3~4次，$HgCl_2$溶液消毒后再用无菌水冲洗6次，之后将其放置在灭菌滤纸上，吸干表面水分，最后用镊子和解剖刀将剥出的胚进行接种培养。与此同时进行种子发酵液的制备，将随机选取的种胚浸泡在发酵过滤液中（无菌水为对照），放在已灭菌的培养皿（内含滤纸）中，将培养皿置于恒温箱中培养，为保持滤纸潮湿，需要每天按时补充无菌水，观察其种胚发芽情况并记录，每处理重复3次。

在无菌条件下，对已生根的凤丹组培苗进行接种处理，即用接种环挑取一块直径5 mm左右的内生菌，经过一段时间待组培苗和内生菌长成一片，进行凤丹组培苗的驯化移栽。将苗移栽到花盆中（培养基质已经经过严格灭菌），于室内进行牡丹苗的常规管理，设置对照组（不接任何菌种），观察牡丹苗的生长情况（每处理重复3次）。

按下列形态指标进行凤丹苗的测定：① 株高：指从出土的位置算起，到植物顶端之间的距离；② 植株鲜重和干重：吸干洗净牡丹苗的表面水分，分成地上和地下部分对其进行鲜重的测定，然后将其置于105℃下杀青10 min后80℃烘至恒重，测定干重。每处理重复3次。

实验结果表明，不同内生菌对凤丹种胚发芽率和组培苗的生长的影响不同。从表5－35可以看出，菌J3和菌J9的发酵液对种胚发芽率有促进作用；与对照组相比，接种菌J8抑制了种胚的萌发。对凤丹组培苗进行内生菌的接种处理发现，菌J1促进组培苗的生长且提高组培苗的地上鲜重、地下干重，菌J4使组培苗的地下鲜重和干重都得到提高。

表5－35　内生菌对种胚发芽率和组培苗生长的影响

菌　株	种胚发芽率/%	株高/cm	地上鲜重/g	地下鲜重/g	地上干重/g	地下干重/g
J1	+	++	++	+	+	++
J2	+	+	+	+	+	+
J3	++	+	+	+	+	+
J4	+	+	+	++	+	++

续 表

菌 株	种胚发芽率/%	株高/cm	地上鲜重/g	地下鲜重/g	地上干重/g	地下干重/g
J5	+	+	+	+	+	+
J6	+	+	+	+	+	+
J7	+	+	+	+	+	+
J8	-	+	+	+	+	+
J9	++	+	+	+	+	+
CK	+	+	+	+	+	+

注：-表示处理组低于对照组，+表示处理组与对照组相同，++表示处理组优于对照组

虽然菌J3和菌J9的发酵过滤液可以提高种胚发芽率，接种菌J1和菌J4的组培苗表现出促生性，但经不同供试菌株发酵过滤液浸泡凤丹种胚后并与对照相比，菌J8的发酵过滤液对种胚萌发有抑制作用。必须指出的是，本实验只是在同一菌液浓度下测定，具有一定的局限性，其他浓度的菌液可能对种胚萌发的影响更大。作为室内试验，所筛选出的内生菌是否具有更强的促生作用、是否能在室外或者田间也同样表现出促生作用，尚需进一步研究确认。

由于植物内生菌具有多种生物学功能，更是作为一种新的微生物资源而受到人们的广泛关注。当用内生菌菌液处理种子时，其对种子的促生作用会随菌液浓度的不同而不同，因此，把内生菌菌液浓度控制在合适范围对于内生菌发挥促生作用至关重要。内生菌促进植物生长的作用机制有多种，或直接发挥促进作用，或间接发挥促进作用，或产生吲哚乙酸等生长激素类物质来促进植物生长，如从人参筛选出的苏云金芽孢杆菌能显著促进人参种子根的生长；以根入药的药材雷公藤，从其体内分离出的三株内生细菌具有溶磷、固氮和分泌生长素等特性，三株内生细菌在促进雷公藤生长的同时，还可以显著提高雷公藤甲素的含量。大量实验证明，内生芽孢杆菌在植物内生菌中具有明显优势，是一种重要的生防菌。

植物内生菌与宿主相互作用、相互影响。对于植物内生菌来说，宿主可以为内生菌提供养分，这些微生物会在植物内部或表面聚集。植物内生菌在发挥促生作用时，会形成多细胞聚集体，这种聚集体以生物薄膜型为主要形式，在形成的这个微环境中，菌体可以更好地适应环境来发挥促生作用。植物在施用化学肥料后，虽然提高了产量，但存在污染环境等一些弊端。越来越多的研究表明，植物内生菌可以作为一种新型肥料，在维护生态环境的同时促进植物生长，有着很高的研究与应用价值。

第六章　凤丹的生产与加工

凤丹以种子繁殖为主。目前很少有专门的机构或组织对凤丹种质进行筛选、繁育和保护。由于凤丹种子具有较长的休眠期加上典型的上胚轴休眠特性，在自然状态下，其种子萌发率很低。较低的繁殖系数影响了丹皮的产量和品质，而且凤丹种植时的连作或重茬也会导致严重的自毒障碍。因此，凤丹的生产与加工理应受到足够的重视。

第一节　选地与繁育

凤丹喜干燥恶潮湿，以 18～23℃的地温、15°～20°的向阳缓坡为佳，土层深厚、排水良好的沙质土壤及腐殖质土是为首选。

过酸过碱均不适于凤丹生长，土壤 pH 不宜超过 8.2。凤丹可与白术、土豆、大豆和紫叶李等植物套种以增加两类作物的产量和商品价值。凤丹皮是根类药材，以根粗壮肉质为佳，整个生长发育过程中需要大量营养，可于 3～5 月对土壤施饼肥一次。

和牡丹一样，凤丹亦具有“春生长、夏打盹、秋生根、冬休眠”的生长特性。生产实践中应根据节气，把握好育苗时间。秋分后（9 月下旬）至霜降前（10 月下旬）宜栽植待翌年春天出苗。如果栽植时间过早，会因温度高、土壤湿度大而容易烂根，加上苗木处于生长期，会消耗养分，不利于安全越冬；栽植时间过晚，则难生新根或翌年长势弱，不利于成活，甚至来年开花后容易死亡。

在栽植前应将牡丹苗木挖出，晾晒 1～2 天使根部失水变软后方便修剪和栽植。栽植覆土后铺盖一层草，可令其安全过冬。

虽然凤丹更适于大田栽植，但实施盆栽也是凤丹生产实践中常见之事。

盆栽时，应选用透气、排水性能好的容器，《花经》言之“牡丹用盆，以泥烧之黄色或黑色瓦盆最佳，缘此泥盆最易排水也”可以佐证。作为深根花卉，宜采用高盆栽培凤丹，可视整个植株大小进而决定所选花盆的大小。

总之，植株上盆后，为确保凤丹根系能有一个适宜生长的空间，花与盆的比例适当是为理想选盆的标准。根据植物本身习性，选择疏松、肥沃易排水的沙质土壤，将经灭菌的土、煤渣、沙和珍珠岩按 1∶1∶1∶1 比例混合均匀是较为理想的培养土配方。对所播种子进行 40℃ 恒温水浴 24～30 h 的处理，每 12 h 更换一次水。水浴的目的是使种皮变软，利于种子的萌发。

盆栽的栽植时间和种子处理同大田处理。上盆前，应向瓦盆洒水使其吸足水。栽植前，先在盆底排水孔垫一层纱网，然后在网上垫小瓦片或小石块，再铺上 3～4 cm 煤渣，易于排水，然后把土、煤渣、沙和珍珠岩按 1∶1∶1∶1 比例混合均匀后铺 10 cm 左右（视花盆大小而定，此时基质大约处于花盆 2/3 位置）后播种，最后在种子上面铺 5 cm 左右的混合基质，直至距离盆沿 3～5 cm 处，种子播种不易过深或过浅，过深或过浅都不利于其生长。

凤丹的繁殖分有性繁殖与无性繁殖。有性繁殖包括播种繁殖，是以种子繁衍后代或选育新品种，白色单瓣品种结实率比较高，容易采收种子。凤丹种子 7 月成熟，7、8 月可采收，采收的种子放置 1 个月左右播种。翌春 3 月出苗，3～5 年后可开花。

凤丹的无性繁殖包括分株、嫁接、压条、扦插繁殖。其中分株繁殖是凤丹无性繁殖的主要方法。选 3～4 年生植株，一般在寒露前后，将植株全部掘起，轻轻抖落根部附土，将主根切下供药用，在根茎结合薄弱处顺势劈开，新分株上必须留有几条根和 2～3 个芽，用 1%硫酸铜涂抹伤口或用石灰、草木灰涂伤口，待阴干后再移栽并浇透水，然后封土越冬。新栽的牡丹第二年不能掘起分株，否则子、母株都很难发旺生长。因分株繁殖系数极小，不适合大规模药材生产。

和牡丹一样，凤丹的嫁接繁殖时间一般为 9 月至 10 月上旬，嫁接的方法有根接法、芽接法和枝接法。① 根接法又称掘接，即将木根掘出，放阴凉通风处，待变软后进行嫁接。砧木选三、四年生的芍药根和牡丹根。挑选生长充实，附须根比较多的根，无病虫害，长 15～20 cm，直径 1.5～2 cm 的根系，晾 2～3 天，实践证明用牡丹根作砧木比用芍药根作砧木，更利于以后的分株，且寿命较长。接穗多选用生长健壮的，无病虫害的当年生萌蘖的新枝，长 5～10 cm 即可，其髓心实，嫁接后易发根存活。次之为上部当年生枝，因健壮且芽子饱满的当年生枝含营养物质较多，利于伤口愈合成活，接穗一般长 6~10 cm 带有健壮的顶芽和 1 个或几个小侧芽，接穗要即剪即接，不可久放。该法采用嵌合劈接的方法，先在根穗基部腋芽两侧，削长 2~3 cm 的楔形切块，再将砧木上口削平，用刀侧向切开，切口长于接穗侧面，深度达砧木中心，能含下接穗削面，砧、穗削面要平整、清洁，然后将接穗自下而上插入接口中，用麻绳扎紧，在表面涂液体石蜡或泥浆，即可栽植或嫁接。② 枝接法：分土接和腹接。土接法，嫁接时间以秋分前后为宜，以实生牡丹为砧木，在离地面 5 cm 左右处截去上部，劈开工作同根接法，劈开砧木深约 3 cm，将接穗插入砧木，株距 10~15 cm，行距 50 cm 左右，然后将土盖住接穗，保护越冬。腹接法，时间在伏天，接芽成活后，将砧木上的腋芽全部掰去，保持接穗的绝对优势，至其愈合牢固，解除薄膜，除掉残桩和下部幼芽，促其生长。③ 芽接法：芽接时间从 4 月中旬到 8 月下旬，首先在植株的腋芽上下方 0.5 cm 处横切一刀，然后在腋芽左右各竖划一刀，剥下腋芽，再与被嫁接的牡丹植株上选粗细相近的枝条，用同样的方法除去腋芽，剥除部分应与接芽相同，立即将取好的芽贴上，注意芽眼要对齐，随后用麻皮缚好，使其自然愈合。此法可在同一株上嫁接成“什样锦”，以增加观赏效果，也可高接换头，改变品质差的品种。“什样锦”主要用于“凤单白”或其他大株牡丹及四年生以上独干（干高 20~30 cm）而多分枝；应选花色、花形不同，花朵艳丽且花期基本一致的优良品种，并用换芽法或皮下嫁接。嫁接后管理同大田凤丹。

凤丹压条繁殖一般在 5 月底进行。选择二至三年生母株，将枝向下压倒，在当年生和多年生交接处刻伤，压入土中，并用石块等固定，用土培好，等第二年长好新根须即可剪离母体成新植株。

扦插繁殖是利用凤丹枝条易生不定根而繁殖新株的一种方法，时间在 9 月上旬至 11 月上旬，具体操作方法是剪取 10~15 cm 长的无病虫害的土芽或一年生枝粗而侧芽多的枝条，插入土壤或其他基质内使之生根，喷透水后，用塑料薄膜搭一拱棚，以利保温保湿，春暖时，及时揭开，通风、洒水、去膜。秋季移植，为提高扦插成活率，可在扦插前用 500 mg/L 的吲哚丁酸处理枝条，有利生根。此种繁殖方法成本低，收效大，并能保证基原的性状特征。

值得一提的是，在实际生产中凤丹和牡丹一样，存在很多问题，如种子具有上胚轴和下胚轴休眠习性，种子萌发、嫁接和分株对季节的依赖性特别强，繁殖周期长，砧木苗的实生繁殖，这些都不能确保凤丹的标准化生产，而且嫁接和分株都需要较多的繁殖材料，植物的自然繁殖速度限制了苗木的商品化生产。而组织培养技术能大大缩短植物的繁殖周期，繁殖系数高，十分适合大规模的生产。

有关牡丹的组织培养研究，早期的报道是 1965 年 Partanen 和 1969 年 Demoise 等将牡丹种子的合子胚分离出来并建立了愈伤组织培养体系。我国的牡丹组织培养工作则是从 1984 年开始发展起来，现已经发展成为牡丹快速繁殖的途径之一。采用凤丹的种子、种胚以及由此产生的子叶、叶柄、叶片和愈伤组织等作为外植体，进行芽的诱导，结果表明采用胚培养可以打破上胚轴的休眠，大大缩短初代培养周期。以‘凤丹白’种胚为材料研究不同植物生长调节剂对胚诱导丛生芽及生根的影响，结果得到了胚分化不定芽最佳培养基、最佳生根培养基。封口方式对‘凤丹白’组培苗生长也有影响：相对于牛皮纸和棉塞的封口，普通封口膜处理下的‘凤丹白’组培苗株高、叶绿素含量、可溶性糖含量等指标更优。暗培养 7 d、6－BA、GA3 和 WPM 培养基更有利于诱导凤丹胚不定芽，最佳的实验组合为 1.0 mg/L 6－BA+0.2 mg/L NAA+0.5 mg/L GA3。以‘凤丹白’及紫斑牡丹种胚为外植体，通过研究激素、光照条件、培养基成分及活性炭（AC）等对离体胚培养的影响，建立了牡丹胚培养直接成苗的高效、快捷的方法，其中‘凤丹白’的成苗率 63.88%、成活率 66.34%，紫斑成苗率、成活率在品种间有差异，最佳可达 100%。通过以凤丹鳞芽探究鳞芽表面消毒最佳方式，生长调节剂、蔗糖浓度、继代周期、防褐化剂对不定芽扩繁的影响以及不定芽珍珠岩基质容器化扦插生根、活性炭（AC）－吲哚丁酸（IBA）集成诱导不定根发生和移栽驯化，初步建立起了组织培养工厂化育苗技术体系，为良种繁育工厂化奠定了技术基础。胚胎培养技术是牡丹遗传转化及生物技术育种的重要手段之一，研究人员从基因型、胚龄、解除休眠、培养基成分等方面分析了不同因子对牡丹胚胎培养的影响，总结了牡丹胚胎培养的研究进展，为牡丹转基因研究提供了参考。

与牡丹一样，凤丹的组织培养可概括分为以下 5 个阶段：无菌体系的建立、初代培养、继代培养、生根培养及驯化移栽，其中生根培养是凤丹组织培养中的重点。

1）无菌体系的建立：选取剥去种皮的‘凤丹白’种子，用流水冲洗干净后置于接种室的超净工作台上，用 75%乙醇消毒 30~40 s，无菌水冲洗 3 次，再用

0.1%的 $HgCl_2$浸泡 6 min，无菌水冲洗 6~8 次，每次持续 3 min。用解剖刀剥出胚接种在培养基上，每瓶接种 3 个胚。

2）初代培养：凤丹初代培养以种胚培养最为理想。幼胚培养可以解除内种皮对种胚生长发育的抑制作用，一个月后即可进入增殖培养，大大缩短初代培养周期。在 MS+6－BA 0.5 mg/L+NAA 0.1 mg/L+蔗糖 3%（W/V）+琼脂 0.65%（W/V）、pH5.8 培养基上，'凤丹白'种胚萌发率可达 100%。

3）继代培养：培养基 MS+6－BA 0.5 mg/L+NAA 0.05 mg/L+蔗糖 3%（W/V）+琼脂 0.8%（W/V）、pH5.6。

4）生根培养：培养基 1/2 MS+NAA 0.1 mg/L+蔗糖 3%（W/V）+琼脂 0.8%（W/V）、pH5.8。

5）驯化移栽：先将培养瓶的封口绳解去，封口膜松动，便于瓶内外的气体交换，2 d 后，完全去掉封口膜，开瓶练苗 1 d，将苗取出后在温水中洗去培养基，然后将其放入干净的培养瓶中，在培养室中放置 3 h，最后将苗移栽于含有不同基质的花盆中，覆塑料薄膜保湿。

当然，初始外植体褐化、芽分化困难、玻璃化现象、生根率低是组织培养中存在的四大障碍，这四大因素可严重影响凤丹扩繁途径的研究进程及高效再生体系的完善。其中：

褐化是指培养材料在诱导脱分化或再分化过程中，向培养基中释放出褐色物质，使其变色，并随之加重褐变而最终死亡的现象。目前认为褐化主要是由酶促引起的。所选材料的种类与品种、外植体材料的生理状态、生长部位，培养基成分、添加激素的含量及比例、培养条件等都会影响褐化的发生。可从降低褐变母株的预处理、选择适宜的培养基及培养条件、抗褐化剂应用三个方面降低褐化。

所谓玻璃化，是指离体培养中组织茎芽逐渐变成半透明状畸形植株的现象。实验发现，培养温度的升高使玻璃化频率增加，从另一方面证明，培养基中水势大小及培养瓶中相对温度的大小是产生玻璃化最主要的原因。

第二节 移栽与日常管理

每年的 9~10 月，选择生长健壮、无病虫害的幼苗进行移栽。栽植方法有两种,包括对花栽(即每行对应植株并排移栽,适于移栽小苗)和破花栽(即每行对应植株交错移栽,适于移栽大苗和老苗)。若想对幼苗移栽,则可从播种时间开始算起,两年后进行移栽,移栽时间同播种时间。移栽后的牡丹翌年清明前后即可开花。

凤丹根粗壮,皮厚肉质。若田土长期湿度过大则会造成根烂叶黄,容易发生根腐病而导致死亡,尤其夏秋季节更是如此。日常管理时应控制土壤湿度,做到“不干不浇”,同时做好雨季排涝工作。而对于盆栽牡丹,因容器容量较小、持水量有限,必须及时浇水,播种好之后应马上浇水浇透一次(以盆底滴水为准),以后则根据土壤干湿适时浇水。但应注意,若浇水量过多、土壤过湿,枝叶容易徒长,长时间过湿或积水还会烂根。

凤丹喜肥,幼苗期和生长期应适时追肥以保证植物的正常生长发育。可选择春秋季节、以腐熟饼肥为主进行追肥。施用时应注意兑水。生长期每周施肥水 1~2 次,花谢后略施轻肥或进行叶面喷肥,冬季休眠期可不追肥。

研究表明凤丹年周期内的源与库结构呈动态变化,株龄对其生物量分配及产量能产生明显效应,适度遮阴可提高凤丹产量。在整个管理期间,应经常松土、除草,以防土壤板结、杂草滋生。为了促进凤丹根部生长同时提高丹皮酚含量,还需要摘除植株花蕾并剪去细枝,以使翌年春天长出的新枝粗壮。

凤丹一般生长 3~5 年后根皮才可达到采收要求;随着种植年限的增加,凤丹病虫害发生会日趋严重,特别是根腐病,常造成凤丹成片死亡,严重影响了凤丹皮的产量和质量,因此凤丹生长期间应重视病虫害的防治。

对凤丹的病虫害应坚持预防为主、综合防治的原则。与牡丹一样,叶斑病、根腐病、灰霉病、锈病等是凤丹常见的病害,常见的虫害则有蛴螬、小地老虎、金龟甲等。对于病害,可喷施用波尔多液、多菌灵、甲基托布津等,对于小地老虎,可选择用 98%敌百虫晶体 1 000 倍液喷洒或傍晚诱杀。为防治病虫害,应加强温室凤丹栽培管理,保持盆花通风、透气;将病株挖出并在其周围撒布石灰,避免传染;及时剪去病枝叶,清洁田园;搞好翻耕,破坏地下病虫的生存环境。

近年来,不科学地使用化肥和农药及多年的连作重茬使得凤丹栽培环境恶化,尤其生长过程中药农经常使用有机氯、有机磷和拟除虫菊酯类农药导致凤丹的“公害”问题较为突出。凤丹是根类入药且种植期长(从播种到收获一般需要 5~7 年: 2 年育苗期,移栽后需 3~5 年生长才能挖根取药),而有机氯农药又具有极强的富集作用，这会使丹皮中农药残留超标甚至降低药性、影响临床疗效。

在病虫害研究方面，现状无论凤丹或牡丹，均以化学合成农药防治为主，不仅农药残留、环境污染等问题突出，而且生产实践中危及产量与质量的牡丹根腐病等的发病和传播依旧难以得到彻底的遏制。“既要保全中药材产量与质量同步增长、又要实现土壤病虫害的绿色防控”的确成为学界与业界面临的一大难题。药用植物根际微环境中存在着潜在的功能微生物，根际微生物可以参与到植物根际物质代谢和循环中，起到稳定根际微生态环境的作用。因此，中药材的道地性与根际微生物的相关性应受到足够的重视。如何协调解决市场需求与“因产量和质量下滑而阻滞牡丹产业有序发展”之间的矛盾？在倡导化学合成农药和化肥使用零增长的大背景下，开启安全无公害的种植生产模式不失为实现牡丹和牡丹皮产量与质量双提升的良策。综合运用微生物生态学、分子生物学、组织化学、分析化学等技术手段，从已建立的凤丹根际微生物资源库中筛选根际促生菌，研究高效根际促生菌与凤丹互作过程中所发生的遗传反应，在分子层面阐明高效根际促生菌调节凤丹生长和凤丹皮品质的增益机制，助力于凤丹生产，真正地将理论研究与生产实际结合起来。这些也应该成为凤丹绿色产业的保障。

第三节　种子采集与储藏加工

播种繁殖是以种子繁衍后代或选育新品种。凤丹主要采用种子繁殖，可于 7 月下旬或 8 月初采集种子。成熟的种子要及时采收。若采收时间过晚，凤丹的蓇葖果会过分成熟进而崩裂使种子落地，不但会减少采种量还会导致种皮干、硬，不利于日后播种。采收后的种子仍可保存在果壳中使其后熟，可在室内阴凉处放置一个月左右再播种。

凤丹繁殖 3~5 年后种子即可采收，以四年生、10 月采收最为适宜。此时根皮质量好、药用价值高还便于分蔸繁殖。应选择在晴天进行采挖。采挖时要根据植株的大小来定扒土范围。整蔸挖起切勿断根；用刀削下根，削下的根要根据长短、粗细扎成小把，放置在阴凉潮湿的地方，并在 24 h 内加工完毕。

挖出后的凤丹，切下粗、长的根，置阴凉处堆放 1~2 天，等待其稍失水分而变软。先摘下的植株根须晒干后即为丹须；将剩余根皮扭裂，抽去木心，即得凤丹皮。可按根的粗细分级晒干。根条较粗、粉性较足的根皮，用竹片刮去外皮晒干即为刮丹皮（也称刮丹）；根条较细、粉性较差的根皮，不刮外皮直接晒干即为连丹皮（也称连丹）。最后根据根的粗细和粉性大小分开摊晒、包装置干燥阴凉处待售。

第七章　凤丹的开发与利用研究

作为花王，牡丹彰显了盛世气象、大国泱泱，是国人的文化寄托与精神传承，承载着国人的盛世梦、中国梦；作为中药材，它又是药农的生计所系，承载民生与经济发展之重任。牡丹通体是宝：根皮是常用的传统中药；嫩枝叶、花可入茶饮；牡丹籽更是受果壳和种壳双层保护，牡丹籽油富含脂肪酸、亚麻酸、亚油酸及维生素 E，是整个植株的精华所在。随着人民生活水平的不断提高，春赏牡丹成为不少群众春天出游的必选项目之一，而科学研究的不断深入拓展了牡丹在日用化工、食品、卫生保健等领域中的应用，市场对牡丹尤其凤丹需求旺盛。

盛产于安徽铜陵地区(含南陵丫山)、盛开白/红花的凤丹更是堪称牡丹园中的奇葩、药中珍品。安徽省人民政府为助推凤丹产业发展，出台了一系列政策加以培育和扶持凤丹产业化龙头企业，鼓励成立行业协会等来服务、引导、组织凤丹生产。政府还加强了牡丹 GAP 认证工作，实现种苗、种植、加工的一体化经营。这些都为进一步挖掘与凤丹有关的日用化工、食品保健等多方面的深加工产品、积极做大做优凤丹产业、走“花药并举”及“油用牡丹”等为主线的全株开发产业化发展之路提供了支撑。鉴于其多方面的应用价值和能够带来可观的经济效益，人们越来越重视凤丹的综合开发。

第一节　盆　景

随着历代花农精心栽培和种植经验的不断积累，牡丹大家族珍贵新奇品种辈出，变种也层出不穷，紫斑牡丹、粉牡丹、奇翠牡丹等令人目不暇接，单瓣、荷花、菊花、蔷薇、绣球、台阁等常见花形多姿多彩。由野生变为人工栽培后，牡丹在花色、花形、花期等方面都发生了变异，仅花色就有白、黄、粉、红、紫红、紫、墨紫（黑）、雪青（粉蓝）、绿、复色等十大色系，盛产于安徽铜陵地区（含南陵丫山）的凤丹也不例外！每到春天，盛开的凤丹吸引了来自全国各地的游客；尤其南陵丫山，不仅凤丹种植规模和品质在全省独一无二，而且具有极好的观赏性，已与丫山石林省级地质公园共同构成了AAAA级风景区。本节将以盆景为对象，着重对凤丹盆景的培养基质、品种、树桩、盆和几架的选择以及上盆时间、造型设计、养护管理和盆景欣赏等方面进行研究归纳以飨读者。

一、凤丹盆景制作

作为中国独特而又优美的园林艺术珍品，盆景已有1 500年的历史。它的起源可以追溯至唐朝初期，但盆景的发展却是在宋朝，到了明清更是兴盛一时。凤丹盆景是一种新兴盆景，它将雍容华贵的牡丹与古朴高雅的盆景艺术相结合，配合精心挑选的几架，形成一种独具中国风的艺术形式。凤丹盆景恰似无声的诗、立体画，陶冶了人们的情操！

由于制作盆景的容器容积有限，凤丹根部营养吸收面积相对受限，可能导致植物地下与地上部分营养失调，进而影响凤丹的正常生长发育。因此，科学配制培养土（盆土）至关重要。根据凤丹的生活习性，培养土应为沙质土壤，疏松、肥沃、易排水。按1∶1∶1的体积比例将腐殖土、园土、动物排泄物（马粪或鸡粪等）混合均匀即可获得较理想的盆土。也有报道初步筛选出适宜凤丹容器苗培育的栽培措施，即用无纺布育苗袋、以泥炭-珍珠岩（体积比3∶1）混合成为栽培基质实施主根截短和200 mg/L IBA溶液灌根的复合措施。

凤丹是毛茛科芍药属落叶小灌木，树丛有高有矮，植株长势强弱也不同，树干粗细、曲直不同，树型有直立、开展之分；因此制作凤丹盆景，在品种的选择上，应掌握成花率高、生长量适中、耐修剪、易造型的原则，那些枝叶细弱、表皮光滑、株型高大直立或不易开花的品种不宜选用。当然，在实际生产中应灵活对待，有的品种虽然花量较小、生长量大，但却枝干苍劲挺拔、生长健壮，这些自然株型较好的品种仍不失为制作凤丹盆景的好素材。

应从快速成型的角度考虑凤丹树桩的选择。那些主干古朴端庄、苗龄较大的桩头，或已基本成形、适于造型的，都是最为理想的天然桩景材料。

盆景对用盆及放置盆景的几架均十分讲究，“雅致”是不得不考虑的重要因素之一。像景德镇的彩瓷、青花瓷盆，宜兴的紫砂盆等，色彩淳朴、古雅，还有一些仿古名盆都是用盆首选。在容器的形状上，圆形浅盆、古方印盆、圆彭盆、鉴筒盆等是为首选；容器的色彩方面，以古铜、沉香、黑绿、芝麻、朱红冶金、葡萄紫为宜。放置盆景的几架也是凤丹盆景的重要组成部分，式样上有书卷几、博古架几、根雕几、唐三彩鼓几等，一些古香古色的仿明清式样受到市场追捧，红木、紫檀木、黄杨木甚至仿红木制作的几架也受到人们的欢迎。

凤丹上盆时间的早晚会直接影响桩景根系发育的好坏和来年的正常开花。如果栽植时间过早，则因温度高、土壤湿度大易烂根，加上苗木处于生长期消耗养分，不利于安全越冬；栽植时间过晚，则难生新根或翌年长势弱，不利于成活，甚至来年开花后容易死亡。生产实践证明，9 月中下旬上盆较为适宜。

鉴于凤丹枝条较脆弱易折而且生长缓慢，逐年拉绑、捆扎、摘叶、修剪等处理方法不可或缺，但要注意修剪造型使其枝条分布自然、线条流畅、层次分明而更富艺术性，突出凤丹类盆景的古朴端庄、高雅。可参考牡丹盆景制作。

1）主干做弯：上盆时作倾斜种植，先将做弯部位缠以麻绳或棕皮，而后从基部插入相应粗细的金属丝（12～18 号），作 45℃倾斜缠绕，方向与预定扭曲走向一致，方能越缠越紧。或用麻绳作弓形牵引，分期操作，以逐步吊拉为主，要循序渐进。

2）分枝（小枝）处理：主要以修剪为主。桩景层次、枝芽留舍等应考虑疏密、虚实和空间布局，使其达到理想效果。

3）提根露爪：根部显露可与树冠重心相平衡，上下呼应，使根如虎掌、鹰爪，富有力感。可用逐渐冲刷盆土的方法使其逐年提根。

4）控制枝叶：牡丹羽状复叶长而肥大，可利用控制水肥，喷洒矮壮素加以控制。

当然，盆景的一些细节如盆面的修饰也十分重要，包括配石、布苔、点栽细小草皮及仿大自然的地形地貌的处理，甚至包括各种配件（亭、台、楼、阁、塔、桥、人物及动物等）的安放。太湖石、石笋石可使景观生动、自然，是配石首选。布苔不仅可以增加盆景整体的美感，还能起到保温、隔湿的效果。

接下来就是赋予所制作的凤丹盆景一个匹配的主题名称。如同中国画讲究诗、书、画、印四位一体，盆景的命名与景、盆、几架一样，是欣赏盆景不可缺少的一部分。盆景的命名，要求精炼，能够浓缩凤丹文化的精华，对整个盆景起到画龙点睛的作用。

二、盆景的日常养护与管理

对制作完成的凤丹盆景，日常应注意做好水、肥、季节转换、病虫害防治等养护管理。

1. 浇水

盆景容器容量相对较小，持水量有限，所以应及时浇水。播种好后应马上浇透水一次（盆底滴水），以后根据土壤干湿浇水。若浇水量过多，土壤过湿，易使枝叶徒长，长时间过湿或积水还会烂根。尤其是夏秋季节更应控制土壤的湿度，做到不干不浇，并做好雨季排涝工作。

2. 施肥

牡丹类植物喜肥。由于盆类容器能提供的养分有限，只有适时施肥才能保证凤丹正常生长。可在春秋季以腐熟饼肥为主进行追肥。施用时要兑水，生长期每周施肥水 1~2 次，花谢后略施轻肥或进行叶面喷肥，冬季休眠期可不追肥。

3. 越冬度夏

在冬季严寒地区，可将盆景放置地下，四周以土围之，封住根系，到来年 3 月上中旬，将围土除去，再行正常管理。盛夏酷暑时期，将盆景移至荫棚上，并保证排水通风良好，每天进行枝叶及周围喷水，增加空气湿度，保证牡丹花芽分化期的水分供应。

4. 病虫害防治

上盆前，应剪去残枝（若作为桩景的需要除外）、病根、坏根，并将伤口用 0.1~0.3 波美度的石硫合剂消毒。牡丹常见病害包括叶斑病、根腐病、灰霉病、锈病等，常见虫害有蛴螬、小地老虎、金龟甲等。霉病和叶斑病防治方法是：每年 5、6 月用 1∶1∶200 倍的波尔多液喷洒全株；6~8 月用 70%甲基托布津或 50%多菌灵 500~800 倍液喷洒 2~3 次；落叶后至萌芽前用 3~5 波美度石硫合剂喷洒全株；及时清除枯枝落叶，剪去病枝叶，清洁田园。金龟子防治方法：5 月可人工诱杀；及时翻耕，破坏害虫的地下生境（可参考第六章第二节内容）。

三、盆景赏析

欣赏盆景可以陶冶人们的情操。与其他盆景大致相似，凤丹盆景的欣赏主要有：一赏桩景、二赏盆、三赏几架、四赏景名等。

1. 赏桩景

四季可赏，因为春夏观花、夏秋观叶、冬春观芽、冬观干，打破千百年来牡丹类只观花的习俗。

1）观干：凤丹枝干粗壮、树皮灰褐色或黑褐色且斑驳，或挺、或悬、或卧、或斜，有千年古松之态、百年老梅之骨。

2）观花：牡丹花开雍容华贵、花香淡雅，多变的花形，多变的花色，观花永远是牡丹类盆景永恒的主题。

3）观叶：凤丹的羽状复叶，春季碧绿，经霜后变成的黄、红、紫等色，十分漂亮醒目。

4）观芽：落叶后至早春，凤丹芽形、芽色各异，红、粉、紫等芽色，火炬形、鹰嘴形、狭长尖形等芽形令人目不暇接。

5）观果：凤丹蓇葖果呈放射轮状排列，远远望去，恰似海中"海星"。

6）观根：经"露根处理"后，人们可以直接观赏到盘根错节的凤丹根，其强劲有力、充满大自然气息，美感油然而生。

2. 观盆

凤丹盆景用盆恰似"底色"，可以衬托出凤丹"优美画卷"。

3. 赏几架

几架本身就是一件艺术品。除了具有放置盆景的作用，几架还可以提升盆景空间地位、分离盆景与地面以及和周围环境的联系等，烘托盆景使之更加醒目。

4. 赏景名

牡丹文化源远流长，"唐宋遗韵"常借用来表达牡丹古老的历史。与牡丹相关的传说、典故和诗词歌赋不胜枚举。"国色天香"一词足以体现了牡丹在中国人心目中的地位。观赏牡丹中的珍品——凤丹盆景使人观今而溯古。

第二节　茶　　饮

中华茶文化源远流长，饮茶品茗已然成为我们大多数中国人的日常生活习惯。花茶集茶味花香于一体，茶引花香，花增茶味，冲泡品吸，花香袭人，沁人心脾。花茶不仅有茶的功效,亦具有花香良好的调理作用,裨益人们健康。研究已经证明长期饮用花茶具有祛斑、润燥、明目、排毒、养颜、调节内分泌的功效,不同的花茶具有不同的效果。

有着"花中之王"美誉的牡丹,是世界上园艺化最早、原产中国的世界名花,我国大部分地区都有分布。牡丹色、香、姿、韵俱佳,除了观赏,牡丹干燥根皮——丹皮还是传统中药材,味辛苦、性凉、微寒,归心、肝、肾,具清热凉血、活血化瘀,抗菌消炎、抗氧化、抗过敏等功效。牡丹花瓣中含有紫云英苷、芍药花苷、没食子酸等多种有益于人体健康的物质,具养血和肝、散郁祛瘀之功效,适用于面部黄褐斑、皮肤衰老,常饮用可使气血充沛、容颜红润、精神饱满、减轻生理疼痛、降低血压,对改善贫血及养颜美容等都有帮助。

迄今为止,牡丹花已被开发成牡丹羹、牡丹糕、牡丹花露酒等具有地方特色且极具附加值的产品。市场上不少以牡丹尤其牡丹花为原料的产品,在中国国家知识产权局官网上就可以检索到:中国专利(申请号 200610086920.5、申请号 200910015233.8)分别公开了一种牡丹花茶及其制备方法;中国专利(申请号 20110313620.7)公开了一种凤丹花茶的制备方法;中国专利(申请号 201110151244.6)公开了一种凤丹花果袋泡茶的制备方法;中国专利(申请号 200710189691.4)公开了一种具有整个花朵或整个花瓣的牡丹花茶及其制备方法;中国专利(申请号 201210357195.6)公开了一种牡丹花醋及其制备方法;中国专利(申请号 200910116220)公开了一种含牡丹叶的抗辐射袋泡茶;中国专利(申请号 201010613277.3)公开了一种通过对牡丹根皮和牡丹叶中浸提得到的牡丹提取剂进行调配、均质、杀菌和冷却制得牡丹饮料的制备方法;中国专利(申请号 200910116225)公开了一种含牡丹叶的镇静、安神袋泡茶及其制作方法;中国专利(申请号 200910116226)公开了一种含牡丹叶的提高免疫力的袋泡茶及其制作方法;中国专利(申请号 200910116223)公开了一种含牡丹叶的清热降火、抗菌消炎袋泡茶及其制作方法;中国专利(申请号 200910116227)公开了一种含牡丹叶的美容养颜袋泡茶的及其制作方法等等。但从这些已公开的信息中尚未发现既具有清热解毒、和血、生血、凉血等功效,又能抗菌消炎、防止龋齿的产品。

众所周知,人的口腔解剖结构的复杂、理化性质的差异,给口腔内各种微生物的生长、繁殖和定居提供了非常适宜的环境和条件,口腔的温度、湿度和营养源等适宜各种微生物生长,导致口腔里的致病菌、非致病菌甚至是条件致病菌细菌种类繁杂,金黄色葡萄球菌、链球菌属、放线菌、奈瑟氏菌、乳酸杆菌等也常见。放线菌可介导多种口腔细菌在牙菌斑中的集聚,在牙菌斑的形成过程中起重要作用;链球菌被认为是重要的龋齿病病原菌;乳酸杆菌在牙本质龋中有重要作用。

我们通过研究开发,发明了一种以丫山凤丹为主要原材料,既具有清热解毒、和血、生血、凉血等功效,又能抗菌消炎、防止龋齿的牡丹花茶。该款花茶具备以下特点:

1）感官指标:香气清新,汤色清澈透明,滋味纯正。

2）理化指标:水分(质量分数)/%≤12.0,总灰分(质量分数)/%≤7.5,水浸出物(质量分数)/%≤30.0。

3）卫生指标:细菌总数<100 CFU/g,大肠菌群<6 MPN/100 g,霉菌<10 CFU/g,致病菌未检出。

4）丹皮酚能溶于乙醇、乙醚、丙酮、氯仿等有机溶剂,在热水中溶解但不溶于冷水而且能随水蒸气挥发。因此加热会造成丹皮酚的大量流失,本发明所采用的低温处理法可以大大减少丹皮酚的流失,克服了现有技术中对牡丹花的处理都采用蒸煮法进行杀青,或采用微波加热法进行干燥所产生的丹皮酚流失的缺陷。

5）含有能抑制口腔细菌的有效成分,从而起到清洁口腔、预防龋齿的作用。

所述牡丹花茶由下述原料按重量份制备而成:菊花5~9份、枸杞5~10份、红枣4~8份、柠檬2~4份、山楂4~6份、玫瑰6~15份、牡丹花10~40份和(或)牡丹叶10~30份。

所述牡丹花茶的制备方法包括如下步骤:

1）按所述重量份称取原料菊花、枸杞、红枣、柠檬、山楂,分别用水浸泡后煎煮,煎煮三次(第一次煎煮时加10倍于原料重量的水,第二次加8倍量水,第三次加6倍量水),合并煎煮液并浓缩保存;

2）牡丹花和(或)牡丹叶的处理:采摘现蕾期新鲜的牡丹花和(或)牡丹叶,将其放入冷水中清洗,清洗后沥水2~4 h;

3）将第2步中的原材料与第1步混合再风干至含水量低于5%,即制得牡丹花茶。

对发明的牡丹花茶进行抑菌效果检测如下。

1）菌悬液的制备：将菌种接种到对应的培养基上，经扩大培养后，用接种环挑取一小环于 50 mL 无菌水中，摇匀制成菌悬液。

2）取直径 9 cm 的灭菌培养皿若干，分别将溶化的牛肉膏培养基注入培养皿中，置水平位置凝固。取各种供试菌悬液 0.5 mL 于相应培养皿上用涂布棒将菌液涂布均匀，再用镊子夹取沾有该产品的滤纸片贴在含菌培养基表面，用无菌水作对照，每皿 3 片。将贴好滤纸片的含菌培养基置 37℃ 恒温培养箱培养 24 h。测量抑菌圈的大小，以抑菌圈的直径表示。

实验结果表明，所研制的牡丹花茶对金黄色葡萄球菌、大肠杆菌、枯草杆菌具有明显的抑制效果（表 7－1）。

表 7－1 牡丹花茶抑菌效果

序号	抑菌圈直径/mm			
	1	2	3	平均
金黄色葡萄球菌	10.6	11.0	9.5	10.36
大肠杆菌	9.6	10.3	11.3	10.4
枯草杆菌	9.3	11.6	10	10.3

在琳琅满目的茶饮产品中，工艺茶更是以很高的艺术观赏性和饮用性著称。目前市场上工艺茶不乏相关专利产品，如：中国专利（申请号 200510042406）具有鲜花自然造型的工艺茶及其制作方法，该发明采用棉线捆绑定形的茶芽包裹用棉线连叠成一束的脱水鲜花组成，经开水冲泡后舒展形成具有艺术美感的鲜花自然造型；中国专利（申请号 201110379702）一种茉莉花工艺花茶的制作方法用棉线将茶叶芽包裹茉莉花制成球团状，用布包裹，烘干，成茶；中国专利（申请号 201210336150）公开的一种工艺花茶加工方法是用棉纱线串过花蕊，烘干形成干花，下部茶芽用一道或多道棉纱线捆扎成束，然后造型成茶；中国专利（申请号 201310230905）公开了一种牡丹工艺茶及其制备方法，它是利用圆尖形、圆形的牡丹花瓣和绿茶，通过原料收集、自然晾青、微波杀青、机械揉捻、循环杀青、茶球制作、烘干等步骤制备而成；中国专利（申请号 201210378086）一种金银花工艺保健茶，公布了一种包括金银花整朵带叶、花柄的金银花工艺茶，采用低温酶钝化处理，微波杀青、棉纸整形、干燥，保证了鲜花鲜叶的原生态形体和花的自然清香；中国专利（申请号 96118664）公布了一种由果品类、陪衬类、芳香类、麦饭石类原料加工及鲜花脱水加工后经混合、

分装、穿孔、组合和扎口而成的工艺保健茶制备方法；中国专利（申请号200710086539）公开了一种名为动感艺术造型工艺茶制备方法及其果蔬纤维粉的生产工艺，全棉细线穿成设计要求的艺术形状制成的半成品经过茉莉鲜花的熏香制成成品；中国专利（申请号：201210080691）一种树形工艺茶造型的生产方法；中国专利（申请号：201210080695）一种倒“U”形花环工艺茶造型的生产方法，采用棉线和纱布，将茶叶和鲜花做成造型各异的花茶。但现有技术在工艺茶制作过程中大都借助线尤其棉线捆绑塑形，而线包括棉线都不可食用。

针对现有技术的缺陷，我们研制了一种完全利用生物材质制作的基座替代棉线的工艺茶制备方法，不仅使茶花（尤其牡丹花）亭亭玉立于茶汤中，而且复水性好、口感清新，全部材料适合饮用。技术方案如下。

1）选料：采摘凤丹（牡丹）、玫瑰、菊、茉莉等各种鲜花、鲜叶、鲜梗并洁净后干燥；

2）采用生物材质制备基座：将生物材质如丝瓜络或玉米苞叶、玉米须等添加赋形剂直接混合后干燥得到；或将适量赋形剂与水用丝瓜络或玉米须、苞叶捆扎得到。其中生物材质丝瓜络或玉米须、苞叶与赋形剂、水的重量比为（1~20）：（1~200）：（1~150）。

3）将花、叶、梗嵌入基座干燥至含水量小于5%即制得工艺茶。

工艺花茶所用植物的鲜花、鲜叶、鲜梗及制作基座所用的生物材质均具有药用价值，采用的赋形剂为可食用的淀粉或琼脂等。如牡丹花是毛茛科芍药属清热解毒的中药材，《本草纲目》记载其味苦、性平，具有和血、生血、凉血之功效，并明确“赤花者利，白花者补”。玫瑰是蔷薇科蔷薇属植物，味辛、甘，性微温。理气解郁，化湿和中，活血散瘀。菊是菊科菊属植物，性甘、微寒，具有散风热、平肝明目，提神醒脑之功效，花瓣含17种氨基酸且谷氨酸、天冬氨酸、脯氨酸等含量较高，同时富含维生素及铁、锌、铜、硒等微量元素。茉莉属木樨科素馨属灌木植物，茉莉花有“理气开郁、辟秽和中”的功效，并对痢疾、腹痛、结膜炎及疮毒等具有很好的消炎解毒的作用。制作基座所用丝瓜络为葫芦科植物丝瓜干燥成熟果实的维管束，具有祛风、通络、活血、下乳的功能；玉米苞叶也称玉米苞皮，是禾本科玉蜀黍属玉米果穗外部的包被部分，具有抗菌消炎的功效；玉米须为禾本科植物玉蜀黍的花柱和柱头，具有止血、抗菌消炎和防止伤口感染的功效；凤丹皮是毛茛科芍药属牡丹的干燥根皮，具有清热凉血、活血化瘀等功效。

为了明确所制备的工艺花茶的优良效果，我们选择盛开的带梗牡丹花，擦净异物后放入筛网上晾至花表面干燥得到22.0 g干花；称取25.0 g丝瓜络，100.0 g淀粉，50.0 mL水制作基座；将牡丹花嵌入基座，将牡丹花连同基座低于20℃风干至花茶和基座含水量≤5%；观察工艺茶的花色花形，冲泡花茶，观察茶汤色、香气和花茶展开的状态。按同样步骤进行对比例制备，制得的牡丹花茶不同在于不含有丝瓜络淀粉基座。

对上述制备的工艺茶（实施例、对比例）进行花色、汤色等的观察，结果见表7-2。

表7-2 牡丹工艺茶效果比较

	花色	汤色	香气	滋味	观赏性
实施例	花瓣黄白色叶绿色	黄绿明亮	清香持久	清新味甘	色泽明亮，朵形完整、直立、张开
对比例	同实施例，但花朵横卧且朵不成型				

采用生物材质如丝瓜络、玉米须等代替（棉）线捆绑塑形而使鲜花、叶“开放”在水中。将生物材质作为基座，将鲜花、鲜叶插在基座中，并可根据喜好与身体需求等选择插入基座的形状与材质，塑造各种形状的工艺茶，基座中选用的丝瓜络、玉米须、玉米苞叶和凤丹皮等都具有药用价值。相比传统使用棉线，采用生物材质制备的工艺茶更健康、更环保，饮者也更舒心。

第三节 丹皮的抗氧化、抑菌与美白作用研究

在研究丹皮水提液和醇提液对自由基清除作用、对酪氨酸酶抑制作用的基础上，明确丹皮在抗氧化和美白方面的功效，为凤丹药妆品开发提供科学依据。

将丹皮药材烘干粉碎过目后，分别用去离子水、75%乙醇制备丹皮水提液和醇提液，从铁离子还原能力、Fenton反应体系、DPPH法及邻苯酚自氧化体系等4个方面评价丹皮水提液和醇提液抗氧化能力。

吸光度值越大，表明抗氧化剂的还原能力越强，抗氧化活性越高。由

图 7－1 的吸光度值可见，丹皮的水提液、醇提液均有一定的抗氧化活性，在同一浓度下，醇提液的抗氧化活性高于水提液。随着提取液的浓度逐渐增加，提取液的还原能力逐渐增加，抗氧化活性逐渐增强。在 1 mg/mL 的时候，水提液和醇提液的总还原能力分别为 0.510 和 0.767，均大于 0.15 mg/mL 的 Vc 的总还原能力(0.348)。

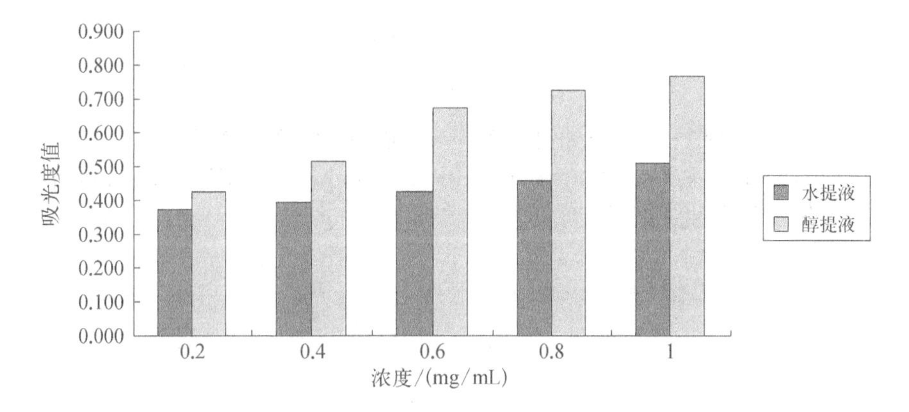

图 7－1　丹皮水提液、醇提液总还原能力

0.05 mg/mL、0.1 mg/mL、0.15 mg/mL、0.2 mg/mL、0.25 mg/mL 的 Vc 溶液的总还原能力分别为 0.276、0.326、0.348、0.414、0.597

羟自由基(·OH)是人体中最活泼、对人体危害最大的自由基。由图 7－2 可知在实验浓度范围内，丹皮水提液、醇提液对于·OH 均有一定的清除能力，而且在同一浓度下，醇提液的清除率均高于水提液。在浓度为 0.2 mg/mL 时，水提液、醇提液的清除率分别为 28.04%、57.73%；在生药浓度为 1 mg/mL 时，水提液、醇提液的清除率分别为 43.4%、68.68%，远远大于 Vc 在 0.25 mg/mL 时的清除率。

DPPH 法操作简便且灵敏度高，在天然抗氧化物研究中应用较为普遍。在实验浓度范围内，丹皮的水提液、醇提液均具有清除 DPPH 自由基的能力，但在同一浓度下，醇提液对 DPPH 自由基的清除能力大于水提液(图 7－3)。丹皮水提液对于 DPPH 自由基的清除率随着剂量的增加具有一定量效关系；醇提液的曲线比较平缓，即在实验浓度下，醇提液对 DPPH 自由基的清除率均处于一个较高水平，在浓度大于等于 0.4 mg/mL 以后，清除率无明显的差异，均在 90%以上，实验条件每支试管中的 DPPH 自由基已经基本被清除，醇提液所选浓度过大已过量，考虑降低浓度测定其对 DPPH 自由基的清除率。

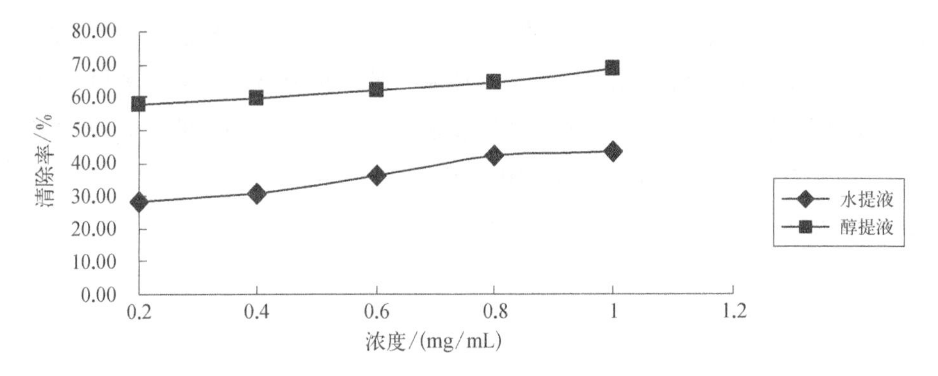

图 7-2 丹皮水提液、醇提液对羟自由基的清除作用

0.05 mg/mL、0.1 mg/mL、0.15 mg/mL、0.2 mg/mL、0.25 mg/mL 的 Vc 溶液对羟自由基的清除率分别为 10.8%、17.22%、23.43%、28.57%、34.92%

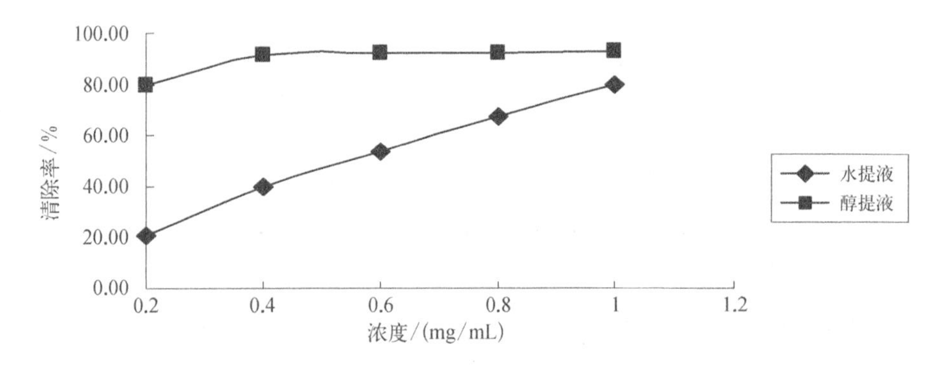

图 7-3 丹皮水提液、醇提液对 DPPH 自由基的清除作用

0.05 mg/mL、0.1 mg/mL、0.15 mg/mL、0.2 mg/mL、0.25 mg/mL 的 Vc 溶液对 DPPH 自由基的清除率分别为 44.46%、56.96%、74.96%、90.33%、96.66%

O_2^- · 是生物体内的一种氧自由基,不仅具有重要的生物功能,且与多种疾病有密切关系,同时它还是生物体生成的第一个自由基,是所有自由基的前身。当我们的提取液浓度在 1 mg/mL 以下时,对于超氧阴离子的清除很小,故选择在生药 1~5 mg/mL 范围内进行实验分析。实验结果表明,在实验浓度范围内,丹皮水提液、醇提液对超氧阴离子的清除作用随着浓度的增加而增强,存在着一定的量效关系,且醇提液的效果要高于水提液。醇提液和水提液浓度为 3 mg/mL 和 5 mg/mL 的时,抑制率分别达到 84.49% 和 87.32%。(图 7-4)。

因此,无论是丹皮水提液还是丹皮醇提液,二者均表现出抗氧化活性,其抗氧化能力随着提取液浓度的增加而增强。当丹皮水提液在生药浓度为

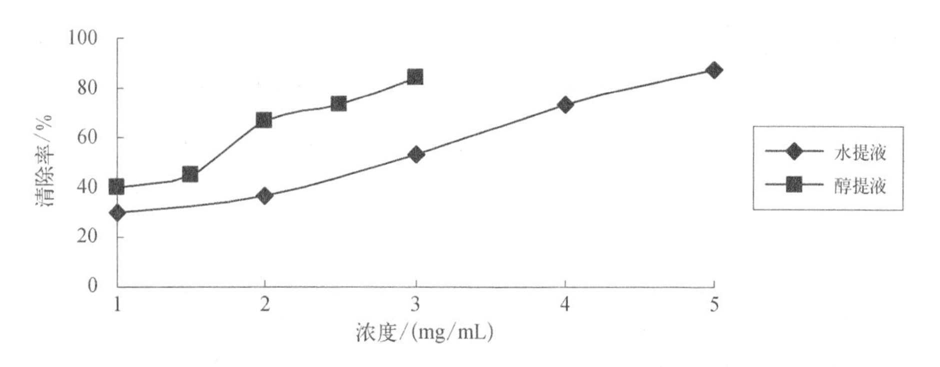

图 7－4　丹皮水提液、醇提液对超氧阴离子自由基的清除作用

0.05 mg/mL、0.1 mg/mL、0.15 mg/mL、0.2 mg/mL、0.25 mg/mL 的 Vc 溶液对超氧阴离子自由基的清除率分别为 8.03%、19.41%、37.52%、41.34%、54.81%

1 mg/mL 的时候,对 · OH、O_2^- · 和 DPPH 自由基的清除率分别达到 43.4%、29.8%、79.6%。对于不同的抗氧化体系,丹皮水提液和醇提液的抗氧化能力存在一定的差别。在实验浓度范围内,就四个不同的抗氧化体系来看,丹皮的醇提液效果要强于水提液。用水提方法提取的药液中绝大多数为水溶性成分,即丹皮中水溶性成分具有清除自由基的作用,而实验所用的提取条件与中药传统汤药剂型相吻合,可作为日常生活中常用的饮品。丹皮水提液和醇提液所含成分存在差异,醇提液主要含有一些黄酮类、生物碱类、帖类及苷类化合物在内的脂溶性物质,这是对于不同的抗氧化体系,水提液和醇提液抗氧化能力存在一定差别的原因。总之丹皮提取液具有较高的自由基清除能力,拥有较强的抗氧化活性,是一种极有潜力的天然抗氧化剂资源。

现代药理实验已经证明丹皮中的主要成分丹皮酚对金黄色葡萄球菌、大肠杆菌、溶血性链球菌、肺炎球菌、白色念珠菌等均有不同程度的抑制作用。我们以丹皮为研发对象,按照“中药材细粉(0.45nm)→加入 3 倍蒸馏水→加入氯化钠(0.6 g/10 g)→浸润 3 h→水蒸气蒸馏→冷藏蒸馏液(4℃,24 h)→过滤→在滤液中加入氯化钠→重蒸馏→冷藏重蒸馏液(4℃,24 h)→过滤→合并结晶物→干燥”获得丹皮酚。其中:

实验所得的丹皮酚提取量(g/kg)= 丹皮酚重量/样品重量 = 22.54 g/kg

将获得的丹皮酚经过定容得到 10 mg/mL、5 mg/mL、2 mg/mL、1 mg/mL 丹皮酚醇溶液各 50 mL,灭菌备用;将大肠杆菌、金黄色葡萄球菌、枯草杆菌接种到牛肉膏蛋白胨培养基上,经扩大培养后,用接种环挑取一小环于 50 mL 无菌水中，摇匀制成菌悬液。

取直径 9 cm 的灭菌培养皿若干，分别将溶化的 15 mL 培养基注入培养皿底层并置水平位置凝固。将 2 mL 各供试菌液分别加入 45 ~ 50℃ 的含 100 mL 培养基的各三角瓶中，摇匀。在每个含底层培养基的培养皿中分别加入 5 mL 含菌培养基，均匀涂布，置水平位置凝固后备用。

采用挖孔法（孔径 8 mm）：在供试菌的双层琼脂平板上，用打孔器（外径 8 mm）按间隔一致的距离打 6 个孔，将不同浓度的丹皮酚溶液（0.25 ml）加入不同孔内，用无菌水和防腐剂做对照，将其置于 37℃ 恒温培养箱培养 24 h，测量抑菌圈的大小，以抑菌圈的直径表示，每次设置三个重复。实验结果参见表 7－3。

表 7－3　丹皮酚抑菌实验结果/mm

样品浓度（mg/mL）	枯草杆菌	金色葡萄球菌	大肠杆菌
10	10.67±0.05	12.38±0.05	9.58±0.06
5	8.91±0.03	10.43±0.13	7.86±0.05
2	6.28±0.03	8.28±0.07	6.78±0.05
1	3.48±0.08	5.36±0.05	3.68±0.06

我们还采用了酪氨酸酶试验法研究丹皮醇提取物在美白方面的作用。

首先，配制缓冲溶液（1/15 mol/L，pH6.8）、*L*－酪氨酸溶液（7.5 mmol/L）并制备酪氨酸酶。参照 Matsuda 等的实验方法并作一定改良，将制备的丹皮乙醇提取物经适当稀释后尽快完成酪氨酸酶抑制测试。将测试物溶解于 1/15 mol/L 的磷酸缓冲液（pH6.8）中，分高浓度（1.0 mg/mL）、中浓度（0.4 mg/mL）、低浓度（0.1 mg/mL）三个浓度测定，样液 0.9 mL，再取 0.1 mL 酪氨酸酶混合，25℃ 温育 10 min，加入左旋多巴溶液（*L*－DOPA）继续在 25℃ 下温育 5 min，立即于分光光度计 475 nm 处测吸光度值。用熊果苷做阳性对照组，共分 0.5、1.0、5.0 mmol/L 三个浓度。酪氨酸酶的抑制率按照下面的公式计算：

$$\text{抑制率}(\%) = D = \frac{(A - B) - (C - D)}{A - B} \times 100\%$$

A 为未加中药样品的加酶混合液所测的吸光度值，0.05 mol/L 的 *L*－DOPA 液 2.0 mL+PBS（pH6.8）0.9 mL+酶液 0.1 mL；

B 为未加中药样品亦未加酶的混合液所测的吸光度值，0.05 mol/L 的 *L*－

DOPA 液 2.0 mL+PBS(pH6.8)0.9 mL+蒸馏水 0.1 mL;

C 为加中药样品和酶的混合液所测的吸光度值,0.05 mol/L 的 L-DOPA 液 2.0 mL+样液 0.9 mL+酶液 0.1 mL;

D 为加中药样品未加酶的混合液所测的吸光度值,0.05 mol/L 的 L-DOPA 液 2.0 mL+样液 0.9 mL+蒸馏水 0.1 mL。

上述实验重复 3 次,所测的实验数据用 SPSS13.0 统计处理,以 $\overline{X}\pm S_{\overline{X}}$表示,进行 t 检验进行统计学分析。研究表明丹皮醇提液对酪氨酸酶有着一定的抑制效果,与文献报道一致,且随着丹皮醇提液的浓度升高,抑制率随之增加。丹皮高浓度的醇提液和中浓度的醇提液抑制率均超过浓度为 1 mmol/L 的熊果苷的抑制作用($P<0.01$)(表 7-4)。

表 7-4　丹皮醇提取液对酪氨酸酶的抑制作用

浓　度	不同浓度抑制率($\overline{X}\pm S_{\overline{X}}$)%
高浓度(1.0 mg/mL)	72.3±0.9**
中浓度(0.4 mg/mL)	42.3±1.3**
低浓度(0.1 mg/mL)	15.6±1.1

注: ** 表示与 1 mmol/L 的熊果苷的抑制作用差异有显著性($P<0.01$);熊果苷 5.0 mmol/L、1.0 mmol/L、0.5 mmol/L 时的抑制率分别为 51.4%、37.2%、11.4%

皮肤颜色的深浅主要取决于皮肤黑色素细胞的量以及皮肤合成黑色素的能力,而酪氨酸酶是合成黑色素的关键酶。因此,在美白化妆品中添加能抑制酪氨酸酶活性的美白剂,可以通过抑制酪氨酸酶活性直接抑制黑色素的生成,从而达到美白肌肤的目的。酪氨酸酶是一种多酚氧化酶,也是皮肤黑色素合成的关键酶、限速酶。酪氨酸酶的活性与黑色素合成量程正相关,酪氨酸酶活性过高会导致色斑及黑色素瘤的形成。随着人们对黑色素生成的生物学机制认识地不断深入,加之对化学合成的美白剂存安全性的担忧,从中草药寻找安全高效的美白活性物质已经成趋势。我们的实验选择目前公认的美白剂熊果苷作为阳性对照物,观察了丹皮醇提取液对酪氨酸酶的抑制作用,为寻找具有美白功效的天然产物来源的化妆品原料提供了科学依据。实验结果表明,丹皮醇提取液在浓度为 1.0 mg/mL 和 0.4 mg/mL 时,对酪氨酸酶的抑制率均超过浓度为 1 mmol/L 的熊果苷的抑制作用($P<0.01$),丹皮醇提取液对酪氨酸酶抑制效果明显。

虽然丹皮醇提取液对酪氨酸酶的抑制作用研究为预防和治疗各种色素沉着和黑色素瘤提供了新途径,但本研究中丹皮醇提取液只是粗提物,尚需要对粗提物进行进一步的提纯、分析,以便更好地利用。

第三节 凤丹药妆品初步研究

药妆最初由 Raymond 于 1962 年提出,当时主要用于描述"具有活性的"或"有科学根据的"化妆品。美国皮肤科专家 Alber Kligman 在 20 世纪 70 年代首次提出药妆是"介于药物和化妆品之间的制品,药妆的作用超过赋予皮肤以色泽但不及治疗的药物",并在 2005 年补充指出,药妆也可以称为功能性化妆品或活性化妆品。Choi CM 等认为,药妆可作为药物治疗和手术美容的有效辅助手段,可以赋予皮肤更年轻的外观。从"药妆"的英文翻译"cosmeceutical"可知,它是集化妆品"cosmetics"与药品"pharmaceuticals"双重身份的医学专业护肤品;药妆和外用药物有一定的类似,但肯定是不属于药物,药妆为人们提供的是一种更为安全的护肤方式。

自 1998 年薇姿登陆中国以来,普通消费者对待药妆概念的理解多种多样: 大部分消费者认为在药店出售的化妆品就是药妆,有着安全的保障;认为由制药厂商生产的护肤品就是药妆的消费者也不在少数;还有的消费者认为有功效性的化妆品(祛痘、祛斑等)就是药妆。以上这些理解显然都不全面,但"药妆到底是什么"的确值得商榷。

药妆是一种可以改善肌肤状况的功能性化妆品,有针对性的功效,目前市场上的产品是以植物添加剂或以中草药为主,有的还添加具有舒缓效果的温泉水。为了保证其安全性,所有的原料、添加剂(防腐剂、表面活性剂和香精香料等)都需要进行皮肤刺激实验,对成品也要进行皮肤的刺激性实验。药妆的配方精简并且完全公开;有效成分含量较高,针对性强,功效显著;药妆并不完全是药,没有抗药性一说,药妆主要是含有一定浓度的、具有针对性的、具有功效的添加剂(如抗氧化剂、生长因子、抗炎物质、天然植物成分、褪色剂、脂多糖及多肽等)。

和普通化妆品相比,药妆的成分专业更强,而且其中不少成分是临床证明确实有效的。因此,一般建议药妆应在医生的指导下使用,而且同时还要看具体产品的使用剂量和使用方法。总而言之，药妆是根据特殊用途和目的添加了一些功能性成分的护肤品，以达到既有化妆品的作用又有某些预防和治疗作用的目的。

与西方仅有百余年的化学化妆品历史相比，早在几千年前，古老的中国人就已经崇尚中药美容，已经具备原始的“药妆”概念。殷商时期，我国劳动人民就开始使用锡粉做妆，并用燕地红花花叶捣汁凝成胭脂。春秋战国时期美容品的使用更为普遍，我国第一部药学巨著、也是世界上最早的本草经典著作之一的《神农本草经》，成书于秦汉之际，书中详细记载了数十味具有延年抗衰老、令面色和肌肤润泽的中药，如白芷能“长肌肤，润泽颜色”，白僵蚕能“灭黑皯，令人面色好”等可以佐证。在唐代药王孙思邈所著的《千金方》中，有关美容的方子即达 150 首之多，其中以悦泽、白嫩皮肤、祛皱为主要目的达 43 首。明朝李时珍所著《本草纲目》中记载的美容药物多达 271 种，而这些药物根据其功能又可细分为生须眉、去粉刺、养颜色、做面膜、疗脱发等五大类。我国中医古籍上所记载的用于美容的中药方剂与现代药妆的概念不谋而合。近年来，药妆中添加中草药有效成分已为诸多化妆品公司所推崇，这些离不开中草药中功效的确定，使用安全的天然美容护肤成分。以国内外都很重视的抗衰老研究为例，诸多研究已经表明护肤中草药及其提取物，具有明确的抗炎及抗氧化效果，具体抗炎作用表现在抑制炎性因子的合成及释放等，而抗氧化作用能在一定程度上中和自由基、保护细胞不受损伤，从而起到护肤作用。在西方药妆品常用的植物中，有不少同时也是中药，如芦荟、姜黄、海藻、甘菊、石榴、茶等，药妆品中植物源成分的应用在西方国家增长迅速。

我国中草药资源丰富，包括金樱子、葛根、甘草等在内的许多种中草药均具有抗皮肤衰老、美白等功效。目前国际上化妆品厂商从中草药中提取常用的药妆原料已是常态，美国、日本和法国等药妆用品生产大国均看好中草药提取物用于药妆生产的市场前景。

药妆品种类繁多，功能各异。仅从剂型一项就可以将药妆品划分为水剂、乳液、粉类、块状、棒状等若干类。在所有药妆品中，乳液膏霜产品占有非常重要的地位，这不仅仅是因为乳液膏霜是人们最常用、使用频率最高的基础护肤品，更是因为乳液膏霜还是很多功能性原料的最佳载体和基剂，借助这种载体，功能性原料药材可以更好地发挥作用，达到美容、健康护肤等功效。对于膏霜类产品而言，油脂和蜡类及其衍生物是药妆品基剂的重要来源，同时为了体现药妆品的保养、保湿性能、美化性能并确保产品在一定时间内的稳定性，保湿剂、防腐剂、甚至香精等等对于药妆品都很重要，都是药妆品的重要原料。

乳化剂(emulsifier)是一种表面活性剂，是将药妆品中水相与油相融为一体的桥梁纽带。乳化剂具有两亲的分子结构，当它发挥乳化作用时，其亲油基伸向油相、亲水基伸向水相而降低油水界面张力，将水相和油相联系起来，提高体系的热力学稳定性，并且通过形成界面双电层和坚固致密的界面膜，减少内相液珠的碰撞，使制得的乳状液保持较长时间的稳定。根据乳化剂在水溶液中是否电离和电离后表面活性基团的离子性，可将它分为阴离子型、非离子型、阳离子型、两性离子型四大类。护肤药妆品常采用阴离子型和非离子型乳化剂(护发素中常采用阳离子型乳化剂，两性离子型乳化剂在化妆品中应用较少)。阴离子型乳化剂具有乳化能力强，用量少，色泽淡，气味小，制备的乳化体外观洁白细腻水亮，耐热稳定性好，耐电解质能力强、易于防腐等优点。其不足是使用感较差、容易起白条，只能制备中性或碱性体系，耐寒后易返粗等。非离子型乳化剂的优点是适用的 pH 范围宽，可制备低 pH 产品(如果酸、乳酸型产品)，与各种原料的配伍性好，肤感柔软，易于渗透，涂抹性好、耐热耐寒稳定性均优良，其不足是乳化能力往往没有阴离子型强，用量较大，成本略高。每个乳化剂分子都是两亲分子，但是不同乳化剂分子的亲水和亲油基团的大小和强度均不同。Griffin 在总结前人大量实验的基础上提出：各种表面活性剂的亲水亲油性质都可以用一个亲水-亲油平衡值(即 HLB 值)表示。HLB 是亲水-亲油平衡法(hydrophile-lipophile-balnaee)的简称。现在表面活性剂的 HLB 值，均以石蜡的 HLB=0，油酸的 HLB=1，油酸钾的 HLB=20，十二烷基硫酸酯钠盐的 HLB=40 作为参考标准。利用 HLB 可以初步从理论上选定乳化剂，并且可以根据乳化油相所需的 HLB 值以及乳化剂应提供的 HLB 值确定乳化剂配伍的最佳比例(表 7-5)。

表 7-5 表面活性剂的 HLB 值及其应用

HLB 范围	用途
3~6	W/O 乳化剂
7~9	润湿剂
8~18	O/W 乳化剂
13~15	洗涤剂
15~18	加溶剂

在实际配方中，有时为了实现最佳乳化效果，乳化剂复配也是一种不错的选择。可根据 HLB 来选择几种合适的乳化剂进行复配。不同 HLB 值的乳化剂混合使用后的 HLB 值等于组成混合物各种乳化剂的加权平均值。即：

$$HLB(混) = HLBa \times A\% + HLBb \times B\%$$

式中 HLB(混)、HLBa 和 HLBb 分别为混合体系、表面活性剂 a 和表面活性剂 b 的 HLB 值。A%和 B%分别为表面活性剂 a 和表面活性剂 b 在混合物中所占的质量分数。此公式只适用于非离子型表面活性剂，而不适用于阴离子表面活性剂。即使非离子表面活性剂，在体系组分相互作用较大时，也存在较大的偏差。

人们可根据所要制作的产品类型来选定油相组分并进一步计算出油相基质所需要的 HLB 值，然后计算出表面活性剂 a 和表面活性剂 b 混合以后可以提供的 HLB 值，使其符合乳化油相基质所需的 HLB 值。

油相所需的 HLB 值的计算也可以根据 HLB 值的加和性。例如油相中有 A、B、C 三种组分，其 HLB 值分别对应为 HLBa、HLBb、HLBc，其用量为 a、b、c，测定油相混合物的 HLB 值可以用加权平均法来计算：

$$HLB = \frac{a}{a+b+c} \times HLB_a + \frac{b}{a+b+c} \times HLB_b + \frac{c}{a+b+c} \times HLB_c$$

丹皮膏霜油相所选用的油性原料及其含量参见表 7－6，实验油相所需要的 HLB 值为 10.6424。

表 7－6　油相组成

油相组分	含量%	占比%	所需 HLB 值	体系所需 HLB 值
动物油脂	7	63.64	8	8×0.6364
霍霍巴油	0.5	4.55	6	6×0.0455
棕榈酸异丙酯	1.5	13.64	12	12×0.1364
硬脂酸	2.0	18.18	17	17×0.1818
合　计	11.0	100.00		10.6424

一般选定好的油-水体系存在一个最佳的 HLB 值，当乳化剂的 HLB 值为此值时对该体系的乳化效果最好。此最佳的 HLB 值的确定方法：首先选择两种 HLB 值相差较大的乳化剂，根据乳化剂的加合性，可以将二者按不同比例

混合,可以得到最佳的乳化效果,尽可能地靠近本实验油相所需的 HLB 值。乳化剂的用量一般为 1%~10%,一般参考以下计算方法:

乳化剂质量/(乳化剂质量+油量质量)= 10%~20%

实验所需的水相原料主要是丹皮水提取液(参考本书之前所述方法提取备用)。

1. 丹皮膏霜的制备

1) 将去离子水、甘油、丹皮提取液配制水相,加热备用。

2) 将动物油脂等按配方比例准确称量好后依次加入油相中,加热备用。

3) 将水相加入油相中,搅拌 20 min(前 5 min 200 r/min、后 15 min 1 000 r/min)使之乳化完全。

4) 冷却降温,加入防腐剂和香精(视消费者喜好),继续搅拌 5 min 获得产品。

2. 丹皮膏霜质量检测指标

1) 色泽:用目力在室内无阳光直射处观察。

2) 香气:取试样用嗅觉进行鉴别。

3) 耐热:预先将电热恒温培养箱调节到(40±1)℃,取试样一瓶放在电热恒温培养箱内 24 h 后取出,恢复室温后进行目测观察。

4) 耐寒:预先将冰箱调节到-10~-5℃,取试样一瓶置于冰箱内 24 h 后取出,恢复室温后进行目测观察。

5) pH:按照 GB/T 1531.1-2008 中规定的方法测定(稀释法)。取试样一份(精确至 0.1 g),加入经煮沸冷却后的实验室用水(采用医用 GB/T 6682-1992 中的三级水)九份,加热至 40℃,并不断搅拌至均匀,冷却至规定温度,待用。

6) 微生物检测:参考相关国家标准中规定方法检测(化妆品卫生规范,2007;化妆品安全技术规范,2015)。菌落总数是指化妆品检样经过处理,在一定条件下培养后(如培养基成分、培养温度、培养时间、pH、需氧性质等),1 g(1 mL)检样中所含菌落的总数。所得结果只包括一群本方法规定的条件下生长的嗜中温的需氧性菌落总数。测定菌落总数便于判明样品被细菌污染的程度,是对样品进行卫生学总评价的综合依据。

7) 重金属检测方法参见表 7-7。样品处理采用浸提法(只适用于不含蜡质的化妆品）。按照国家化妆品卫生规范（2007）、化妆品安全技术规范（2015）操作。

表7－7　重金属检测方法

重金属	测　定　方　法
Pb 铅	石墨炉原子吸收法分光光度法
As 砷	分光光度法
Hg 汞	冷原子吸收法

各重金属的测定重复3次，取平均值

3. 凤丹膏霜质量评价

与标准指标比对，分别从感官指标、理化指标、卫生指标、有毒物质四方面对凤丹膏霜进行质量评价（表7－8）。

表7－8　护肤膏霜的质量评价

指　标　名　称		标准指标（O/W）	检　测　结　果
感观指标	外观	膏体细腻，均匀一致	膏体细腻，均匀一致
	香气	符合规定香型	符合规定香型
理化指标	pH	4.0～8.5	5.6
	耐热	（40±1）℃保持24 h，恢复至室温后无油水分离现象	（40±1）℃保持24 h，恢复至室温后无油水分离现象
	耐寒	-10～-5℃保持24 h，恢复至室温后与实验前无明显性状差异	-10～-5℃保持24 h，恢复至室温后与实验前无明显性状差异
卫生指标	细菌总数/（CFU/g）	≤1 000	≤10
	粪大肠菌群/（个/g）	不得检出	未检出
	绿脓杆菌/（个/g）	不得检出	未检出
	金黄色葡萄球菌/（个/g）	不得检出	未检出
有毒物质	Pb 铅/（mg/kg）	≤40	0
	As 汞/（mg/kg）	≤1	0
	Hg 砷/（mg/kg）	≤10	0

采用MTT（四甲基偶氮唑蓝）比色法结合以下步骤评价膏霜的细胞毒性（MTT比色法是一种快速评定细胞增殖、细胞毒性的常用比色分析法，用细胞系进行化妆品毒性研究简便、易操作、试验周期短，是化妆品非动物独立评价

中较好的实验方法)。

1) 待测样品准备:将制作的丹皮膏霜样品(样品 1)加入 1%~10% DMSO 助溶后配成 5 mg/mL 的溶液,无菌条件下 3 倍稀释备用;以市售的产品(样品 2)做对照,按上述方法同样配制成待测液。

2) 细胞毒性试验:将对数生长期的 HaCAT 细胞消化,吹打制成细胞悬液,计数并调整细胞浓度,加入 96 孔培养板,5%CO_2,37℃温箱培养,24 h 后弃旧培养液,加入不同浓度的样品 200 μL,每个稀释度作 4 个平行孔,继续培养 20 h 后加入 MTT,每孔 20 μL,再培养 4 h,弃液体后加入 100 μL DMSO,振荡摇匀,立即在 570nm 波长下测定 A 值,重复上述试验 3 次。

实验表明,在加样后 12 h、20 h 时,阳性对照组细胞数量明显减少,细胞大量坏死;阴性对照组细胞形态正常,数量明显增加,生长良好;样品组大部分细胞形态正常,高浓度组细胞溶解,坏死。不同浓度的样品对细胞作用 24 h 后,MTT 法测定 A570 nm,计算细胞的存活率[细胞存活率=(样品组 A 值-空白组 A 值)/(阴性对照组 A 值-空白组 A 值)](表 7-9)。

表 7-9 细胞毒性测定结果

样品浓度(mg/mL)	样品 1		样品 2		SDS	
	A 值($\bar{X}\pm S_{\bar{X}}$)	细胞存活率(%)	A 值($\bar{X}\pm S_{\bar{X}}$)	细胞存活率(%)	A 值($\bar{X}\pm S_{\bar{X}}$)	细胞存活率(%)
5	0.128 3±0.011	10.583*	0.0681 ±0.016	6.237*	0	0
1.667	0.673 1±0.024	55.465*	0.453 0±0.010	41.456*	0	0
0.556	1.077±0.004	88.737*	0.663 1±0.012	59.478*	0	0
0.185	1.199 3±0.02	98.813	0.963 7±0.012	88.215*	0.040 4±0.018	3.75
0.062	1.242 3±0.002	100	1.078 9±0.018	98.774	0.101 3±0.019	9.41
阴性对照	1.213 7±0.074	100	1.092 4±0.024	100	1.076 5±0.036	100

注:与阴性对照比,* $P<0.05$

将细胞存活率对浓度作图,用 SPSS 软件计算 IC_{50}。结果表明样品 1(制作的产品)、样品 2(市售产品)的 IC_{50}分别为 2.27 mg/mL、1.61 mg/mL。根据标准——欧盟国家实验室化妆品毒性判定标准:$IC_{50}\geq 1.5$ mg/mL 时,化妆品的细胞毒性极小或无毒性;0.5 mg/mL$\leq IC_{50}<1.5$ mg/mL 时,化妆品的细胞毒性中等;$IC_{50}<0.5$ mg/mL 时,化妆品的细胞毒性较强。实验室制作的产品细胞毒性极小或无细胞毒性,且优于市售的产品。

凤丹膏霜的功效评价包括保湿性能、总体感官。其中：

保湿性能参考张美玲等(2006)，称取各样品5.0 g分别置于型号40×25称量瓶中，不加盖同时置于25℃、相对湿度为60%的恒温恒湿箱中，每隔2 h称量并按下式计算其失水率：

$$S\% = \triangle w / w0 \times 100$$

式中S为样品的失水率/%；△w为静置后样品的失重/g；w0为样品的质量/g。

试验结果表明丹皮膏霜保湿性能良好，其保湿效果优于市场上的某产品，也高于对照10%甘油(图7-5)。

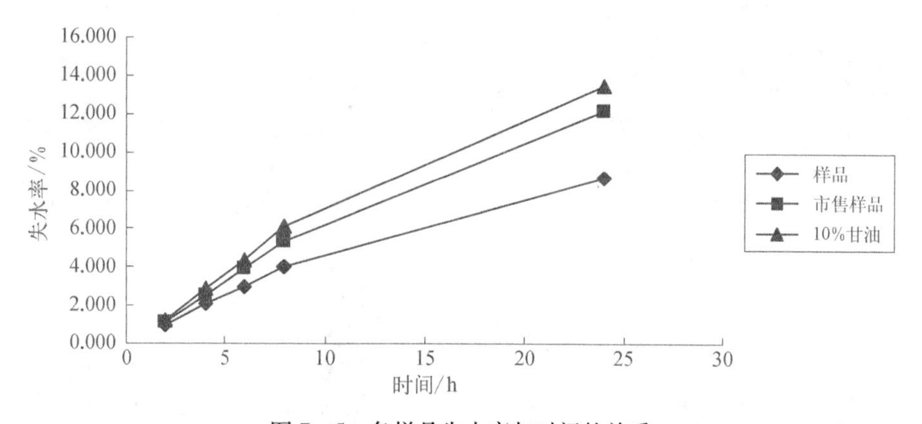

图7-5　各样品失水率与时间的关系

根据评价人员的实际使用来评价膏霜的使用感觉和安全性。随机选择年龄为20~50岁的男、女各10名作为评价小组成员，连续5天使用膏霜产品，按照"取到手上的感觉、涂布时的伸展性、涂布时的润滑感、浸透性、涂布后的感觉、使用后的肌肤状态、涂布时的刺激性、使用后的刺激性"八项内容实施评价。评价是对于使用感觉和皮肤的状态，按照3等级进行评价(A：好；B：一般；C：差)，另外对于刺激性按照3等级进行评价(A：无刺激；B：有不适感；C：有刺激)。从总体评价结果可知(表7-10)，丹皮膏霜在使用过程中安全无刺激，容易涂抹且涂抹后皮肤滋润不油腻。

很显然，丹皮膏霜质量稳定，具有比一般护肤膏霜作用温和、刺激性小、安全性高等特点，无论是色泽、香气还是耐寒性、耐热性、pH等，各项指标均符合国家技术标准。

表 7－10 膏霜总体感官评价

评价等级	(1)	(2)	(3)	(4)	(5)	(6)	(7)	(8)
A	9	8	8	10	8	7	8	8
B	1	2	2	0	2	3	2	2
C	0	0	0	0	0	0	0	0

除丹皮膏霜外，凤丹还是爽肤水、手机清洁产品等的主要原料，基于凤丹的护肤霜、爽肤水、眼霜、皮草护理剂、面膜、手机擦、香囊等中药日化产品，因具有很好的功效且绿色环保，其市场潜力应该充分挖掘（图 7－6）。

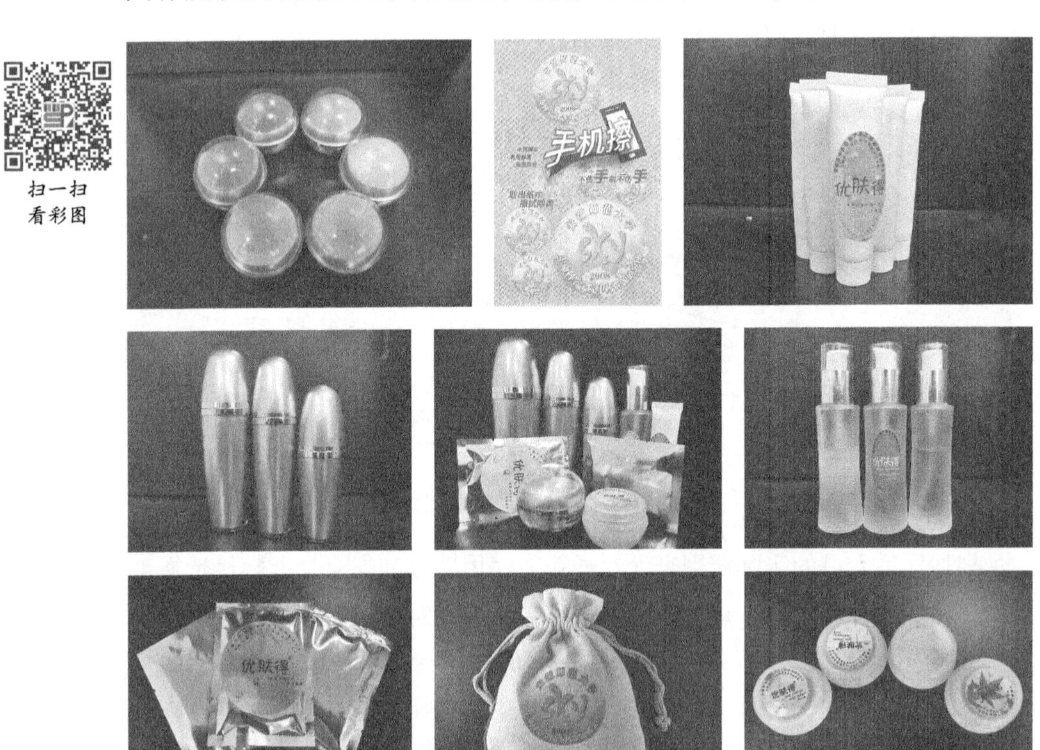

图 7－6 中药日化产品（由安徽省中药日化产品工程技术研究中心提供）

主要参考文献

白章振，张延龙，于蕊，等.2017.不同方法提取‘凤丹’牡丹籽油品质比较[J].食品科学，38(1)：136－141.

鲍士旦.2000.土壤农化分析.北京：中国农业出版社.

北京农业大学植保系植物生态病理教研室编译.1991.植物根际生态学与根病生物防治进展[M].北京：中国人民大学出版社.

薄红兵，王晓彬，王希，等.2014.丹皮酚对烫伤诱导小鼠肝损伤肝组织自噬蛋白 LC3 表达的影响[J].中国临床药理学杂志，30(12)：1117－1119.

曹凯，李远婷，安登第，等.2015 内生菌对提高植物抗干旱胁迫的研究进展[J].生物技术通报，31(5)：1－6.

曹坤方.1993.植物生殖生态学透视[J].植物学通报，10(2)：15－23.

陈丹明，郭娜，郭绍霞.2010.丛枝菌根真菌对牡丹生长及相关生理指标的影响[J].西北植物学报，30：0131－0135.

陈敏玲，李伟华，陈章和.2008.不同层面上微生物多样性研究方法[J].生态学报，28(12)：6264－6271.

陈让廉.2004.铜陵牡丹[M].北京：中国林业出版社.

陈士强，王忠，刘满希，等.2007.水稻花粉萌发及花粉管生长动态[J].中国水稻科学，21(5)：513－517.

陈晓辰，宋经元，董林林，等.2012.宏基因组学与道地药材研究[J].中草药，43(12)：2315－2320.

陈颖，李肖肖，应娇妍，等.2012.内蒙草原不同植物功能群及物种对土壤微生物组成的影响[J].生物多样性，20(1)：59－65.

陈云，康莉华.2017.丹皮酚对高脂血症小鼠的脂代谢调节保护作用及其机制[J].中国临床药理学杂志，33(22)：2273－2277.

陈泽斌，黄丽，王海燕，等.2015.具杀线虫活性烟草内生细菌的筛选及鉴定[J].西南农业学报，28(1)：202－206.

陈智忠，陈俊，刘大瑛，等.2000.洛阳牡丹主要栽培品种耐旱特性的研究[J].林业科技，25(5)：61－62.

成仿云，杜秀娟.2008.低温与赤霉素处理对‘凤丹’牡丹种子萌发和幼苗生长的影响[J].园艺学报，35(4)：553－558.

成仿云.2005.中国紫斑牡丹[M].北京：中国林业出版社.

程磊,方成武,陈娜,等.2015.亳州地区凤丹根腐病病原鉴定[J].中国农学通报,31(16):190－193.
储成才,李大卫.1993.牡丹组织培养中玻璃化现象的出现及初步观察[J].信阳师范学院学报(自然科学版),6(1):98－101.
崔晋龙,郭顺星,肖培根.2017.内生菌与植物的互作关系及对药用植物的影响[J].药学学报,52(2):214.
崔霞,贾小丽,乔利香,等.2013.丹皮提取物对荷兰黄瓜保鲜的研究[J].粮食与食品工业,20(4):75－77,81.
戴敏,李后开.2006.丹皮酚对动脉粥样硬化家兔血管平滑肌细胞增殖的影响[J].中国药理学通报,(5):587－591.
邓爱平,方文韬,谢冬梅,等.2017.牡丹皮历代产地变迁及品质评价[J].中国现代中药,19(6):880－885,890.
丁东玲,邢晴晴,王雪,郑艳.2018.药用牡丹拮抗内生细菌的筛选鉴定及优化培养[J].中药材,(9):1832－1836.
丁彦博,穆云龙,霍培元,等.2018.产非达霉素药用植物内生放线菌 N12W0304 的分类鉴定[J].中国抗生素杂志,45(1):81－90.
东秀珠,蔡妙英.2001.常见细菌系统鉴定手册[M].北京:科学出版社.
杜慧竟,苏静,余利岩,等.2013.药用植物内生放线菌的分离和生物学特性[J].微生物学报,53(1):15－23.
杜慧竟,余利岩,张玉琴.2012.类诺卡氏属放线菌的研究进展[J].微生物学报,52(6):671－678.
段祥光,张利霞,刘伟,等.2018.施氮量对油用牡丹'凤丹'光合特性及产量的影响[J].南京林业大学学报(自然科学版),(1):48－54.
范俊安,张艳,夏永鹏,等.2007.重庆垫江牡丹皮主要有效成分多维动态分析[J].中国中药杂志,32(15):1501－1504.
方成武,刘晓龙,周安,等.2006.安徽南陵凤丹皮最佳采收期的考察[J].现代中药研究与实践,20(5):21－24.
方成武,刘晓龙,周安.2005.安徽不同产地牡丹皮及其生长土壤农残与重金属含量检测[J].现代中药研究与实践,19(6):17－19.
冯天祥,陆可茵,陆兰依塔,等.2015.植物内生放线菌多样性研究进展[J].微生物学杂志,35(3):97－103.
冯天祥,王玲,陈海敏,等.2015.植物内生放线菌功能及生物活性物质研究进展[J].中国生物工程杂志,35(4):98－106.
傅国强,马鹏程,吴勤学.2003.196 味中药乙醇提取物对酪氨酸酶的抑制作用[J].中华皮肤科杂志,36(2):103－106.
傅若秋.2010.牡丹皮水提物及乙醇提取物的抗菌作用研究[J].中国药业,19(18):29.
盖伟玲,盖树鹏,郑国生.2011.牡丹新鲜花粉活力的快速测定[J].林业实用技术,5:32－34.
葛全胜,郑景云,赵慧霞.2003.近 40 年中国植物物候对气候变化的响应研究[J].自然科学进展,10(13):1048－1052.
国家食品药品监督管理总局.2015.化妆品安全技术规范—2015[S].北京:中国标准出版社.

宫毓静，刘红，冯淑怡，等.2011.牡丹皮等10种中药对白色念珠菌浮游菌和生物膜作用的研究[J].中国实验方剂学杂志，17(23)：129－132.

龚盛昭，杨卓如，张木全.2007.微波辅助提取牡丹皮中的酪氨酸酶抑制剂[J].精细化工，24(8)：765－768.

关晶，景振龙，童立芬，等.2017.水蒸气蒸馏法提取牡丹皮中丹皮总酚的工艺优选[J].北京医学，39(7)：745－747.

管玉鑫，贾娜，郑艳，等.2017.五产区牡丹根际微生物数量分布研究[J].安徽师范大学学报(自然科学版)，40(3)：260－264.

管玉鑫，邢晴晴，郑艳.2016.牡丹皮五产区根际土壤酶活性研究[J].现代中药研究与实践，30(3)：7－10.

郭宝林，巴桑德吉，肖培根，等.2002.中药牡丹皮原植物及药材的质量研究[J].中国中药杂志，27(9)：654－657.

郭凤仙，刘越，唐丽，等.2017.药用植物根际微生物研究现状与展望[J].中国农业科技导报，19(5)：12－21.

郭兰萍，王升，张霁，等.2014.生态因子对黄芩次生代谢产物及无机元素的影响及黄芩道地性分析[J].中国科学(生命科学)，44(1)：66－74.

郭丽丽，尹伟伦，郭大龙，等.2017.油用凤丹牡丹不同种植时间根际细菌群落多样性变化[J].林业科学，53(11)：131－141.

郭良栋.2001.内生真菌研究进展[J].菌物系统，20(1)：148－152.

郭绍霞，张玉刚，王莲英，等.2010.中国牡丹主栽培区根围土壤中的丛枝菌根真菌的分离鉴定[J].青岛农业大学学报(自然科学版)，27：105－109.

郭霞，周俊杰，沈丹.2012.牡丹基质栽培技术研究[J].安徽农业科学，40(31)：15183－15184.

国家药典委员会.2010.中华人民共和国药典(2010版　一部)[M].北京：中国医药科技出版社，160－161.

国家药典委员会.2015.中华人民共和国药典(2015版　一部)[M].北京：中国医药科技出版社，172.

韩红.2003.实施牡丹产品创新策略[J].河南科技大学学报(社会科学版)，(21)：90－91.

韩丽，张秀新，王新建，等.2008.牡丹花粉活力测定方法的研究[J].中国农学通报，5(24)：379－382.

韩雪梅，郭卫华，周娟.2006.土壤微生物生态学研究中的非培养方法[J].生态科学，25(1)：87.

何春年，肖伟，李敏，等.2010.牡丹种子化学成分研究[J].中国中药杂志，35(11)：1428－1431.

何聪芬.2009.植物药妆品市场[J].日用化学品科学，32(10)：19－21.

何佳，赵启美，吕丹丹，等.2017－06－06.一种植物乳杆菌发酵凤丹牡丹花瓣茶饮料的制法[P].CN201710415961.2.

何丽霞，李睿.2005.中国野生牡丹花粉形态的研究[J].兰州大学学报，41(1)：43－49.

何童童，董梦琳，侯小改，等.2014.牡丹病害防治方法研究进展[J].陕西林业科技，(6)：72－75，79.

贺丹,李睿,纪思羽,等.2014.牡丹不定根形成相关基因 PsARRO－1 的克隆及表达分析术[J].植物生理学报,50(8)：1151－1158.
洪德元,潘开玉,周志钦.2004.Paeonia suffruticosa Andrews 的界定——兼论栽培牡丹的分类鉴定问题.植物分类学报,42(3)：275－283.
洪德元,潘开玉.1999.芍药属牡丹组的分类历史和分类处理[J].植物分类学报,37(4)：351－368.
洪德元,潘开玉.2005.芍药属牡丹组分类新注[J].植物分类学报,43(2)：169－177.
洪德元,潘开玉.2007.牡丹一新种——中原牡丹,及银屏牡丹的订正[J].植物分类学报,(03)：285－288.
洪德元.1999.芍药属牡丹组的分类历史和分类处理[J].植物分类学报,37(4)：351－368.
洪浩,王钦茂,赵帜平,等.2003.丹皮多糖－2b 对 2 型糖尿病大鼠的抗糖尿病作用[J].药学学报,(4)：255－259.
洪涛,张家勋,李嘉珏,等.1992.中国野生牡丹研究(一)：芍药属牡丹组新分类群[J].植物研究,12(3)：223－234.
侯宇荣,刘炜,郑艳.2014.安徽南陵丫山产牡丹皮的道地性研究[J].中药材,37(8)：1488－1491.
胡世林.1989.中国道地药材[M].哈尔滨：黑龙江科学技术出版社,541－544.
胡云飞,裴月梅,吴虹,等.2016.基于 UPLC－Q－TOF－MS 技术研究不同产地牡丹皮药材化学成分的差异[J].中草药,47(17)：2984－2992.
胡志伟.2013.植物促生细菌强化能源植物修复铜污染土壤效应及其机制研究[D].南京：南京农业大学.
华菊玲,刘光荣,黄劲松.2012.连作对芝麻根际土壤微生物群落的影响[J].生态学报,32(9)：2936－2942.
黄军祥.2013.牡丹根际土壤微生物功能多样性研究[D].芜湖：安徽师范大学.
黄林芳,陈士林.2017.中药品质生态学：一个新兴交叉学科[J].中国实验方剂学杂志,23(1)：1－11.
黄璐琦,陈美兰,肖培根.2004.中药材道地性研究的现代生物学基础及模式假说[J].中国中药杂志,29(6)：494－496,610.
黄璐琦,郭兰萍,胡娟,等.2008.道地药材形成的分子机制及其遗传基础[J].中国中药杂志,33(20)：2303－2308.
黄璐琦,郭兰萍.2007.环境胁迫下次生代谢产物的积累及道地药材的形成[J].中国中药杂志,32(4)：277－280.
黄璐琦,彭华胜,肖培根.2011.中药资源发展的趋势探讨[J].中国中药杂志,36(1)：1－4.
黄璐琦,张瑞贤.1997."道地药材"的生物学探讨[J].中国药学杂志,32(9)：563－566.
黄璐琦.2006.分子生药学[M](第二版).北京：北京医科大学出版社.
黄爽.1982.神农本草经[M].北京：中医古籍出版社,342.
黄永高.2006.芍药和牡丹部分品种茎叶器官的解剖学观察比较[J].江苏农业学报,22(4)：447－451.
冀涛.2007.牡丹盆景制作与养护管理[J].河南林业科技,27：40－42.
贾文庆,刘会超.2009.凤丹子叶愈伤组织诱导及分化研究[J].学术园地,6：3－5.

江曙，段金廒，钱大玮，等. 2009. 根际微生物对药材道地性的影响［J］. 土壤，41(3)：344－349.

江苏新医学院.1986.中药大辞典(上册)［M］.上海：上海科学技术出版社.

江绪文，李贺勤.2014.植物内生菌防治植物寄生线虫的研究进展［J］.生物技术通报，(9)：7－12.

江元勋，金心怡，刘素惠，等.2012.洛阳牡丹红茶加工品质及其文化探究［J］.福建茶业，2：34－35.

焦梦姣，邓哲，章军，等.2018.含挥发性成分中药饮片标准汤剂的制备和质量标准研究——以牡丹皮为例［J］.中国中药杂志，43(5)：891－896.

靳正忠，雷加强，徐新文，等.2012.流沙区不同立地条件下防护林土壤微生物多样性分析［J］.中国沙漠，31(6)：1430－1436.

康业斌，商鸿生，成玉梅.2005.牡丹病虫害及其固有的化学抗病物质研究进展［J］.西北农林科技大学学报(自然科学版)，33(8)：247－249.

康业斌，商鸿生，成玉梅.2006.水蒸气蒸馏法提取丹皮酚工艺的研究［J］.西北农林科技大学学报(自然科学版)，34(11)：133－135.

康业斌，商鸿生，董田菊.2006.凤丹与洛阳红根际微生物及其根皮丹皮酚含量的关系［J］.西北农林科技大学学报(自然科学版)，34(12)：159－162.

孔昭琰，胡煜雯，巢建国，等.2011.凤丹皮 HPLC 指纹图谱研究［J］.南京中医药大学学报，27(1)：66－68.

雷秀清，李力，黄建忠.2014.提高放线菌次级代谢产物产量方法的研究进展［J］.生物技术通报，(5)：45－46.

李博，王彩波.2009.牡丹根结线虫的发生与防治［J］.中国花卉园艺，12：22.

李昶，黄璐琦，肖培根，等.2011.道地药材的知识产权保护研究［M］.上海：上海科学技术出版社，1－23.

李丹，王秋玉.2011.变性梯度凝胶电泳及其在土壤微生物生态学中的应用［J］.中国农学通报，27(03)：6－9.

李道龙. 南陵‘凤丹’填补我市国家地理标志产品保护空白［N］. 芜湖日报，2010－12－13(002).

李芳兰，包维楷.2005.植物叶片形态解剖结构对环境变化的响应与适应［J］.植物学通报，22：118－127.

李化，黄璐琦，杨滨. 2008. 论植物物候学指导中药材采收期的研究［J］. 中国药学杂志，43(19)：1441－1444.

李嘉珏，何丽霞，陈德忠，等.2006.中国牡丹品种图志——西北、西南、江南卷［M］.北京：中国林业出版社.

李嘉珏.1999.中国牡丹与芍药［M］.北京：中国林业出版社.

李娇，张宝龙，赵颖，等.2014.内生菌对提高植物抗盐碱性的研究进展［J］.生物技术通报，(4)：14－18.

李时珍撰，刘恒如校点.1997.本草纲目(第二册)［M］.北京：人民卫生出版社.

李薇，王远亮，蔡绍皙，等.2000.丹皮酚和阿司匹林对大鼠血液流变学影响的比较［J］.中草药，31(1)：29－31.

李文均,职晓阳,唐蜀昆.2013.我国放线菌系统学研究历史、现状及未来发展趋势[J].微生物学通报,40(10):1860.

李晓青,韩继刚,刘炤,等.2014.不同地区凤丹经济性状及其籽油脂肪酸成分分析[J].粮食与油脂,27(4):43－46.

李晓霞,张悦等.2010.药妆品的研究现状与进展[J].日用化学品科学,33(6):4－7.

李晔,孙丽娜,杨继松,等.2010.基于 PCR－DGGE 的重金属污染土壤微生物种群指纹分析[J].生态环境学报,19(9):2204－2208.

李滢,孙超,罗红梅,等.2010.基于高通量测序 454gsflx 的丹参转录组学研究[J].药学学报,45:524－529.

李玉洁,王慧,赵建宁,等.2015.耕作方式对农田土壤理化因子和生物学特性的影响[J].应用生态学报,26(3):939－948.

李媛媛,郑艳,黄军祥,等.2012.牡丹皮的综合利用现状与产业发展分析[J].现代中药研究与实践,26(4):83－85.

李媛媛,郑艳.2011.药妆与中草药的源流探讨[J].日用化学品科学,34(11):4－7.

李云娣,曹明明,顾昕琪,等.2017.土壤宏基因组文库来源酯酶的鉴定与表征[J].微生物学通报,44(6):1255－1262.

李战国.2006.菏泽牡丹产业现状及发展对策研究[D].济南:山东农业大学.

李正理.1987.植物制片技术[M].北京:科学出版社.

李子峰,王佳,胡永红,等.2007.凤丹白牡丹核型分析与减数分裂的细胞遗传学观察[J].园艺学报,34(2):411－416.

厉桂香,马克明.2018.土壤微生物多样性海拔格局研究进展[J].生态学报,38(5):1－8.

廖保生,宋经元,谢彩香,等.2014.道地药材产地溯源研究[J].中国中药杂志,39(20):3881－3888.

廖长宏,陈军文,吕婉婉,等.2017.根和根茎类药用植物根腐病研究进展[J].中药材,40(2):492－497.

林松明,徐迎春,蔡志仁,等.2006.打破凤丹种子上胚轴休眠的研究[J].江苏农业科学,1:84－86.

林腾,范九良,付利方,等.2018.“十大皖药”铜陵凤丹示范基地建设现状与建议分析[J].中国药事,32(04):476－479.

林熙然.2007.药妆品与中药研究[J].中国中西医结合皮肤性病学杂志,6(4):257－260.

林先贵.2010.土壤微生物研究原理与方法[M].北京:高等教育出版社,37－38,123－124,170－171.

林英光,姚煜东.2002.超临界萃取丹皮酚在牙膏中的应用研究[J].牙膏工业,(2):27－29.

刘爱敏,武海军,杨玉梅.2004.丹皮酚的镇痛作用[J].包头医学院学报,(2):99－100.

刘昌孝.2016.从中药资源-质量-质量标志物认识中药产业的健康发展[J].中草药,47(18):3149－3154.

刘春生,王海等.2001.药用动植物种养加工技术——牡丹皮[M].北京:中国中医药出版社,57－61.

刘国华,叶正芳,吴为中.2012.土壤微生物群落多样性解析法:从培养到非培养[J].生态学报,32(14):4421－4433.

刘华.2011.安徽铜陵牡丹产业的现状、存在问题与可持续发展对策[J].中国园艺文摘,(8):42-43.
刘继林,王锋.2012.对洛阳市牡丹产业发展的思考[J].现代农业科技,(14):315-316.
刘俊夫.1993.铜陵牡丹特性及其开发利用[J].中国花卉盆景,(04):27-37.
刘磊,计陈,刘会超,等.2011.凤丹白成熟胚快繁及组培苗移栽驯化研究[J].北方园艺,(12):99-101.
刘林德,王仲礼,祝宁.2003.传粉生物学研究简史[J].生物学通报,38(5):59-61.
刘满强,胡锋,何园球,等.2003.退化红壤不同植被恢复下土壤微生物量季节动态及其指示意义[J].土壤学报,40(6):937-944.
刘普,卢宗元,刘欣,等.2013.凤丹籽饼粕化学成分研究[J].中草药,44(22):3105-3108.
刘起丽,张建新,徐瑞富,等.2011.柑橘皮内生细菌分离及柑橘青霉病菌拮抗菌筛选研究[J].中国农学通报,27(28):235-239.
刘瑞霞,杨玉珍,王国霞,等.2015.牡丹根皮提取物对口腔细菌的作用[J].生物技术世界,(5):90-93.
刘善江,夏雪,陈桂梅,等.2011.土壤酶的研究进展[J].中国农学通报,27(21):1-7.
刘彤.2009.透明质酸及其在化妆品中的应用[J].广州化工,37(8):71-73.
刘威,王振中,胡军华,等.2017.不同产地牡丹皮中微量元素与多指标成分灰色关联度评价及相关性分析[J].中国实验方剂学杂志,23(1):34-41.
刘炜.2016.中药材道地(地道)性探讨——牡丹根际土壤真菌多样性的证据[D].芜湖:安徽师范大学.
刘翔,李清道.1991.牡丹盆景制作与管理[J].花木盆景(花卉园艺),(6):15.
刘晓龙,汪荣斌,刘学医,等.2009.安徽凤丹的品种考证[J].中药材,32(8):1316-1318.
刘颖,魏希颖.2014.内生菌对植物次生代谢产物的转化[J].天然产物研究与开发,26:300-303,267.
刘玉英.2010.中原牡丹品种生物学及形态特性研究[D].北京:北京林业大学.
刘炤,周华,蔡新凤,等.2011.凤丹成熟胚不定芽的初步诱导[A].中国观赏园艺研究进展2011[C].北京:中国园艺学会,1-4.
刘志刚.2011.基于非培养方法的牡丹根部细菌种群多样性研究[D].洛阳:河南科技大学.
龙全江,徐雪琴.2012.牡丹皮采收加工及切制研究文献分析[J].甘肃中医学院学报,29(1):50-51.
鲁守平,隋新霞,孙群,等.2006.药用植物次生代谢的生物学作用及生态环境因子的影响[J].天然产物研究与开发,18:1027-1032.
吕建洪,巢建国,谷巍,等.2014.HPLC 法研究贮藏期牡丹皮中三种药效成分的含量变化[J].现代中药研究与实践,28(6):28-31.
吕文海,张欣,宋磊,等.2005.山东菏泽牡丹皮产地加工品的定量分析[J].中成药,27(10):1162-1165.
马爱爱,徐世健,敏玉霞,等.2014.祁连山高山植物根际土放线菌生物多样性[J].生态学报,34(11):2916-2928.
马利苹,王力华,阴黎明,等.2008.乌丹地区文冠果生物学特性及物候观测[J].应用生态学报,19(12):2583-2587.

马永甫,杨晓红,李品明,等.2005.重庆市主产药用植物丛枝菌根结构多样性研究[J].西南农业大学学报(自然科学版),27(3):406-409.

马悦欣,Holmstrm C, Webb J, et al.2003.变性梯度凝胶电泳(DGGE)在微生物生态学中的应用[J].生态学报,23(8):1561-1569.

孟祥才,陈士林,王喜军.2011.论道地药材及栽培产地变迁[J].中国中药杂志,36(13):1687-1692.

孟欣慧.2008.菏泽牡丹产业现状及发展对策[J].北方园艺,(1):65-67.

苗翠苹,胡娟,翟英哲,等.2012.滇牡丹内生真菌PR20的鉴定及次生代谢产物的研究[J].天然产物研究与开发,24:1339-1342.

牛佳佳,吴静,贺丹等.2009.牡丹离体培养中褐化问题的研究进展[J].中国农学通报,25(11):34-37.

牛倩,王德群,刘耀武.2012.亳州栽培药材的历史变迁[J].安徽医药,14(2):232-234.

潘法连.1989.铜陵牡丹历史论述[J].古今农业,(1):70-75.

彭福.2011.黄连、牡丹皮道地药材的品质研究[D].成都:成都中医药大学.

彭华胜,郝近大,黄璐琦.2015.道地药材形成要素的沿革与变迁[J].中药材,38(8):1750-1755.

彭邵峰,周子发,张雁丽,等.2013.Ag在牡丹组织培养中的应用研究[J].农业科技通讯,5:103-104.

齐鸿雁,薛凯,张洪勋.2003.磷脂脂肪酸谱图分析方法及其在微生物生态学领域的应用[J].生态学报,23(8).

齐雅静,白淑兰,韩胜利,等.2011.油松,虎榛子不同林型根际土壤微生物多样性研究[J].中国农学通报,27(2):53-56.

祁鹤兴,周星辰,胡美娟,等.2015.宁夏白芨滩自然保护区苦豆子内生放线菌多样性及其分布[J].微生物学通报,42(6):990-1000.

钱明月,李梅青,吴悠,等.2014.凤丹籽油理化特性及脂肪酸GC-MS分析[J].天然产物研究与开发,26:380-383.

谯天敏,张静,赵芳,等.2014.铜绿假单胞菌发酵条件优化及抗菌物质研究[J].南京林业大学学报(自然科学版),38(5):45-50.

邱艳.2009.药用牡丹(丹皮)根腐病菌遗传多样性和生物防治研究[D].合肥:安徽农业大学.

任德权,周荣汉.2003.中药材生产质量管理规范(GAP)实施指南[M].北京:中国农业出版社.

任鸿雁,石颜通,国有清,等.2016.不同处理对凤丹种子萌发的影响[J].浙江农林大学学报,33(3):537-542.

阮继生,黄英.2011.放线菌快速鉴定与系统分类[M].北京:科学出版社.

阮继生.2013."伯杰氏系统细菌学手册(第2版)"第5卷与我国的放线菌系统学研究[J].微生物学报,53(6):521-530.

申萍,王政,何松林.2014.不同封口方式对牡丹试管苗生长的影响[J].河南农业科学,43(2):100-104.

申万坤,刘学医,吴春香,等.2012.不同生长年限牡丹皮中丹皮酚含量研究.中医药临床杂志

[J].24(10): 1007 - 1008.
沈保安.1997.药材牡丹皮的原植物——芍药属一新变种[J].植物分类学报,35(4): 360 - 361.
沈莉,石秋霞,高晓忠,等.2014.不同炮制方法对牡丹皮多糖和总黄酮含量的影响[J].江苏农业科学,42(11): 324 - 326.
沈寅初,张一宾.2000.生物农药[M].第1版.北京: 化学工业出版社,14 - 15.
史闯,殷钟意,郑旭煦.2016.碱液去皮工艺对牡丹籽出油率的影响研究[J].重庆工商大学学报,1(33): 89 - 93.
史浩,揭志刚,向德雨,等.2008.丹皮酚对人结肠癌 LoVo 细胞增殖及凋亡的作用[J].实用癌症杂志,23(6): 557 - 560.
史俊清,张丽萍,薛健,等.2010.安徽铜陵牡丹皮适宜采收期的研究[J].中国现代中药,12(2): 33 - 37.
史萍,刘雁丽,徐迎春,等.2012.铜处理对'凤丹'根系丹皮酚积累与分布的影响[J].南京农业大学学报,35(2): 76 - 80.
宋丹.2012.丹皮酚体外抑菌作用研究[J].医药导报,31(9): 1135 - 1137.
宋宏伟,刘少华,沈植国,等.2018.不同栽培条件下油用牡丹种子产量及含油率[J].经济林研究,36(01): 105 - 109.
苏智先,张素兰,钟章成.1998.植物生殖生态学研究进展[J].生态学杂志,17(1): 39 - 46.
孙锋,赵灿灿,何琼杰,等.2015.施肥和杂草多样性对土壤微生物群落的影响[J].生态学报,35: 6023 - 6031.
孙国平,王华,沈玉先,等.2004.丹皮酚在体外对4种肿瘤细胞株的增殖抑制作用[J].安徽医药,8(2): 85 - 87.
孙会忠,侯小改,刘素云,等.2009.牡丹(*Paeonia suffruticosa*)导管的形态多样性.中国农学通报,25(20): 125 - 127.
孙会忠,李金萍,陈旭,等.2016.牡丹内生菌 JP13 的产 β-甘露聚糖酶活性及鉴定[J].基因组学与应用生物学,35(10): 2702 - 2706.
孙会忠,宋月芹,王小东,等.2017."凤丹"牡丹根际土壤 LJP21 菌株的解钾活性及其鉴定[J].北方园艺,(7): 136 - 139.
孙剑秋,郭良栋,臧威,等.2008.药用植物内生真菌多样性及生态分布[J].中国科学(生命科学),38(5): 475 - 484.
孙强.2012.凤丹花挥发性成分测定及化学计量学分析[D].合肥: 安徽农业大学.
孙世光,郝淑娟,陈丽静,等.2015.星点设计-效应面法优选牡丹皮中丹皮酚提取工艺[J].中国现代应用药学,32(8): 920 - 923.
孙欣,高莹,杨云锋.2013.环境微生物的宏基因组学研究新进展[J].生物多样性,21(4): 393 - 400.
孙志国,陈志,刘成武,等.2010.安徽省道地药材类国家地理标志产品的保护现状及对策[J].安徽农业科学,38(14): 7353 - 7355.
锁春海.2013.药用牡丹高产栽培技术[J].农技服务,30(2): 128,130.
覃逸明,聂刘旺,黄雨清,等.2009.凤丹自毒物质的检测及其作用机制[J].生态学报,29(3): 1154 - 1161.

汤明杰,叶永山,张旗,等.2014.丹皮抗内毒素性急性肺损伤活性的谱效关系研究[J].中国中药杂志,39(22):4389-4393.
唐春山.2005-02-07.治疗皮肤瘙痒症及老年性皮肤瘙痒症的药物组合物及其制备方法[P].中国专利:200510018272.5.
唐冬雁,刘本才.2004.化妆品配方设计与制备工艺[M].北京:化学工业出版社.
陶春军,陈永宁,陈兴仁,等.2011.丹皮道地产区环境地球化学特征研究[J].广东微量元素科学,18(7):32-39.
田给林.2013.牡丹花茶的研制与开发[J].贵州农业科学,41(10):172-175.
田胜尼,孙庆业,王铮峰,等.2005.铜陵铜尾矿废弃地定居植物及基质理化性质的变化[J].长江流域资源与环境,14(1):88-93.
汪成忠,马菡泽,宋志平,等.2017.'凤丹'生物量分配的季节动态及其受株龄和遮荫的影响[J].植物科学学报,35(6):884-893.
汪荣军,姜云,颜贵明,等.2018.丹皮酚对高脂饮食诱导大鼠非酒精性脂肪肝的保护作用[J].中医药临床杂志,30(06):1063-1067.
王程成,赵慧,严颖,等.2018.道地药材品质形成机制的组学研究思路[J].中国中药杂志,1-9.
王崇云,党承林.1999.植物的交配系统及其进化机制与种群适应[J].武汉植物学研究,(02):163-172.
王春雷,张绍铃.2007.荧光标记在植物花粉管构造及生长特性研究中的应用[J].西北植物学报,27(2):0407-0413.
王春旻,陈亚敏.2009.清咽汤治疗慢性咽炎108例[J].陕西中医,(4):402-403.
王二强,王晓辉,郭亚珍,等.2006.牡丹盆景的制作[J].花木盆景(花卉园艺),51.
王伏雄,钱南芬,张玉龙等,1995.中国植物花粉形态(第二版)[M].北京:科学出版社.
王桂芹,努尔巴衣·阿布都沙勒克.2011.珠子参根茎结构特征与皂苷积累的动态变化关系[J].植物研究,31(1):284-288.
王浩贵.2005-04-16.牡丹皮洗涤制品[P].200510065379.5.
王佳,胡永红,张启翔.2002.江南牡丹品种资源调查研究[J].北方园艺,(4):160-162.
王建坤,张小平,周薇.2009.铅锌矿区土壤微生物区系及酶活性调查[J].环境监测管理与技术,(004):23-27.
王建英,任引哲,王迎新.2006.氧自由基与人体健康[J].化学世界,47(1):61-63.
王娟,和文祥,孙铁珩,等.2007.铜对土壤脲酶活性特征的影响[J].西北农林科技大学学报,35(11):135-140.
王娟英,许佳慧,吴林坤,等.2017.不同连作年限怀牛膝根际土壤理化性质及微生物多样性分析[J].生态学报,37(17):1-9.
王君,马挺,刘静.2008.利用PCR-DGGE技术指导高温油藏中功能微生物的分离[J].环境科学,29(2):462-468
王磊,龙秀锋,肖青,等.2014.一株10-羟基喜树碱转化内生菌的筛选及鉴定[J].生物技术,24(1):80-85.
王莉衡.2012.植物内生菌及其次生代谢活性物质多样性的研究进展[J].化学与生物工程,29(10):1-3.

王梨村.1990.中国古今物候学[M].成都：四川大学出版社.
王连喜，陈怀亮，李琪，等.2010.植物物候与气候研究进展[J].生态学报，30(2)：0447－0454.
王蒙蒙，卜祥潘，张倩，等.2018.'凤丹'离体快繁工厂化技术研究[J].分子植物育种，16(02)：526－534.
王敏.牡丹皮滴丸[P].中国专利：200310100897.7，2003－10－15.
王钦丽，卢龙斗，吴小琴，等.2002.花粉的保存及其生活力测定[J].植物学通报，19(3)：365－373.
王太霞.2004.怀地黄块根的发育与有效成分的积累关系及其道地性形成机制的研究[D].兰州：西北大学.
王唯薇，赵德刚.2010.刺梨花粉管萌发的荧光显微观察[J].基因组学与应用生物学，29(2)：322－326.
王新洲，胡忠良，杜有新，等.2010.喀斯特生态系统中乔木和灌木林根际土壤微生物生物量及其多样性的比较[J].土壤(Soils)，42(2)：224－229.
王雪，管玉鑫，丁东玲，等.2018.五产区牡丹根际及根内放线菌研究[J].中国中药杂志，43(22)：4419－4426.
王雪山，王善林，杜秉海，等.2012.牡丹根腐病拮抗菌的筛选与鉴定[J].山东农业科学，44(7)：90－94.
王雪山.2012.种植年限对牡丹根际土壤微生物群落结构的影响[D].泰安：山东农业大学.
王永炎，张文生.2006.中药材道地性研究状况与趋势.湖北民族学院学报(医学版)，23(4)：1－4.
王玥，杜守颖，袁航，等.2013.组织破碎法提取牡丹皮中有效成分的研究[J].中国药房，24(27)：2529－2532.
王占营，王晓晖，刘红凡，等.2014.江南牡丹引种洛阳生物学特性及物候期研究[J].安徽农业科学，42(33)：11651－11653.
王占营，闫进晓，王二强.2008.中国牡丹产业可持续发展的途径[J].内蒙古农业科技，6：9－13.
王志坤，付巧玲，宁福政，等.2008.洛阳牡丹立地地球化学特征[J].物探与化探，32(01)：75－78.
王志强，陈勇，刘双双，等.2018.基于形态、显微、多成分测定和指纹图谱的牡丹皮质量评价系统研究[J].中国中药杂志，43(14)：2899－2907.
王志伟，纪燕玲，陈永敢.2015.植物内生菌研究及其科学意义[J].微生物学通报，42(2)：349－363.
王朱珺，王尚，刘洋荧，等.2018.宏基因组技术在氮循环功能微生物分子检测研究中的应用[J].生物技术通报，34(1)：1－14.
王祝举，唐力英，赫炎.2006.牡丹皮的化学成分和药理作用[J].国外医药(植物药分册)，(4)：155－159.
王祖华，杨瑞先，宋根娣，等.2016.具有抑菌活性的牡丹内生细菌的筛选与鉴定[J].食品科技，41(7)：25－29.
韦小艳.2010.牡丹根际丛枝菌根真菌的初步研究[D].芜湖：安徽师范大学.

魏·吴普等述.清·孙星衍,孙冯翼辑.1982.神农本草经[M].北京：人民卫生出版社.
魏景超.1979.真菌鉴定手册[M].上海：上海科学技术出版社.
魏乐,廉永善,张怀刚.2007.三种牡丹雄蕊发育节律的比较研究[J].青海科技,(5)：37－39.
魏乐.2007.牡丹种间花粉粒形态差异性比较.青海大学学报,25(6)：52－54.
魏月琴,艾启俊.2008.中草药水煎液对果蔬致病真菌抑制作用的研究[J].保鲜与加工,(1)：33－35.
文才艺,吴元华,田秀玲.2004.植物内生菌研究进展及其存在的问题[J].生态学杂志,23(2)：86－91.
吴才武,赵兰坡.2011.土壤微生物多样性的研究方法[J].中国农学通报,27(11)：231－235.
吴越,李小俊,陈建宏,等.2017.广西北仑河口红树林植物根际土壤放线菌多样性及抗菌活性研究[J].中国抗生素杂志,42(4)：302－310.
肖丽萍,邓子新,刘天罡.2015.链霉菌底盘细胞的开发现状及其应用[J].微生物学报,56(3)：441－453.
肖艳红,李菁,刘祝祥,等.2013.药用植物根际微生物研究进展[J].中草药,44(4)：497－504.
谢冬梅,俞年军,黄璐琦,等.2017.基于高通量测序的药用植物“凤丹”根皮的转录组分析[J].中国中药杂志,42(15)：2954－2961.
谢桂林,谢桂伟,刘建丽,等.2005.菏泽牡丹园土壤动物的季节变化和垂直分布[J].菏泽学院学报,27(2)：46－51.
谢龙莲,陈秋波,王真辉,等.2004.环境变化对土壤微生物的影响[J].热带农业科学,24(3)：39－47.
徐纲,于超,阳勇,等.2009.不同居群栽培牡丹 rDNA ITS 区序列分析及鉴别[J].天然产物研究与开发,21：225－230.
徐国钧,徐珞珊.1997.常用中药材品种管理和质量研究(第二册)：牡丹皮专题研究[M].福州：福建科学技术出版社,630－654.
徐建强,张吕醉,唐慧骥,等.2018.洛阳市牡丹病害种类及其症状识别[J].中国森林病虫,37(1)：35－38.
徐金光,张鹏远,陈相国,等.2001.菏泽牡丹的栽培历史[J].山东林业科技,(06)：37－38.
徐丽华,李文均,刘志恒,等.2007.放线菌系统学——原理、方法及实践[M].北京：科学出版社,46.
徐玲玲,单庆红,郭斌.2013.植物内生菌研究进展及应用展望[J].安徽农业科学,41(13)：5641－5643,5709.
徐文静.2014.牡丹根际土壤酶活性及微生物群落的研究[D].郑州：河南农业大学.
徐晓宇,刘和.2010.454 测序法在环境微生物生态研究中的应用[J].生物技术通报,(01)：73－77.
徐学林.1999.安徽省志·建置沿革志[M].北京：方志出版社,572－585.
许刚.2010.盆栽牡丹和地栽牡丹营养元素年周期变化规律的研究[D].河南农业大学.
许兰芝,赫明扬,戴功,等.2005.丹皮酚对佐剂性关节炎大鼠的炎症反应及细胞因子水平的干预作用[J].中国临床康复,9(39)：120－122.
薛丽姗,罗大庆.2014.大花黄牡丹物候观测及其主要气象因子关系分析[J].广东农业科学,41(07)：43－47.

鄢丹,王伽伯,李俊贤,等.2012.论道地药材品质辨识及其与生态环境的相关性研究策略[J].中国中药杂志,37(17):2672-2675.
杨浩,张国珍,杨晓妮,等.2017.16S rRNA 高通量测序研究集雨窖水中微生物群落结构及多样性[J].环境科学,38(4):1704-1716.
杨宁,杨满元,雷玉兰,等.2015.紫色土丘陵坡地土壤微生物群落的季节变化[J].生态与环境科学,24:34-40.
杨扬.2007.野生和组培川贝母的总生物碱含量测定和定位研究[D].成都:四川大学.
姚方,吴国新,张新权,等.2011.洛阳牡丹产业快速发展研究[J].中国园艺文摘,27(9):57-59.
姚领爱,胡之璧,王莉莉,等.2010.植物内生菌与宿主关系研究进展[J].生态环境学报,19(7):1750-1754.
姚入宇,陈兴福,孟杰,等.2012.药用植物 GAP 生产的病害绿色防控发展策略[J].中国中药杂志,37(15):2242-2246.
叶剑清,吕翘楚.2010.药物化妆品的过去、现在和未来[J].中国美容医学,19(2):278-281.
易建利.2008.储存时间对牡丹皮药材和饮片中丹皮酚含量的影响.湖南中医药大学学报,28(3):42-43.
易婷,缪煜轩,冯永君.2008.内生菌与植物的相互作用:促生与生物薄膜的形成[J].微生物学通报,35(11):1774-1780.
于海萍.2013.牡丹 SSR 分子标记的开发及其在亲缘关系分析中的应用[D].北京:北京林业大学.
余慧冬,秦亚东,周娟娟.2018.芜湖产地牡丹皮的质量分析[J].中国林副特产,(05):21-23.
俞年军,金传山,姚宗凡,等.2004.亳白芍 GAP 示范基地环境质量的评价[J].现代中药研究与实践,18(3):22-25.
喻衡.1998.牡丹[M].上海:上海科学技术出版社.
袁丽杰,章广玲,张玉琴,等.2009.药用植物根际放线菌的种群多样性及生物活性初步研究[J].中国抗生素杂志,34(8):463-466.
袁涛,王莲英.1991.几个牡丹野生种的花粉形态及其演化、分类的探讨[J].北京林业大学学报,21(1):17-21.
袁媛,魏渊,于军,等.2015.表观遗传与药材道地性研究探讨[J].中国中药杂志,40(13):2679-2683.
袁展红,周日东,吴灿权,等.2015.传统细菌培养法、实时荧光 PCR 法在冷却水中的比较[J].中国医学创新,12(19):135-137.
袁志辉,王健,杨文蛟,等.2014.土壤微生物分离新技术的研究进展[J].土壤学报,51(6):1183-1191.
张德全,马阿丽,杨永寿,等.2014.HPLC 测定不同产地滇牡丹中没食子酸和丹皮酚含量[J].中国实验方剂学杂志,20(5):57-60.
张福春.1985.物候[M].北京:科学出版社.
张福春.1995.气候变化对中国木本植物物候的可能影响[J].地理学报,50(5):403-408.
张改娜,张利娟,崔碧霄,等.2012.'凤丹白'牡丹不定芽的诱导和生根研究[J].生物学通报,

47(4)：46－48.
张广钦，禹志领，赵厚长.1997.丹皮酚对抗大鼠心肌缺血再灌注心率失常作用[J].中国药科大学学报，28(4)：225－227.
张贵友.2015.几种生境土壤(铁锰结核)中微生物多样性的研究[D].武汉：华中农业大学.
张涓，吕姣姣，李豪，等.2018.正交设计研究丹皮酚与丹参酮ⅡA联合rhG－CSF对大鼠EPCs增殖的影响[J].中国医院药学杂志，38(17)：1777－1782.
张蕾，徐慧敏，朱宝利.2016.根际微生物与植物再植病的发生发展关系[J].微生物学报，56(8)：1234－1241.
张丽，闫倩，王保莉，等.2012.不同土地利用方式下滨海盐土细菌多样性变化[J].西北农业学报，20(8)：163－167.
张丽萍，杨春清，刘晓龙，等.2010.安徽药用牡丹规范化种植生产标准操作规程(SOP)[J].现代中药研究与实践，24(2)：14－17.
张玲，李师翁，陈熙明，等.2014.青藏高原土壤中链霉菌的分离鉴定及其抗菌活性研究[J].冰川冻土，36(2)：430－441.
张美玲.2006.芦荟中芦荟苷的提取、分离、纯化及其在化妆品中的应用[D].无锡：江南大学.
张培良，王国凯，郁阳，等.2016.不同生长时期凤丹内生真菌的分离鉴定及多样性研究[J].安徽中医药大学学报，35(5)：78－82.
张琪，王小文，徐迎春，等.2008.植物生长调节剂对凤丹根颈加粗和幼苗生长的影响[J].江苏农业科学，3：164－166.
张琪，张秀新，徐迎春，等.2008.土壤含水量对凤丹幼苗根颈加粗和生理特性影响[J].林业科技开发，22(4)：73－75.
张倩.2012.牡丹组织培养中生根与移栽驯化研究进展[J].黑龙江农业科学，(4)：146－149.
张倩.2013.中药材道地(地道)性探讨——基于牡丹的组织化学研究[D].芜湖：安徽师范大学.
张腾，燕平梅，李园，等.2013.4种熏蒸剂对土壤微生物特性的影响[J].中国农学通报，29(3)：116－120.
张薇，魏海雷，高洪文，等.2005.土壤微生物多样性及其环境影响因子研究进展[J].生态学杂志，24(1)：48－52.
张新建，张广志，杨合同.2016.节杆菌环境适应性的基因组学研究进展[J].微生物学报，56(4)：570－577.
张艳，范俊安.2008.中药材牡丹皮研究概况Ⅰ：牡丹皮的历史考证与药用牡丹的分类地位[J].重庆中草药研究，(01)：24－28.
张艳，范俊安.2009.中药材牡丹皮研究概况Ⅳ——丹皮药理作用研究概况[J].重庆中草药研究，(01)：26－37.
张永敢，赵娟，张玉洁，等.2016.药用植物凤丹(*Paeonia suffruticosa*)根际土壤细菌群落16SrRNA基因的ARDRA分析[J].生态学报，36(17)：5564－5574.
张子学，丁为群，时惟静，等.2004.凤丹组织培养研究[J].现代中药研究与实践，18(1)：18－21.
章家恩，刘文高，胡刚.2002.不同土地利用方式下土壤微生物数量与土壤肥力的关系[J].土壤与环境,11(2):140-143.
赵福瑞,王梦洁,高晓欣,等.2018.响应面法优化海南野牡丹属植物DNA的提取条件[J].分子植物育种,16(10):3286-3292.
赵根海,沈业寿,马金宝,等.2007.丹皮多糖2b对大鼠糖尿病性白内障防治作用研究[J].中国中药杂志,32(19):2036-2039.
赵根海,沈业寿,卫自,等.2008.丹皮多糖2b对糖尿病大鼠血液流变学影响的实验研究[J].中成药,30(9):1270-1272.
赵贵红.2005.营养型牡丹花发酵酒酿造技术研究[D].泰安:山东农业大学.
赵海军.2002.牡丹春节催花技术[M].北京:中国农业出版社,13-14.
赵骏,张毅,李钥.2007.20种中草药醇提液与水提液清除自由基活性的比较[J].天津中医药,(01):69-70.
赵敏桂.2002.芍药属植物花部器官发育和转化的研究[D].兰州:西北师范大学.
赵奇,杨玉珍,郭运宏,等.2015.油用牡丹丹皮提取液对青椒的保鲜效应[J].食品工业科技,36(2):339-342.
赵晓菊,秦薇,陈华峰.2017.土壤铜对凤丹籽油含量和成分的影响[J].植物研究,37(1):155-160.
赵鑫,詹立平,邹学忠.2007.牡丹组织培养研究进展[J].核农学报,21(2):156-159.
赵煜,于长青,朱刚,等.2010.纯天然丹皮酚含漱液的研制[J].口腔护理用品工业,20(2):19-21.
赵中振.金科玉律质为上(一)——谈道地药材的形成[N].大公报,2011-8-22(C8).
郑汉臣,蔡少青.2006.药用植物学与生药学(第4版)[M].北京:人民卫生出版社,109-129.
郑相穆,周阮宝,谷丽萍,等.1995.凤丹种子的休眠和萌发特性[J].植物生理学通讯,31(4):260-262.
郑艳,戴婧婧,管玉鑫,等.2016.凤丹内生菌的分离鉴定及抑菌活性研究[J].中国中药杂志,41(1):45-50.
郑艳,刘炜,黄军祥,等.2016.基于牡丹根际土壤微生物的中药材道地性研究[J].药学学报,51(8):1325-1333.
郑艳,徐珞珊,王峥涛.2007.组织化学在药用植物研究中的应用[J].现代中药研究与实践,21(3):61-64.
郑艳.2007.中药材的地道性与根际土壤微生物[J].现代中药研究与实践,21(6):60-63.
郑艳.2014.中药资源教育[M].北京:科学出版,168.
郑艳伟,范义荣,郭晨瑛,等.2009.浙皖两地牡丹的栽培及应用现状[J].浙江林学院学报,26(6):835-841.
郑有坤,刘凯,熊子君,等.2014.药用植物内生放线菌多样性及天然活性物质研究进展[J].中草药,45(14):2089-2099.
郑玉彬,姚立宏.2004.美容用中草药的化学成分及药理作用[J].中国美容医学,13(3):292-293.
智利红,常文学,吴俊锋.2011.无土盆栽牡丹需肥模型[J].东北林业大学学报,39(3):111-112.

中国科学院微生物研究所放线菌分类组.1975.链霉菌鉴定手册[M].北京：科学出版社，13－14.

中国科学院中国植物志编辑委员会.1979.中国植物志[M].北京：科学出版社，37－48.

中国牡丹全书编纂委员会.2002.中国牡丹全书[Z].北京：中国科技出版社.

中华人民共和国对外贸易经济合作部.药用植物及制剂进出口绿色行业标准[S].2001.

中华人民共和国国家发展和改革委员会发布.QB/T 1857－2004.中华人民共和国轻工业标准 护肤膏霜[J].2005－06－01 实施.

中华人民共和国国家质量监督检验检疫总局，中国国家标准化管理委员会发布.GB/T 13531.1－2008. 化妆品通用检验方法 pH 的测定[J].2009－06－01 实施.

中华人民共和国卫生部.GB 7917.1－87. 化妆品卫生化学标准检验方法 汞/砷/铅[J]. 1987－10－01 实施.

中华人民共和国卫生部.GB 7918.1－87. 化妆品微生物标准检验方法 总则/细菌总数测定/粪大肠菌群/绿脓杆菌/金黄色葡萄球菌[J].1987－10－01 实施.

钟秋琴.2008.葛根美白活性物质的分离提取及在化妆品中的应用[D].无锡：江南大学.

钟霞军，李雁群，黄荣韶.2012.庐山石韦和柔软石韦营养叶片组织化学定位研究[J].湖北农业科学，51(16)：3540－3544.

周桔，雷霆.2007.土壤微生物多样性影响因素及研究方法的现状与展望[J].生物多样性，15：306－311.

周科，刘欣，聂刘旺，等.2011.凤丹连作对土壤理化性质和酶活性影响的研究[J].生物学杂志，28(2)：17－20.

周礼恺.1987.土壤酶学[M].北京：科学出版社.

周立刚.2005.植物抗菌化合物[M].北京：中国农业科学技术出版社，73－81.

周智彬，李培军.2002.我国旱生植物的形态解剖学研究[J].干旱区研究，19(1)：36－40.

朱定祥，倪守斌.2004.地道药材的生物地球化学特征研究进展.微量元素与健康研究，21(2)：44－47.

朱红军，徐卫忠，胡培进，等.2008.铜陵凤丹主要病虫害发生特点及综合防治技术[J].安徽农学通报，(13)：209－210.

朱梅年.1990.名贵地道药材的生物地球化学特征及微量元素研究[J].微量元素，3：35－41

竺可桢，宛敏渭.1973.物候学[M].北京：科学出版社.

祝庆军，陈彦，孙文秀.2008.安徽不同产地牡丹皮质量分析[J].中国中医药信息杂志，15(6)：43－44.

祝有为，言燕华，韦武青，等.2016.不同栽培措施对凤丹容器苗生长及生理的影响[J].植物资源与环境学报，25(4)：68－75.

庄明蕊，林晓，崔丽华，等.2006.牡丹皮质量评价分析[J].食品与药品，8(9)：56－58.

Ahmad MS, El-Gendy AO, Ahmed RR, et al. 2017. Exploring the antimicrobial and antitumor potentials of *Streptomyces* sp. AGM12－1 isolated from Egyptian soil[J]. Front Microbiol, 8：438.

Alvin A, Miller KI, Neilan BA. 2014. Exploring the potential of Endophytes from medicinal plants as sources of antimycobacterial compounds[J]. Microbiological Research, 169(7)：483－495.

Bacon CW, White JF. 2000. Microbial Endophytes[M]. New York: Marcel Dekker Inc, 3 - 29.

Barka EA, Vatsa P, Sanchez L, et al. 2016. Taxonomy, Physiology, and Natural Products of Actinobacteria[J]. Microbiology and Molecular Biology Reviews, 80(1): 1 - 43.

Ben Tekaya S, Ganesan AS, Guerra T, et al. 2017. Sybr green-and TaqMan-Based quantitative PCR approaches allow sssessment of the abundance and relative distribution of *Frankia* clusters in soils[J]. Appl Environ Microbiol, 83: e02833 - 16.

Boudjeko T, Tchinda RA, Zitouni M, et al. 2017. *Streptomyces cameroonensis* sp. nov., a geldanamycin producer that promotes Theobroma cacao growth[J]. Microbes Environ, 32(1): 24 - 31.

Brosi GB, Mcculley RL, Bush LP, et al. 2011. Effects of multiple climate change factors on the tall fescue-fungal endophyte symbiosis: infection frequency and tissue chemistry [J]. NewPhytologist, 189(3): 797 - 805.

Brussaard L, Ruiter PC, Brown GG. 2007. Soil biodiversity for agricultural sustainability[J]. Agr Ecosyst Environ, 121(3): 233 - 244.

Bérdy J. 2012. Thoughts and facts about antibiotics: where we are now and where we are heading [J]. J of Antibiotics, 65(8): 385 - 395.

Chen N, Liu D, Soromou LW, et al. 2014. Paeonol suppresses lipopolysaccharide-induced inflammatory cytokines in macrophage cells and protects mice from lethal endotoxin shock[J]. Fundamental & Clinical Pharmacology, 28(3): 268 - 276.

Choi HS, Seo HS, Kim JH, et al. 2012. Ethanol extract of Paeonia suffruticosa Andrews (PSE) induced AGS human gastric cancer cell apoptosis via fas-dependent apoptosis and MDM2 - p53 pathways[J]. J of biomedical science, 19(1): 1 - 12.

Combès A, Ndoye I, Bance C, et al. 2012. Chemical communication between the endophytic fungus Paraconiothyrium variabile and the phytopathogen Fusarium oxysporum[J]. PLoS One, 7: e47313.

Compant S, Clement C, Sessitsch A. 2010. Plant growth-promoting bacteria in the rhizo and endosphere of plants: their role, colonization, mechanisms involved and prospects for utilization[J]. Soil Biol Biochem, 42: 669 - 678.

Conti R, Chagas FO, Caraballo-Rodriguez AM, et al. 2016. Endophytic actinobacteria from the Brazilian medicinal plant *Lychnophora ericoides* Mart. and the biological botential of their secondary metabolites[J]. Chem Biodivers, 13(6): 727 - 736.

Da Silva TF, Vollú RE, Jurelevicius D, et al. 2013. Does the essential oil of Lippia sidoides Cham. (pepper-rosmarin) affect its endophytic microbial community[J]. BMC Microbiology, 13(1): 29.

Dafnia A. 1992. Pollination Ecology-A Practical approach[M]. Oxford: Oxford University Press, 171 - 181.

Denk W, Strickler JH, Webb WW. 1990. Two-photon laser scanning fluorescence microscopy [J]. Science, 248(4951): 73 - 76.

Devi NB, Yadava PS. 2006. Seasonal dynamics in soil microbial biomass C, N and P in a mixed-oak forest ecosystem of Manipur, North-east India [J]. Applied Soil Ecology, 31 (3):

220 - 227.

Dinesh R, Srinivasan V, Sheeja TE, et al. 2017. Endophytic actinobacteria: Diversity, secondary metabolism and mechanisms to unsilence biosynthetic gene clusters[J]. Crit Rev Microbiol. 43(5): 546 - 566.

Ding HY, Chou TH, Lin RJ, et al. 2011. Antioxidant and antimelanogenic behaviors of Paeonia suffruticosa[J]. Plant foods for human nutrition, 66(3): 275 - 284.

Fierer N, Leff JW, Adams BJ, et al. 2012. Cross-biome metagenomic analyses of soil microbial communities and their functional attributes[J]. PNAS, 109: 21390 - 21395.

Fierer N, Schimel JP, Holden PA. 2003. Variations in microbial community composition through two soil depth profiles[J]. Soil Biology and Biochemistry, 35(1): 167 - 176.

Fitri L, Meryandini A, Iswantini D, et al. 2017. Diversity of endophytic actinobacteria isolated from medicinal plants and their potency as pancreatic lipase inhibitor[J]. Biodiversitas, 18: 857 - 863.

Gai S, Zhang Y, Mu P, et al. 2012. Transcriptome analysis of tree peony during chilling requirement fulfillment: assembling, annotation and markers discovering[J]. Gene, 497(2): 256 - 262.

Gangwar M, Gupta UP, Dogra S, et al. 2014. Diversity and biopotential of endophytic actinomycetes from three medicinal plants in India[J]. African J Microbiol Res, 8(2): 184 - 191.

Gangwar M, Kamboj P, Saini P, et al. 2017. Assessment of bioactivity of endophytic actinomycetes from some medicinal plants[J]. Agri Res J, 54(1): 58 - 64.

Garland JL. 1997. Analysis and interpretation of community-level physiological profiles in microbial ecology[J]. Microbiology Ecology, 24: 289 - 300.

Golinska P, Wypij M, Agarkar G, et al. 2015. Endophytic actinobacteria of medicinal plants: diversity and bioactivity[J]. Antonie Van Leeuwenhoek, 108(2): 267 - 289.

Gong X, Yang Y, Huang L, et al. 2017. Antioxidation, anti-inflammation and anti-apoptosis by paeonol in LPS/d-GalN-induced acute liver failure in mice[J]. Int Immunopharmacol, 46: 124 - 132.

Gos F, Savi DC, Shaaban KA, et al. 2017. Antibacterial activity of endophytic actinomycetes isolated from the medicinal plant *Vochysia divergens* (Pantanal, Brazil)[J]. Front Microbiol, 8: 1642.

Guo DL, Hou XG, Zhang J. 2009. Sequence-related amplified polymorphism analysis of tree peony (*Paeonia suffruticosa* Andrews) cultivars with different flower colours[J]. Journal of Horticultural Science & Biotechnology, 84(2): 131 - 136.

Han JG, Song Y, Liu G, et al. 2011. Culturable bacterial community analysis in the root domains of two varieties of tree peony(*Paeonia ostii*)[J]. FEMS Microbiol Lett, 322: 15 - 24.

Han WB, Lu YH, Zhang AH, et al. 2014. Curvulamine, a new antibacterial alkaloid incorporating two undescribed units from a Curvularia species[J]. Org Lett, 16: 5366 - 5369.

Han XY, Wang LS, Shu QY, et al. 2008. Molecular characterization of tree peony germplasm using sequence-related amplified polymorphism markers[J]. Biochemical Genetics, 46(3 -

4): 162 - 179.

Hasegawa S, Meguro A, Shimizu M, et al. 2006. Endophytic actinomycetes and their interactions with host plants[J]. Actinomycetologica, 20(2): 72 - 81.

Hong DY. 2010. PEONIES of the World[M]. Kew Publishing, 84, 234.

Hosoki T, Kimura D, Hasegawa R, et al. 1997. Comparative study of Chinese tree peony cultivars by random amplified polymorphic DNA (RAPD) analysis[J]. Scientia Horticulturae, 70(1): 67 - 72.

Hou XG, Guo DL, Wang J. 2011. Development and characterization of EST-SSR markers in Paeonia *suffruticosa* (Paeoniaceae)[J]. American J of Botany, 98(11): 303 - 305.

Hu L, Cheng FY, Cheng LP. 2016. Determination of the fatty acid composition in tree peony seeds using near-infrared spectroscopy[J]. J Am Oil Chem Soc, 93(7): 943 - 952.

Huang LQ, Guo LP, Ma CY, et al. 2011. Top-geoherbs of traditional Chinese medicine: common traits, quality characteristics and formation[J]. Frontiers of medicine, 5(2): 185 - 194.

Huang X, Xue D, Xue L. 2015. Changes in soil microbial functional diversity and biochemical characteristics of tree peony with amendment of sewage sludge compost[J]. Environ Sci Pollut Res Int, 22: 11617 - 11625.

Jiao J, Sun L, Guo Z, et al. 2016. Antibacterial and anticancer PDMS surface for mammalian cell growth using the Chinese herb extract paeonol (4 - methoxy - 2 - hydroxyacetophenone)[J]. Sci Rep, 6: 1146 - 1152.

John N. Klironomos. 2002. Feedback with soil biota contributes to plant rarity and invasiveness in communities[J]. Nature, 417: 67 - 68.

Jorquera, MA. 2011. Identification of beta-propeller phytase-encoding genes in culturable *Paenibacillus* and *Bacillus spp*. from the rhizosphere of pasture plants on volcanic soils[J]. Fems Microbiology Ecology, 75(1): 163 - 172.

Kao WC, Kleinschroth T, Nitschke W, et al. 2016. The obligate respiratory supercomplex from Actinobacteria[J]. Biochimica et Biophysica Acta, 1857(10): 1705 - 1714.

Kaur J, Gangwar M, Kaur S. 2017. Screening of Endophytic and Rhizospheric Actinomycetes with Potential Application for Biocontrol of Fusarium Wilt of *Gladiolus*[J]. Int J Curr Microbiol App Sci, 6(7): 1345 - 1355.

Kharwar RN, Mishra A, Gond SK, et al. 2011. Anticancer compounds derived from fungal endophytes: their importance and future challenges. Natural ProductReports, 28(7): 1208 - 1228.

Kirk JL, Beaudtte LA, Hart M, et al. 2004. Methods of studying soil microbial diversity[J]. J Microbiol Methods, 58(2): 169 - 188.

Koranda M, Schnecker J, Kaiser C, et al. 2011. Microbial processes and community composition in the rhizosphere of European beech-The influence of plant C exudates[J]. Soil Biology & Biochemistry, 43(3): 551 - 558.

Lanfranconi MP, Alvarez AF, Alvarez HM. 2015. Identication of genes coding for putative wax ester synthase/diacylglycerol acyltransferase enzymes in terrestrial and marine environments[J]. AMB Express, 5(42): 1 - 13.

Larsbrink J, Rogers TE, Hemsworth GR, et al. 2014. A discrete genetic locus confers xyloglucan metabolism in select human gut Bacteroidetes[J]. Nature, 506: 498 - 502.

Lau CH, Chan CM, Chan YW, et al. 2007. Pharmacological investigations of the anti-diabetic effect of Cortex Moutan and its active component paeonol [J]. Phytomedicine, 14 (11): 778 - 784.

Laura WP, William AW, Christian LL, et al. 2014. Communities of microbial eukaryotes in the mammalian gut within the context of environmental eukaryotic diversity [J]. Frontiers in Microbiology, 5(298): 1 - 13.

Li N, Fan LL, Suu GP. 2010. Paeonol inhibits tumor growth in gastric cancer in vitro and in vivo [J]. World J Gastroenterlol, 16(35): 4483 - 4490.

Li SS, Wu Q, Yin DD, et al. 2018. Phytochemical variation among the traditional Chinese medicine Mu Dan Pi from *Paeonia suffruticosa* (tree peony) [J]. Phytochemistry, 146: 16 - 24.

Liao WY, Tsai TH, Ho TY, et al. 2016. Neuroprotective effect of Paeonol mediates anti-Inflammation via suppressing toll-like receptor 2 and toll-like receptor 4 signaling pathways in cerebral ischemia-reperfusion injured rats [J]. Evid Based Complement Alternat Med, 2016: 3704647.

Liu M, Zhong S, Kong R, et al. 2017. Paeonol alleviates interleukin - 1β - induced inflammatory responses in chondrocytes during osteoarthritis[J]. Biomed Pharmacother, 95: 914 - 921.

Liu YL, Xia Y, Guo P, et al. 2013. Copper and bacterial diversity in soil enhance paeonol accumulation in Cortex Moutan of *Paeonia suffruticosa* "Fengdan" [J]. Hort. Environ. Biotechnol., 54(4): 331 - 337.

Margulies M, Egholm M, Altman WE, et al. 2005. Genome sequencing in microfabricated high-density picolitre reactors[J]. Nature, 437(7057): 376 - 380.

Mohammadipanah F, Momenilandi M. 2018. Potential of rare actinomycetes in the production of metabolites against multiple oxidant agents[J]. Pharm Biol, 56(1): 51 - 59.

Moon JK, Shibamoto T. 2009. Antioxidant assays for plant and food components [J]. J of Agricultural and Food Chemistry, 57(5): 1655 - 1666.

Oliver JD. 2005. The viable but nonculturable state in bacteria[J]. J of Microbiology, 43(1): 93 - 100.

Passari AK, Mishra VK, Saikia R, et al. 2015. Isolation, abundance and phylogenetic affiliation of endophytic actinomycetes associated with medicinal plants and screening for their *in vitro* antimicrobial biosynthetic potential[J]. Front Microbiol, 6: 273.

Peng LP, Cai CF, Zhong Y, et al. 2017. Genetic analyses reveal independent domestication origins of the emerging oil crop *Paeonia ostii*, a tree peony with a long-term cultivation history [J]. Sci Rep. 7: 5340.

Purushotham N, Jones E, Monk J, et al. 2018. Community structure of endophytic actinobacteria in a New Zealand native medicinal plant *Pseudowintera colorata* (Horopito) and their influence on plant growth[J]. Microbial Ecol, (9): 1 - 12.

Qin S, Li WJ, Dastager SG, et al. 2016. Editorial: Actinobacteria in Special and Extreme

Habitats: Diversity, Function Roles, and Environmental Adaptations [J]. Frontiers in Microbiology, 7: 1-2.

Qin S, Xing K, Jiang JH, et al. 2010. Biodiversity, bioactive natural products and biotechnological potential of plant-associated endophytic actinobacteria [J]. Applied Microbiology and Biotechnology, 89(3): 457-473.

Qiu H, Zhang L, Zhu M, et al. 2017. Capture of anti-coagulant active ingredients from Moutan Cortex by platelet immobilized chromatography and evaluation of anticoagulant activity in rats [J]. Biomed Pharmacother, 95: 235-244.

Rashid S, Charles TC, Glick BR. 2012. Isolation and characterization of new plant growth-promoting bacterial endophytes[J]. Applied Soil Ecology, 61: 217-224.

Reed R. 1962. The definition of *cosmeceutical*[J]. J Soc Cosmet Chem, 13(2): 103-106.

Reinhold-Hurek B, Hurek T. 2011. Living inside plants: bacterial endophytes [J]. Current Opinion in Plant Biology, 14(4): 435-443.

Rodriguez R, White Jr J, Arnold A, et al. 2009. Fungal endophytes: diversity and functional roles[J]. New Phytologist, 182(2): 314-330.

Saikkonen K, Wäli P, Helander M, et al. 2004. Evolution of endophyte-plant symbioses[J]. Trends in Plant Science, 9(6): 275-280.

Samir M, Mouloud G, Laid B, et al. 2017. Isolation and characterization of rhizospheric *Streptomyces* spp. for the biocontrol of Fusarium wilt (bayoud) disease of date palm (*Phoenix dactylifera* L.)[J]. J Sci Agri, 1: 132-145.

Sanli K, Bengtsson-Palme J, Nilsson RH, et al. 2015. Metagenomic sequencing of marine periphyton: taxonomic and functional insights into biofilm communities[J]. Front Microbiol, 6: 1192.

Sardans J, Penuelas J, Prieto P, et al. 2008. Drought and warming induced changes in P and K concentration and accumulation in plant biomass and soil in a Mediterranean shrubland[J]. Plant and Soil, 306(1-2): 261-271.

Schulz B, Boyle C. 2005. The endophytic continuum[J]. Mycol Res, 109(6): 661.

Shen XY, Cheng YL, Cai CJ, et al. 2014. Diversity and antimicrobial activity of culturable endophytic fungi isolated from moso bamboo seeds[J]. PLoS One, 9: e95838.

Shrivastava P, Kumar R, Yandigeri MS. 2017. *In vitro* biocontrol activity of halotolerant *Streptomyces aureofaciens* K20: A potent antagonist against *Macrophomina phaseolina* (Tassi) Goid[J]. Saudi J Bio Sci, 24(1), 192-199.

Singh S P, Gaur R. 2016. Evaluation of antagonistic and plant growth promoting activities of chitinolytic endophytic actinomycetes associated with medicinal plants against Sclerotium rolfsii in chickpea[J]. J of Applied Microbiology, 121(2): 506-518.

Somaiah NM, Prakash HS. 2017. Diversity and bioprospecting of actinomycete endophytes from the medicinal plants[J]. Lett Appl Microbiol, doi: 10.1111/lam.12718.

Sreevidya M, Gopalakrishnan S, Kudapa H, et al. 2016. Exploring plant growth promotion actinomycetes from vermicompost and rhizosphere soil for yield Enhancement in chickpea[J]. Environmental Microbiology, 47(1): 85-95.

Steveng, Thomas, Franklin-Tong VE. 2004. Self-incompatibility triggers programmed cell death in papaver pollen[J]. Nature, 429: 305 – 309.

Sun JJ, Xia F, Cui LJ, et al. 2014. Characteristics of foliar fungal endophyte assemblages and host effective components in Salvia miltiorrhiza Bunge [J]. Applied Microbiology Biotechnology, 98(7): 3143 – 3155.

Sun LN, Zhang J, Gong FF, et al. 2014. *Nocardioides* soli sp. nov., a carbendazim-degrading bacterium isolated from soil under the long-term application of carbendazim[J]. Int J Syst Evol Microbiol, 64: 2047 – 2052.

Tejesvi MV, Kajula M, Mattila S, et al. 2011. Bioactivity and genetic diversity of endophytic fungi in Rhododendron tomentosum Harmaja[J]. Fungal Diversity, 47(1): 97 – 107.

Torsvik V, Øvreås L. 2002. Microbial diversity and function in soil: from genes to ecosystems [J]. Curr Opin Micobiol, 5: 240 – 245.

Wakelin SA, Chu G, Lichard R, et al. 2010. A single application of Cu to field soil has long-term effects on bacterial community structure, diversity, and soil processes[J]. Pedobiologia, 53(2): 149 – 158.

Wu H, Song A, Hu W, et al. 2017. The anti-atherosclerotic effect of Paeonol against Vascular Smooth Muscle Cell proliferation by up-regulation of autophagy via the AMPK/mTOR signaling pathway[J]. Front Pharmacol, 8: 948.

Wu MJ, Gu ZY. 2009. Screening of Bioactive Compounds from Moutan Cortex and Their Anti-Inflammatory Activities in Rat Synoviocytes [J]. Evidence-Based Complementary and Alternative Medicine, 6(1): 57 – 63.

Xie L, Niu L, Zhang Y, et al. 2017. Pollen sources influence the traits of seed and seed oil in *Paeonia ostii* "Feng Dan"[J]. Hort Sci, 52(5): 700 – 705.

Xue D, Huang XD. 2014. Changes in soil microbial community structure with planting years and cultivars of tree peony (*Paeonia suffruticosa*) [J]. World J Microbiol Biotechnol, 30(2): 389 – 397.

Yang R, Liu P, Ye WY. 2017. Illumina-based analysis of endophytic bacterial diversity of tree peony (*Paeonia Sect.* Moutan) roots and leaves[J]. Braz J Microbiol, 48(4): 695 – 705.

Zabinski CA, Gannon JE. 1997. Effects of recreational impacts on soil microbial communities[J]. Environ Manage, 21: 233 – 238.

Zelles L. 1999. Fatty acid patterns of phospholipids and lipopolysaccharides in the characterisation of microbial communities in soil: a review[J]. Biology and Fertility of Soils, 29(2): 111 – 129.

Zhao Y, Wang BE, Zhang SW, et al. 2015. Isolation of Antifungal Compound from Paeonia Suffruticosa and Its Antifungal Mechanism[J]. Chinese J of Integrative Medicine, 21(3): 211 – 216.

Zhou J, Zhou L, Houa D, et al. 2011. Paeonol increases levels of cortical cytochrome oxidase and vascular actin and improves behavior in a rat model of Alzheimer's disease[J]. Brain Research, 1388: 141 – 147.

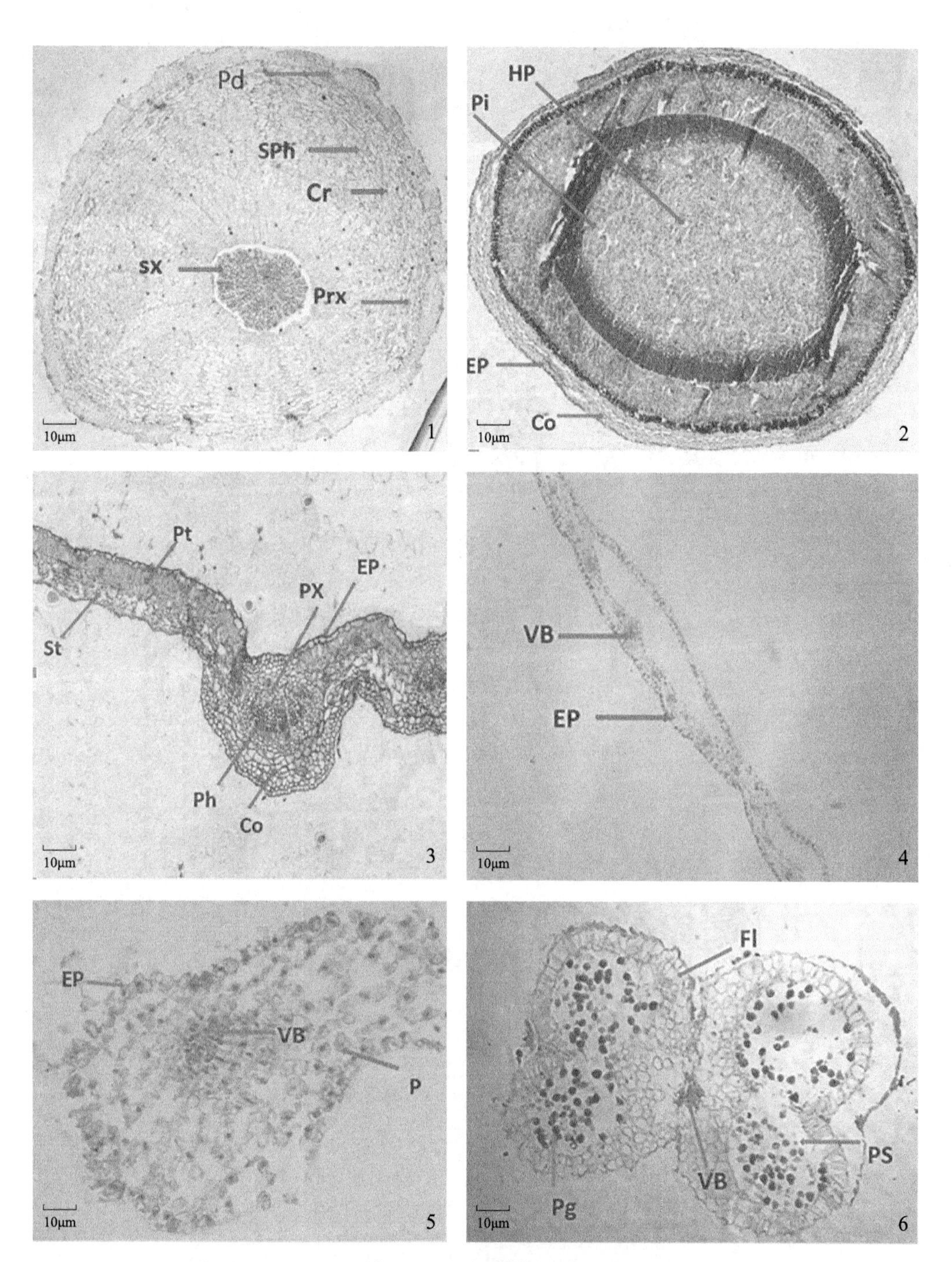
Pd
SPh
Cr
SX
Prx
10μm
1
HP
Pi
EP
Co
10μm
2
Pt
EP
PX
St
Ph
Co
10μm
3
VB
EP
10μm
4
EP
VB
P
10μm
5
Fl
VB
PS
Pg
10μm
6

图版 I　凤丹石蜡切片图

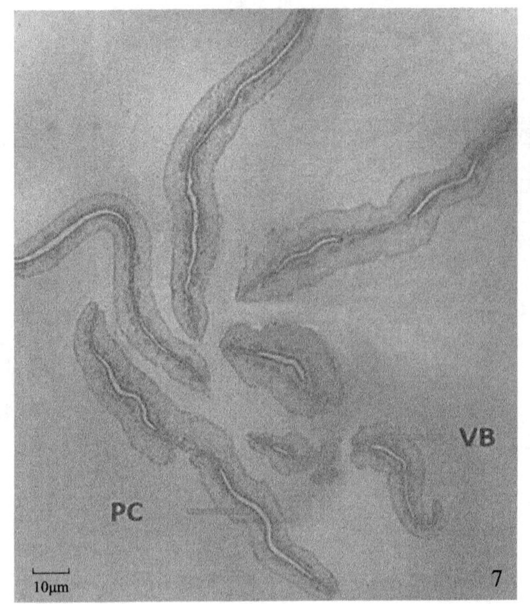

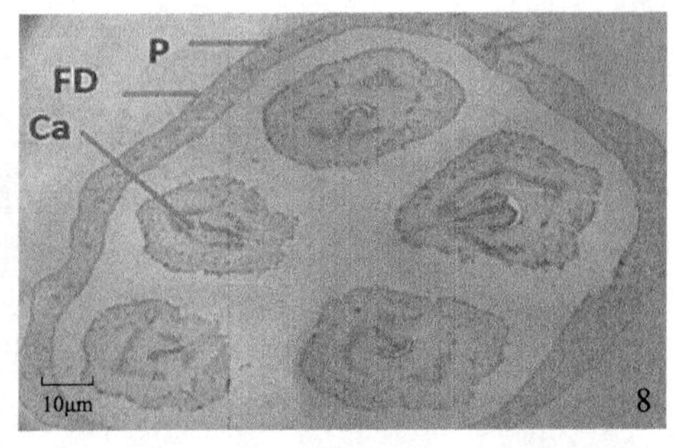

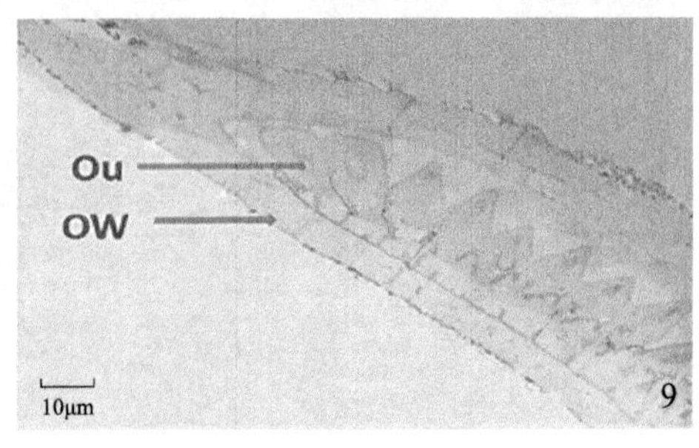

图版Ⅰ 凤丹石蜡切片图

扫一扫
看彩图

1. 根横切面；2. 茎横切面；3. 叶横切面；4. 花被横切面；5. 花丝横切面；6. 花药横切面；7. 柱头横切面；8. 子房横切面；9. 心皮纵切面

Pd：周皮；SPh：次生韧皮部；Cr：晶体；Prx：初生木质部；SX：次生木质部；EP：表皮；Co：皮层；Pi：髓；HP：髓腔；Pt：栅栏组织；St：海绵组织；Ph：韧皮部；PX：木质部；VB：维管束；P：薄壁组织；FI：纤维层；Pg：花粉粒；PS：花粉囊；PC：花柱道；Ca：心皮；FD：花盘；Ou：胚珠；OW：子房壁

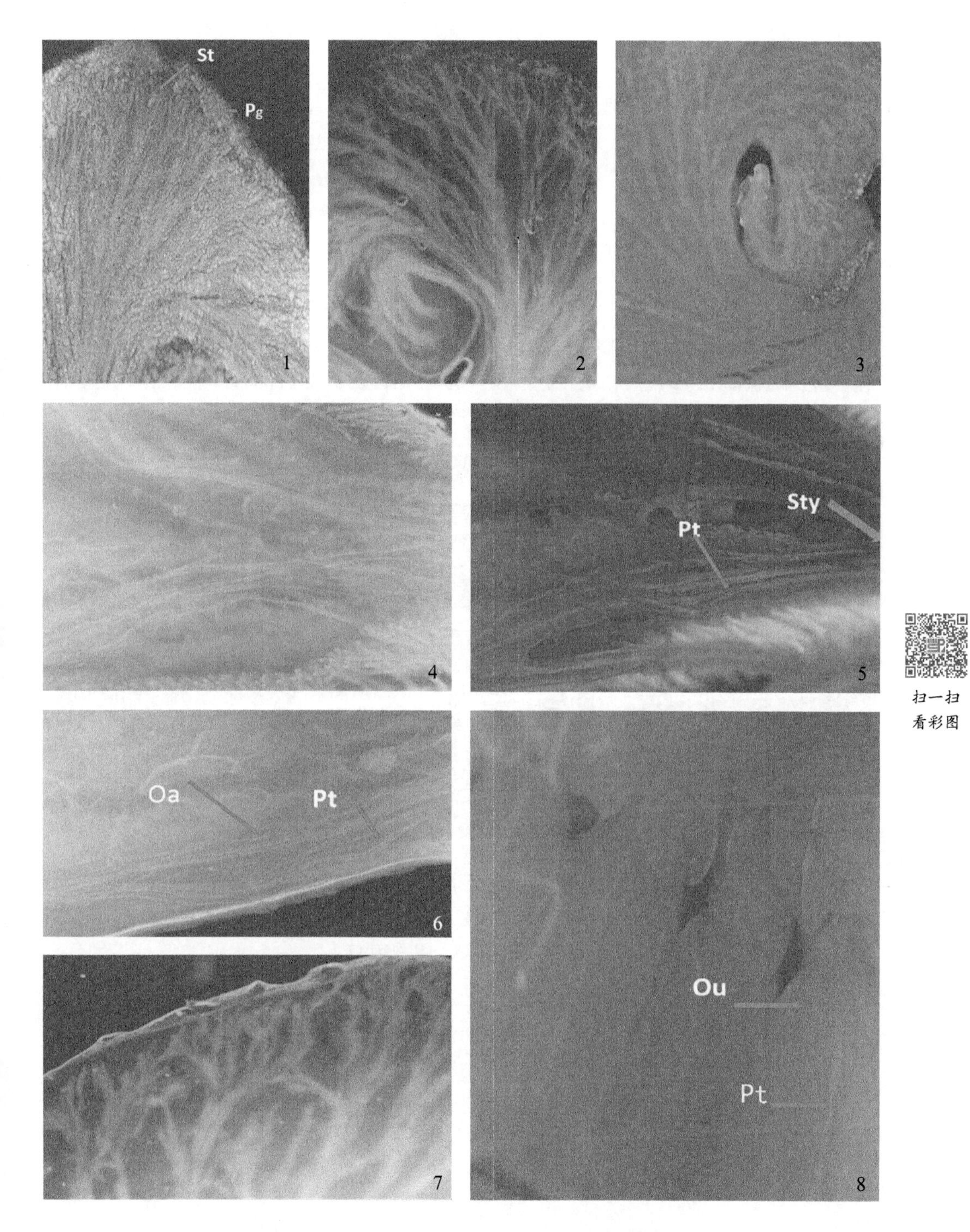

图版Ⅱ 凤丹花粉管柱头萌发的荧光观察

1. 凤丹柱头上萌发的花粉；2. 花粉管沿柱头的生长；3 ～ 5. 花粉管沿柱头花柱道进入子房；6. 花粉管沿子房壁生长延伸；7. 凤丹柱头的乳突细胞；8. 花粉管进入胚珠

St：柱头；Pg：花粉粒；Pt：花粉管；Sty：花柱；Oa：子房；Ou：胚珠

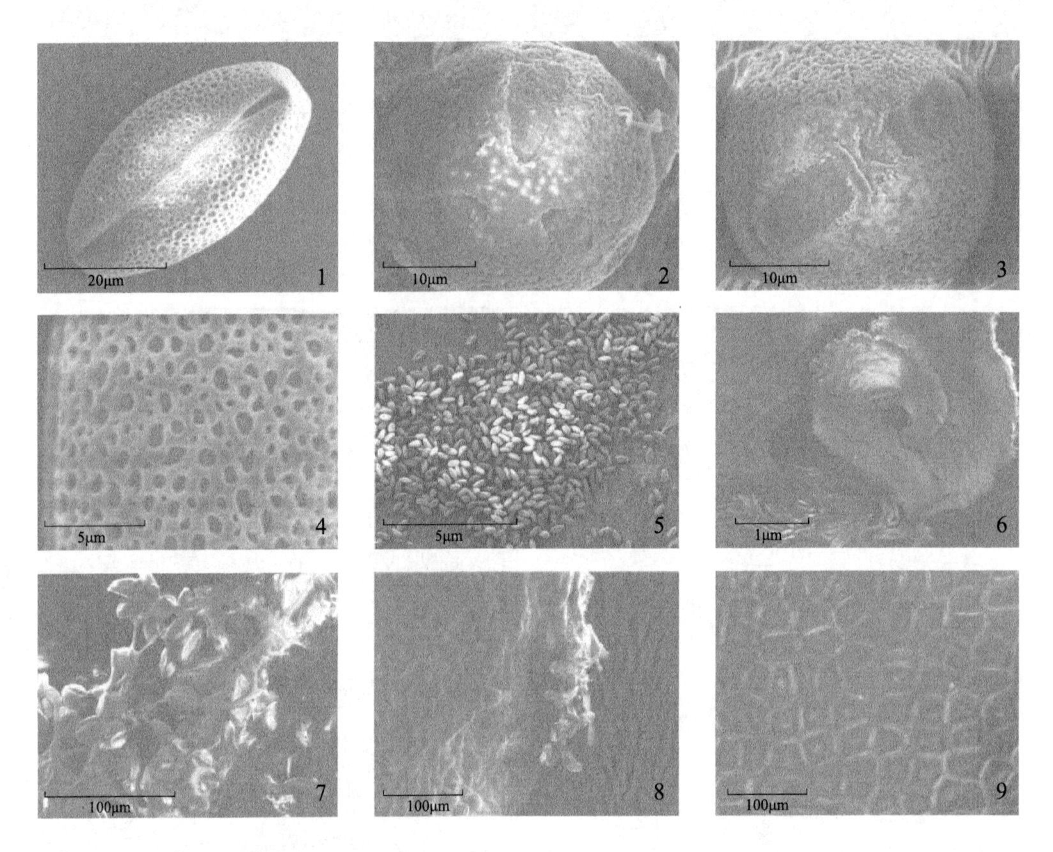

图版Ⅲ 扫描电子显微镜下凤丹的花粉、柱头、种皮

1. 花粉赤道面观；2. 花粉极面观；3. 萌发沟；4. 花粉外壁纹饰；5. 花粉群体；6. 柱头；7. 柱头黏液；8. 乳突细胞；9. 种皮纹饰

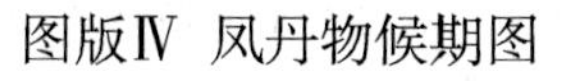

图版Ⅳ 凤丹物候期图

1. 萌动期；2. 萌发期；3. 显叶期；4. 张叶期；5. 展叶期；6. 风铃期；7. 透色期；8. 开花期；9. 幼果出现期；10. 果实成熟期

扫一扫
看彩图

图版Ⅴ 凤丹品系各产区牡丹根结构中丹皮酚的分布

1. 山东菏泽；2. 河南洛阳；3. 安徽亳州；4. 安徽铜陵；5. 安徽南陵

a. 周皮；b. 皮层；c. 韧皮部；d. 木质部

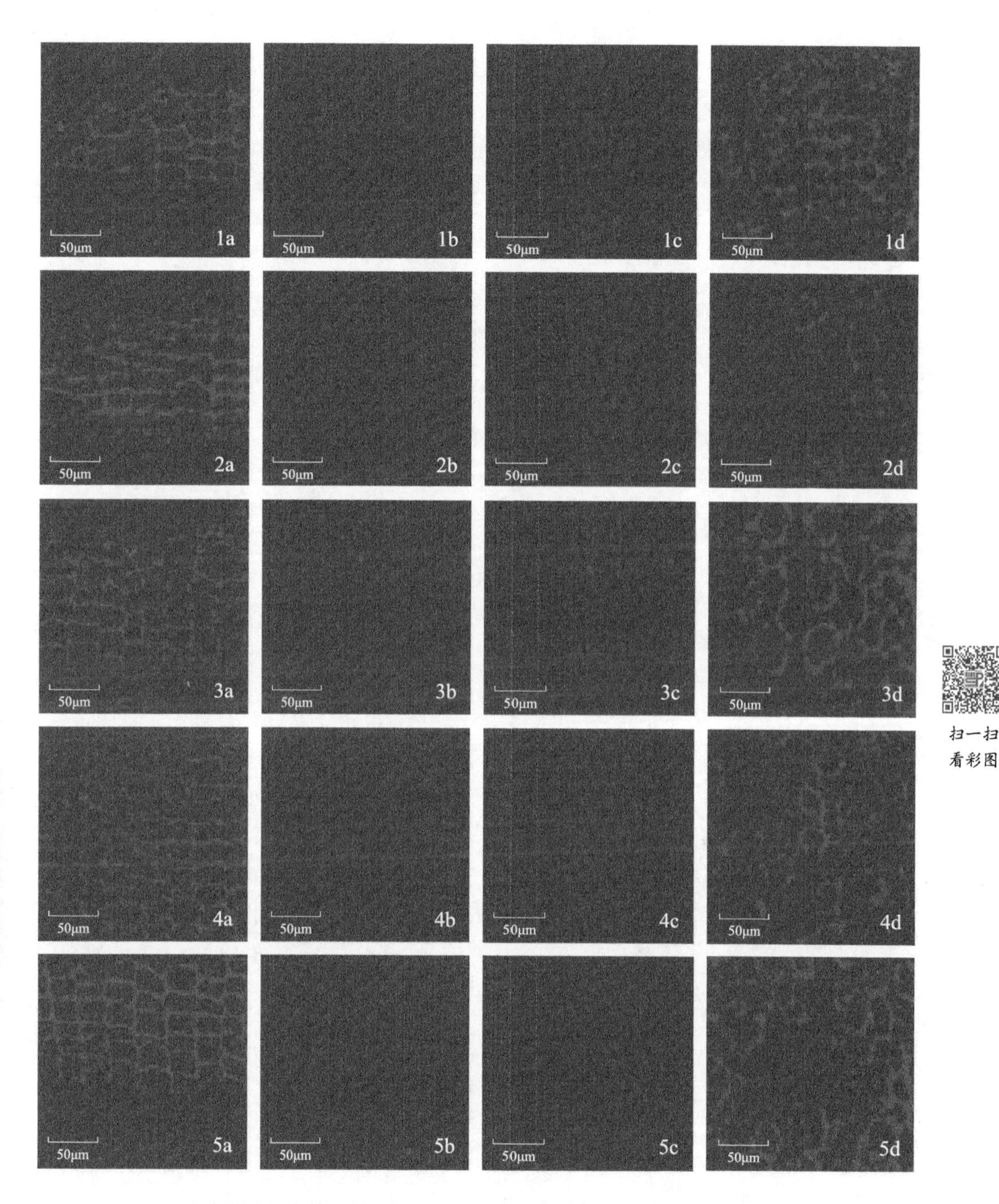

图版Ⅵ 不同株龄凤丹根部不同结构丹皮酚分布

1. 一年生；2. 二年生；3. 三年生；4. 四年生；5. 五年生

a. 周皮；b. 皮层；c. 韧皮部；d. 木质部

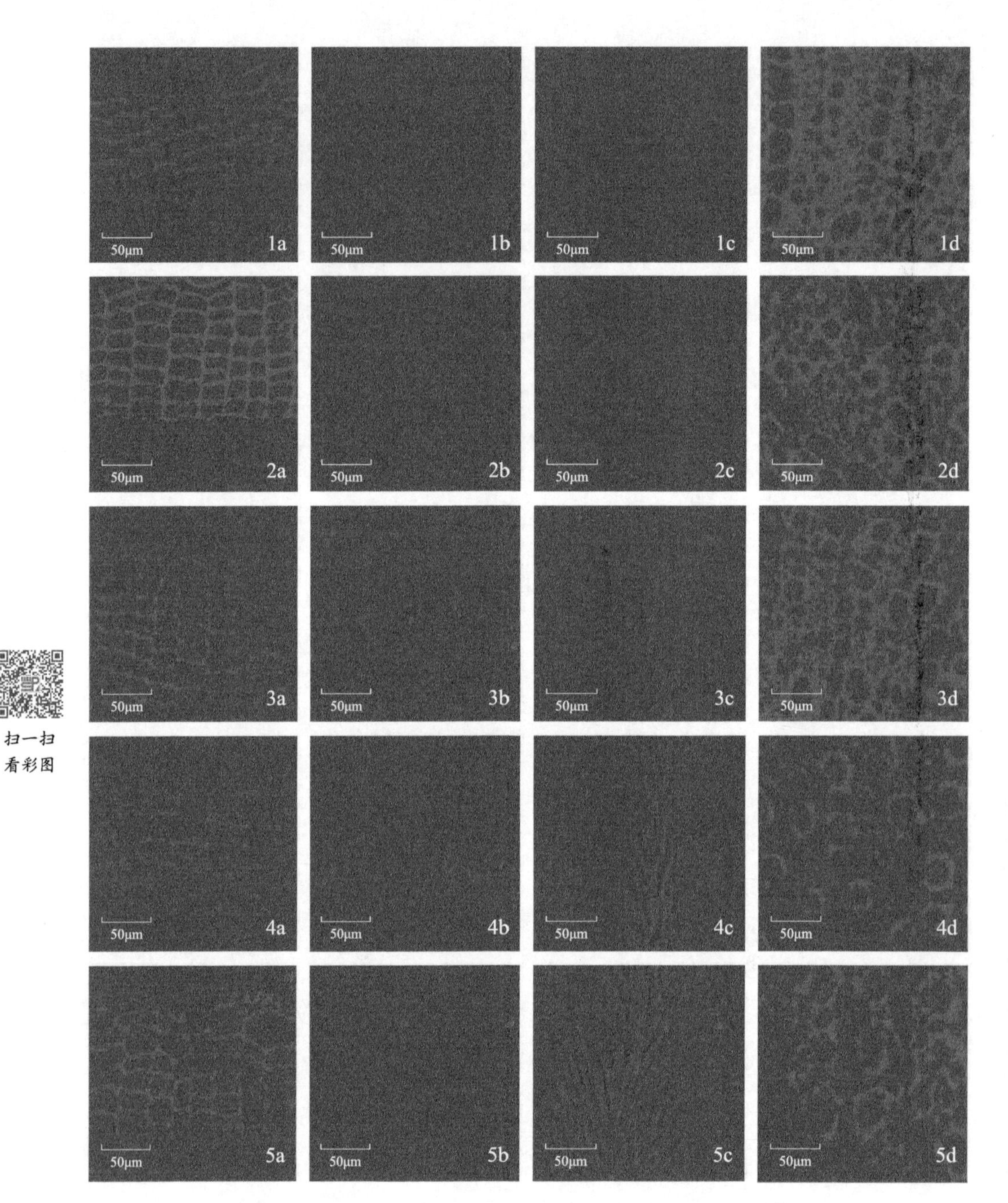

图版Ⅶ 不同生长发育时期凤丹根部不同结构丹皮酚分布

1. 叶芽期；2. 展叶期；3. 花期；4. 果期；5. 地上部分枯萎期；

a. 周皮；b. 皮层；c. 韧皮部；d. 木质部